材料学シリーズ

堂山 昌男　小川 恵一　北田 正弘
監　修

合金のマルテンサイト変態と形状記憶効果

大塚 和弘 著

内田老鶴圃

本書の全部あるいは一部を断わりなく転載または
複写(コピー)することは,著作権および出版権の
侵害となる場合がありますのでご注意下さい.

材料学シリーズ刊行にあたって

　科学技術の著しい進歩とその日常生活への浸透が20世紀の特徴であり，その基盤を支えたのは材料である．この材料の支えなしには，環境との調和を重視する21世紀の社会はありえないと思われる．現代の科学技術はますます先端化し，全体像の把握が難しくなっている．材料分野も同様であるが，さいわいにも成熟しつつある物性物理学，計算科学の普及，材料に関する膨大な経験則，装置・デバイスにおける材料の統合化は材料分野の融合化を可能にしつつある．

　この材料学シリーズでは材料の基礎から応用までを見直し，21世紀を支える材料研究者・技術者の育成を目的とした．そのため，第一線の研究者に執筆を依頼し，監修者も執筆者との討論に参加し，分かりやすい書とすることを基本方針にしている．本シリーズが材料関係の学部学生，修士課程の大学院生，企業研究者の格好のテキストとして，広く受け入れられることを願う．

監修　堂山昌男　小川恵一　北田正弘

「合金のマルテンサイト変態と形状記憶効果」によせて

　物質の状態が変化することを変態と呼んでいる．では，結晶性物質が変態するときに，どのような機構で変化するのであろうか．大きく分けると，原子がある程度の時間をかけて移動して結晶型や組織が変わるものと，原子の位置のずれが全体的に起こって変わるものとがある．マルテンサイト変態は後者に分類される変態様式で，高名な研究者マルテンスの名を冠して付けられた用語である．これらの変態様式によって，変態後の結晶の性質は大きく異なる．マルテンサイト変態の利用による材料の高機能化の歴史は古く，鉄鋼分野では少なくとも2000年前から鋼を硬くするのに使われていた．現代機械文明の基礎となる材料技術は，相変態技術とその制御が生みだしたと言っても過言ではない．

　本書は，材料技術にとって非常に重要なマルテンサイト変態の基礎と新しい応用について詳しく述べた書で，基礎からじっくりと学びたい人の良書である．

北田正弘　堂山昌男

まえがき

　人はなぜ研究をするのであろうか？　面白いからである．それが材料の開発につながればなおさらである．マテリアルズサイエンスの一分科に相変態という興味深い分科がある．相変態については本文の１章で詳しく述べるが，温度や応力のような熱力学的変数を変えていったとき，ある臨界の温度や応力で結晶構造や結晶の状態が変化することを相変態といい，これに絡んで種々面白い現象が現れる．特に無拡散で，相互に連携した原子の変位によって引き起こされるマルテンサイト変態においては，この本のテーマである形状記憶効果や超弾性等も現れ，いわば機能性材料開発の宝庫といってもよい．これらの興味深い現象はマルテンサイト変態の特性によって引き起こされるものであるから，これらを理解するためには，マルテンサイト変態そのものを基礎から深く理解することが必要になる．

　このような観点から本書は大学院生並びに若い研究者を対象に，マルテンサイト変態の基本的な考え方，並びにそれに基づいて形状記憶効果や超弾性のような特異な現象をできるだけわかりやすく説明しようとしたものである．マルテンサイト変態は固相中で原子の拡散を伴うことなく起こる協力現象であるので，この問題に対するアプローチも結晶学的，（統計）熱力学的，固体物理的（弾性論，電子論，フォノン），材料力学的等等種々なものがあり，それぞれ有用であるが，協力現象としてのマルテンサイト変態の特徴は結晶学的な面に現れやすく，この方向からの理解が最も進んでいる．このため本書でもこの方向からのアプローチを中心に据えている．協力現象であるために独特の考え方があり，学問としては割と敷居の高い学問ともいえると思うが，基本の考え方についてはできるだけ丁寧に説明するように心がけたので，最初の敷居を乗り越えていただけば後は他の学問同様スムーズに理解を広げていただけると思う．この変態に対しては線型代数を駆使した「マルテンサイト変態の現象論」と呼ばれる優れた理論がある．この理論はマルテンサイト変態に伴う有限の歪を厳密に解く理論であるから，簡単とはいえないが，この理論抜きにマルテンサイト変態を語ることはできないので詳しく述べた．この部分を辛抱強くフォローしていただけば，後の理解が深まると思う．実際この理論を用いれば，マルテンサイト変態の際の母相-マルテンサイト相の界面の指数，変態に伴うシアー量，母相とマルテンサイト相の結

晶方位関係等が定量的に求められる画期的な理論なのである．材料学分野広しといえどもこれほど高度に，定量的に扱える理論はそう多くはないであろう．というわけで結晶学的アプローチを中心に据えてはいるが，もちろんそれ以外の見方（例えばマルテンサイト変態の起源，熱力学やマルテンサイト変態の前駆現象等）も取り入れ，マルテンサイト変態の特徴全体を見渡せるよう配慮したことは目次からも理解していただけると思う．このような理解の上に立って形状記憶効果や超弾性の問題を詳しく述べた．これらはいわばマルテンサイト変態の応用といってもよい問題だからである．なおマルテンサイト変態の問題にしても形状記憶効果や超弾性の問題にしても，マルテンサイト中の双晶が密接に絡んで重要な働きをしている．このため Bilby-Crocker の理論を用いて双晶の問題を詳しく論じているのも本書の特徴といってよいかもしれない．もう一つ注目すべき点は，12.5 節で述べる「マルテンサイト変態と点欠陥の相互作用」である．マルテンサイト変態は無拡散で起こる現象であるから時効とは関係なさそうに見えるが，実は一部の合金で時効効果が見られており，その結果現れるゴム弾性的挙動は長年未解決の難問であったが，これも「マルテンサイト変態と点欠陥の相互作用」として理解できるようになったというわけである．つまりマルテンサイト変態に絡む多くの問題が，物理冶金学の枠の中で理解できることを示すのも本書の特徴といってよいであろうか．ただし記述は本書の性格上網羅的ではないことをお断りしておく．

　ここで本書の表題について一言触れておきたい．形状記憶効果については 12 章で詳しく述べるように，マルテンサイト状態にある試料を変形しても，A_f 温度という母相が安定な温度域まで加熱したとき逆変態によって形状が回復する現象を指しており，超弾性やゴム弾性挙動とは区別している．しかし現象だけ見れば超弾性やゴム弾性的挙動でも応力除荷で形状は回復するわけだから広い意味ではこれらも含めて形状記憶効果と言ってもおかしくない．そういうわけで表題につけた「形状記憶効果」は後者も含めた広い意味での言葉であることをお断りしておく．

　本書を読むに当たっては以下のことを考慮されると有益と思われる．（1）大学の教養部で習った線型代数の復習．これは以上からおのずと理解されよう．ただし本書ではその復習も兼ねた形で書いているので，この本だけでもほぼ理解できる書き方になっている．（2）逆格子の理解．結晶学的な解析に当たっては結晶の面や方向が頻繁に出てくるが，面を数学的に扱うには逆格子が便利であり，電子回折図形の解析には逆格子の理解が不可欠である．（3）ステレオ投影の理解．ステレオ投影というのは，3 次元の関係を 2 次元に投影してグラフィカルに扱う手法である．昨今ではパー

ソナルコンピュータが身近な存在になっていて，数値解析が容易にできるのでグラフィカルな方法など不要と思われるかもしれないが，一般に結晶学的な計算は煩雑で誤りを犯しやすいので，グラフィカルな方法で正しいことを確認しながら計算も進めるのが賢明である．その上実験結果や計算結果はステレオ投影を使って表示することが多いので，ステレオ投影を身につけることをぜひお薦めしたい．詳しくは8章で再度述べる予定である．

　この本の執筆に当たって（この分野の理解も含めて）多くの方々のお世話になった．そもそも筆者がこの分野に分け入ることになったのも阪大産研の清水謙一先生の助手になったからであるし，最初はマルテンサイトのマの字から，電子顕微鏡の操作も手ずから教えていただき，良いスタートを切ることができた．同様にイリノイ大学の故 Wayman 先生にも，院生時の指導教官として，またその後同大学の客員 faculty staff として研究三昧の日々を送らせていただいた．思えば Wayman-Shimizu がリードした形状記憶合金研究の勃興期にこの分野で研究できたのは幸運であったと思う．当然のことながら二つの研究室で若い同僚や院生諸君と一緒に研究し，議論したことが本書の元になっている．同様のことは筑波大学に移って自分の研究室を立ち上げ，若い仲間や院生，学生諸君と一体になって熱心に研究に明け暮れた頃のことが懐かしく思い出される．この他学外の研究者との共同研究並びに企業の研究者との共同研究も数多くあり，多くのことを教えていただいた．本書で述べたマルテンサイト変態に対する理解もこのような共同研究を通して身につけたものである．自分が学生だったころ，数学や物理で美しい定理を習い，わかったつもりでいてもいざ試験をしてみると意外にできなかったりして，実はよくわかっていなかったのだという苦い経験を持っているのは筆者だけであろうか？　やはり学問は自分の身近な問題の解明を通して学んでいくものであると常々感じている．そういう意味で以上の方々に心からお礼申し上げる次第である．

　実は本書執筆のお誘いをいただいたのは筆者がまだ筑波大学で教鞭をとっていた頃である．気軽に執筆を引き受けたものの，当時は極めて多忙でとても手を付けられる状況ではなかった．定年後になれば時間も取れようと思ったが，その後も研究に絡み，ついつい先延ばしにして打ち過ぎてしまった．それが数年前に監修者の一人である北田先生から原稿はもうできましたかとの賀状をいただいた．もうこの話は半ばなくなったと思っていたのであるが，それならと思い直して本気で書き始めた．今度は日本語だし，その気になればすぐ書けるだろうと思ったのであるが，意外に時間がかかってしまった．論文と違って本の場合は全体の整合性を取るのに時間がかかるから

である．執筆を始めてからは（独）物質・材料研究機構の任暁兵教授と鈴木哲朗先生（筑波大学名誉教授），並びにいわき明星大学の中田芳幸教授に時に応じて議論の相手をしていただいた．また本書の図表の整備には任研究室の Messrs. Jinghui Gao, Zhen Zhang, Drs. Kang Yan, Jian Zhang のご協力をいただいた．深くお礼申し上げる次第である．また内容については監修者の北田正弘先生並びに堂山昌男先生に眼を通していただき，種々貴重なご意見をいただいた．できるだけ監修者の意向に沿うようにしたつもりであるが，一部ご海容いただいた部分もある．深く感謝する次第である．この他唯木次男先生（大阪女子大学名誉教授）並びに村上恭和准教授（東北大学多元研）にも全体の通読をお願いし，種々貴重なコメントをいただいた．お陰で元の原稿にあった誤りもかなり回避できたことと思う．これらの方々に心からお礼申し上げる次第である．

2012 年 8 月

大塚 和弘

通読上の注意事項

1) 合金の組成表示：断らない限り at% で表示しているが，これまでの慣例上重量 % が用いられるものに付いては（wt%）と断っている．
2) 温度表示：多くは K を用いているが，実用上の便利さもあって℃との混用も許している．
3) 応力表示：多くは MPa を用いているが，古いデータは kgf/mm^2 が普通なので混用を許している．必要があれば，1 kgf/mm^2＝9.8 MPa で換算されたい．
4) 参考書・参考文献は章ごとにまとめているので，文献番号は章ごとの番号になっているが，一部，他の章の参考書等を参照するときは章番号も付けている．例えば[1:3]は，1 章文献[3]を意味する．
5) 熱処理の表示：例
 1273 K×1h IQ→673 K×1h IQ
 は，1273 K で 1 時間溶体化処理後焼き入れし，その後 673 K で 1 時間時効し，その後焼き入れの意味である．ここに，IQ は"ice-quenched"の意味である．
6) 本書は和文の書なので，カタカナも含めできるだけ日本語の方がよいという考え方もあると思うが，専門用語は海外からきたケースが多く，英語をカタカナで書くよりも英語で書いた方が覚えやすいと筆者は思っている．そのため割と英語を残した書き方になっているが了とされたい．

目　　次

材料学シリーズ刊行にあたって
「合金のマルテンサイト変態と形状記憶効果」によせて

まえがき……………………………………………………………………………… iii
通読上の注意事項…………………………………………………………………… vii

1 はじめに……………………………………………………………………………… 1
2 結晶の変形…………………………………………………………………………… 5
3 マルテンサイト変態の特徴：結晶学的特徴を中心に…………………………… 9
4 数学的準備：演算子としての行列と座標変換………………………………… 17
5 マルテンサイト変態の基本概念：格子変形，格子対応，格子不変変形…… 26
6 双晶変形理論の概要と格子不変変形…………………………………………… 32
7 マルテンサイト変態の型とその結晶構造……………………………………… 41
　　7.1 bcc-長期周期積層構造への変態　41
　　7.2 fcc-bcc/bct 変態　52
　　7.3 fcc-fct 変態　54
　　7.4 fcc-hcp 変態　55
　　7.5 Ti-Ni 合金におけるマルテンサイト変態　59
8 マルテンサイト変態の際の結晶学的パラメータを実験的に求める方法について……………………………………………………………………………… 63
9 マルテンサイト変態の現象論（結晶学的理論）……………………………… 66
　　9.1 現象論が現れる前の状況　66
　　9.2 WLR 理論によるマルテンサイト変態機構の解析　68
　　　　9.2.1 マルテンサイト変態を記述する基本式　69
　　　　9.2.2 双晶の幅の比　75
　　　　9.2.3 晶癖面　77
　　　　9.2.4 shape strain の方向および大きさ　78

9.2.5　結晶方位関係　　*81*
　　　9.2.6　WLR 理論 vs. BM 理論　　*82*
　　　9.2.7　現象論による計算結果の詳細　　*84*
　　　9.2.8　現象論による予測と実験結果の比較　　*85*
　　　9.2.9　格子不変変形が Type II 双晶の場合　　*89*
　　　9.2.10　現象論の解の多重性　　*90*
　　　9.2.11　自己調整　　*91*
10　マルテンサイト変態の熱力学……………………………………………… *100*
　　10.1　自由エネルギー曲線　　*100*
　　10.2　等温変態 vs. 非等温変態　　*102*
　　10.3　マルテンサイトの核形成の古典論　　*102*
　　10.4　熱弾性型変態 vs. 非熱弾性型変態　　*104*
　　10.5　マルテンサイト変態に対する応力の影響　　*107*
11　マルテンサイト変態の前駆現象………………………………………… *115*
12　形状記憶効果，超弾性とマルテンサイトからマルテンサイトへの変態……… *124*
　　12.1　超弾性　　*127*
　　　12.1.1　超弾性歪　　*131*
　　　12.1.2　応力下でのマルテンサイトバリアントの選択　　*133*
　　　12.1.3　有効応力と超弾性ループの歪速度依存性　　*133*
　　　12.1.4　引張応力 vs. 圧縮応力の比較　　*137*
　　12.2　多段階超弾性：マルテンサイトからマルテンサイトへの変態　　*138*
　　12.3　(1方向)形状記憶効果　　*145*
　　　12.3.1　形状記憶効果の機構　　*145*
　　　12.3.2　形状記憶効果の起源/条件　　*153*
　　12.4　2方向形状記憶効果　　*162*
　　12.5　マルテンサイト変態と点欠陥の相互作用：ゴム弾性的挙動　　*165*
13　形状記憶合金の応用…………………………………………………… *180*
　　13.1　形状記憶効果の応用　　*180*
　　　13.1.1　形の回復と変態応力の利用　　*180*
　　　13.1.2　サーマルアクチュエータへの応用　　*181*
　　　13.1.3　エネルギー変換：熱エンジン　　*184*
　　　13.1.4　ロボットへの応用　　*184*

13.2　超弾性の応用　*185*
　　　　13.2.1　歯列矯正用ワイヤー　*185*
　　　　13.2.2　ブラジャーへの応用　*186*
　　　　13.2.3　携帯電話のアンテナへの応用　*187*
　　　　13.2.4　医療用ガイドワイヤーやステントへの応用　*187*
14　実用形状記憶合金……………………………………………………………… *192*
15　マルテンサイト変態に関するその他の問題……………………………… *208*
　　15.1　薄膜形状記憶合金　*208*
　　15.2　磁性形状記憶合金　*211*
　　15.3　マルテンサイトのハイダンピング材料への応用　*213*

付録*A1*　Bilby-Crocker 理論による双晶要素の導出 ……………………… *219*
付録*A2*　Au-47.5 Cd 合金の B2-斜方晶変態に対する現象論の計算結果の
　　　　アウトプット……………………………………………………………… *221*

総合的な参考書………………………………………………………………………… *225*
和文索引………………………………………………………………………………… *229*
欧文索引………………………………………………………………………………… *233*

1

はじめに

　一般に物質は，温度，圧力，応力，磁場といった熱力学的変数を変えると，新しい安定な状態，すなわち相（phase）へと変化することが多く，これを相変態（phase transformation）という．身近な例を挙げれば，高温の水蒸気を冷却していくと100℃で液体の水へと変化する．すなわち気体から液体への相変態が起こる．この水をさらに冷却し，0℃に達すれば，今度は液体から固体への相変態を起こす．相変態は工業的応用にも大変有用である．初期の産業革命で大きな働きをした蒸気機関車も上述した水の気相-液相変態を利用したものである．このような相変態は上記のような気相，液相，固相間のみならず，固相の中でも熱力学的変数を変えれば起こすことが可能であり，このような相変態に際しては後で述べるように極めて興味深い現象が現れるので，新しい機能性材料を探索する際のいわば宝の山ということができる．これまでの数ある成功した応用の中で，固相中での相変態を利用したものの一部を挙げるならば，ジュラルミンは Al 合金中での時効析出を利用したものであり，アルニコ磁石はスピノーダル分解を利用したものであり，古くから日本の伝統技術である日本刀も本書のテーマであるマルテンサイト変態を利用したものである．実用材料としてもっとも重要な鉄鋼では，種々の相変態が余すところなく利用されている．また，本書で後に詳しく述べる形状記憶合金や超弾性材料もマルテンサイト変態を利用したものである．

　このような固相中での相変態は大きく分けて拡散型変態（diffusional transformation）とマルテンサイト変態（martensitic transformation）/非拡散型変態（diffusionless transformation）に分類できる．拡散型変態とは，相変態によって新しい相が生ずる際個々の原子の拡散によって新しい相が形成されるものであり，一例を図 1-1（a）(b)に示した．この図の規則状態(a)からスタートし，昇温により規則-不規則変態が起きたとすると，各原子の random walk と呼ばれる原子の拡散により不規則状態になる(b)．これに反し規則状態(a)からの冷却によるマルテンサイト変態(c)では，個々の原子の random walk は生ぜず，ある領域の原子が協力的な変位をし，新しい相が形成されるものであり，原子の規則性も保たれている．つまりマルテンサ

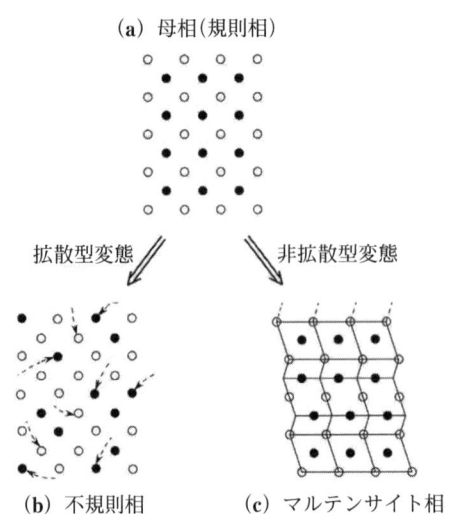

図 1-1 相変態の分類．拡散型変態と非拡散型変態（マルテンサイト変態）．

イト変態は典型的な協力現象（cooperative phenomena）である．拡散型変態は拡散が活発となるある程度の高温度域でしか働き得ないのに対し，小さな原子の変位で起こるマルテンサイト変態は極低温でも働くことが可能で，液体ヘリウム温度でもマルテンサイト変態が観察されたという報告もある[1]．もちろんマルテンサイト変態は原理的には高温で起こってもよいわけだが，高温になると拡散も速くなるので，実際にどちらの機構で起こったかを判別するのが難しくなるという問題がある．マルテンサイト変態は原子の変位を伴うので変位型相変態（displacive transformation）と呼ばれることもある．これら三つの言葉，マルテンサイト型，非拡散型，変位型は同義語と考えてよい．上の説明では拡散型とマルテンサイト型を峻別して述べたが，場合によっては，両方の機構が平行して起こる可能性もあり得る（例えばベーナイト変態と呼ばれるものは一般に二つの機構で生じていると考えられている）．なお martensite という言葉は，最初 Osmond が鋼の中に見つけた一つの相に対しドイツの有名な冶金学者 Martens にちなんで名付けたものであるが，その後多くの研究者による研究を経てこの問題のキーポイントは，変態の様式にあることが明らかになって，非拡散型という変態の様式がマルテンサイトあるいはマルテンサイト的という言葉を特徴付けることになった[2]．

もう一つの相変態の分類の仕方には，1次相変態 vs. 2次相変態[*1]（あるいは2次

以上）という分類の仕方がある[3,4]．1次か2次かは，その系の自由エネルギー G の1次微分や2次微分が連続か不連続かによって定義される．1次微分が不連続になる場合は1次の相変態と呼ばれる．自由エネルギー G の圧力 p の1次微分としては体積 $\left(V=\frac{\partial G}{\partial p}\right)$，$G$ の温度 T の1次微分としてはエントロピー $\left(S=-\frac{\partial G}{\partial T}\right)$ があるので，1次相変態をする系では V や S が変態する温度で不連続に変わることになる．このような系では結晶構造が不連続に変わり，ある温度範囲で高温相（これを母相（parent phase）という）と低温相（変態がマルテンサイト型の場合はこれをマルテンサイト相という）が共存することになり，昇温，降温に伴って温度履歴（ヒステリシス）が生ずる．一方，2次の相変態とは，自由エネルギーの1次微分は連続であるが，2次微分が不連続になるものであり，自由エネルギーの2次微分には比熱があるので，比熱が不連続になる特徴を持つ．このような系では2相共存は起こらず，温度の降昇に伴って系全体がじわじわと構造変化をする形を取り，ヒステリシスも生じない．これまでに実際に観察された相変態のほとんどは1次相変態である．例えば有名な Landau の統計物理学の本[4]に代表的な2次相変態として書かれているチタン酸バリウム（$BaTiO_3$）の場合も，実験屋には1次だといわれている．すなわち，最初は2次的に始まっても変態の進行に伴って歪が生じ1次に変わってしまうというわけである．これまで知られている系で多分もっとも2次相変態に近いのは A15 型と呼ばれる化合物の変態と $SrTiO_3$ の変態である．というわけでこれまで知られている相変態の大部分は1次であり，マルテンサイト変態も歪を伴うのですべて1次である．しかし一口に1次といっても変態に伴う歪の大きさによって2次に近いものから強い1次のものまで種々あることはいうまでもない．これらはある程度ヒステリシスに反映されている．なおこれまで著者は相変態という言葉を一貫して使ってきたが，研究者によっては相転移（phase transition）という言葉も使われている．一般に物理系の研究者には後者を使う傾向が強く，工学系の研究者では前者が多い．また2次相変態に対しては相転移が使われることが多く，一方，1次の場合には相変態という言葉が使われることが多い．以上厳密に言えばほとんど1次であることに鑑み，本書では相変態という言葉で統一することとする．

　ここまでマルテンサイト変態を特徴付けるものとして変態の様式を強調してきたが，もちろん相変態であるから変態に伴って構造変化がある．後の章で詳しく述べる

[*1] "vs." は，ラテン語の versus（…に対して）に由来する言葉なので，ここでは「1次相変態 対 2次相変態」を意味し，vs. の両側の言葉が対比される言葉である．

ように，構造変化は合金の種類によって多岐にわたるが，ここではその一例としてマルテンサイト変態が最初に見出された，鋼のマルテンサイト変態について述べる（図 5-1 参照）．この場合，母相は面心立方格子（face-centered cubic；fcc）（図 5-1(a)）で，マルテンサイト相は体心正方格子（body-centered tetragonal；bct）（図 5-1(b)）または体心立方格子（body-centered cubic；bcc）である（鋼は C を含むので普通は bct，C を含まなければ bcc）．1924 年米国の冶金学者 E. C. Bain[5]は，この fcc から bct への変態が無拡散でいかに達成できるかを以下のように説明した．後に詳しく述べる図 5-1(a) は fcc 格子を二つつなげて描いたものであるが，この図をよく見ると太線で描いたようにこの格子の中には軸比（＝c 軸の長さ/a 軸の長さ）が $\sqrt{2}$ の bct 格子がすでに存在している．したがって図の Z 軸を縮め，X, Y 軸を伸ばし図 5-1(b) のようにマルテンサイトの a, c 軸の長さにすれば無拡散でこの構造変化を実現できることを示した．なお，ここでは詳細に立ち入らないが，鋼のマルテンサイト変態では，この bct マルテンサイトの軸比 c/a が C 濃度と共に増大する[6]．この挙動も上記の機構で説明できることを明らかにしている．これで母相からマルテンサイト相を無拡散でいかに生成するかの一例を理解していただけたと思うが，ここで大事なことは，このような小さなマルテンサイトが母相の中に島のように生成したとしたら，母相の格子とマルテンサイトの格子はつながっており，マルテンサイトは母相に取り囲まれているので，非常に大きな歪（エネルギーの増大）を伴うということである．この歪の生成をいかに回避するかがマルテンサイト変態を考える上での中心課題となる．

1 参考書・参考文献

[1] L. Kaufman and M. Cohen, Prog. Metal Phys., **7**, Pergamon (1958) p. 165.
[2] C. M. Wayman, *Introduction to the Crystallography of Martensitic Transformations*, Macmillan (1964) p. 1；清水謙一訳，「マルテンサイト変態の結晶学」，丸善 (1969).
[3] J. C. Slater 著；大森恭輔訳，「化学物理学」，共立出版 (1946).
[4] ランダウ-リフシッツ著；小林秋男他訳，「統計物理学」第 2 版，上，下，岩波書店 (1966).
[5] E. C. Bain, Trans. AIME, **70** (1924) 25.
[6] 西山善次，「マルテンサイト変態」(基本編)，丸善 (1971).

2

結晶の変形

　1章に述べたように，マルテンサイト変態は無拡散な仕方での構造変化を伴う．したがって形状変化を伴い，ひいては結晶の変形と関わりを持ってくる．ここでは結晶における一般の変形も含めて述べる．一般に変態が関わらない温度域における結晶の変形はすべり（slip）または双晶変形（deformation twinning）によって行われる．すべりが結晶のすべり面（稠密面）上での特定の方向（稠密な方向）へのすべりによって生じ，ミクロには転位（dislocation）の移動によって起こる[1-3]．一方，双晶変形は，結晶を特定の面（双晶面）上で特定の方向（双晶シアー（shear）方向）へ特定の量（双晶シアー）だけシアーさせたとき，元の結晶と双晶面に関し鏡映対称の関係（あるいは双晶シアー軸の周りの回転関係．これについては6章で述べる）を持つ結晶が得られることをいう．bcc結晶における{112}双晶の一例を図2-1に示す．この図の投影面は$(1\bar{1}0)$面であり，この面に垂直で左上に延びる面は(112)面であり，この面と$(1\bar{1}0)$面の交線が$[\bar{1}\bar{1}1]$方向である．今(112)面の上側の原子を$[\bar{1}\bar{1}1]$方向に矢印の量だけシアー（必要なシアー量は$1/\sqrt{2}$）させたとすると各原子は黒丸の位置に変位し，ちょうどこの(112)面に関し鏡映対称の位置に変位していることがわかる．

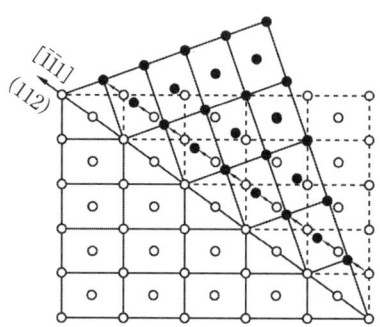

　図2-1　双晶変形の一例．bcc結晶において(112)面上で$[\bar{1}\bar{1}1]$方向に一定量シアー（$1/\sqrt{2}$）することによって双晶（黒丸）が作られる．この図の投影面は$(1\bar{1}0)$.

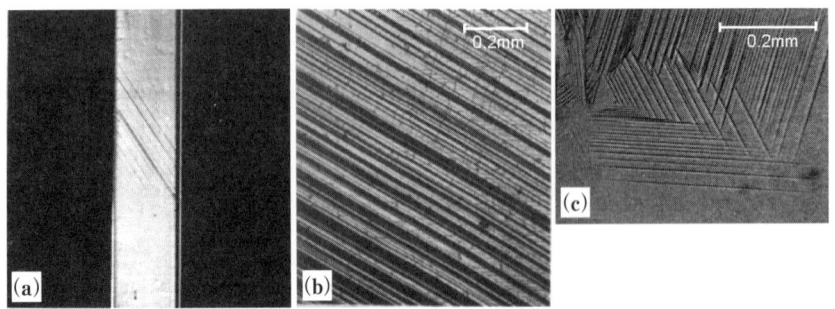

図 2-2 結晶におけるシアー変形の例．（a）Al-1.7Cu 合金におけるすべり（Kelly[4]による），（b）Fe-Be 合金における双晶変形（Bolling and Richman[5]による），（c）Cu-14.2Al-4.3Ni（wt%）合金における β_1' マルテンサイト変態（大塚ら[6]による）．

もちろんこの場合任意のシアー量では双晶はできない．どのような面上でどのような方向に，どれだけシアーさせると双晶ができるかについては後に6章で議論する．ここで大事なことはどちらの変形もシアーで起こるという点である．

図 2-2 には結晶のすべり（a），双晶変形（b），マルテンサイト組織（c）の代表例を示した．双晶変形の場合もマルテンサイト変態の場合も共に生成物（双晶変形の場合は双晶，マルテンサイト変態の場合はマルテンサイト）は薄いプレート状に生成し[*1]，シアー機構で生成することを強く示唆している．これらが一般に薄いプレート状に生成する理由は以下のように理解できる．どちらの場合も生成物は無拡散で元の相に取り囲まれた形で生成するので生成に際して歪を生じ，その歪は両者の界面に集中する．したがって，もしこれらがシアー機構で生成するならば，シアーの面（剪断面）は無歪無回転なので，歪は最も小さくて済むからである．すなわち引張，圧縮，曲げ等の一般的な変形を考えれば，シアーだけでなく，膨張や収縮などの変形も絡んできそうに見えるが，実際の変形に関与するのはシアーによる変形のみと考えてよい．マルテンサイト変態についても同様のことがいえる．厳密にいうとマルテンサイト変態は体積変化（$\Delta V/V$）を伴うので事情はもっと複雑であるが，これについては9章で述べる．

[*1] マルテンサイトの場合には自己調整（後述）が働くともっと複雑な形態を取り得るが，単独に現れるときには一般に薄いプレート状となる．

2 結晶の変形

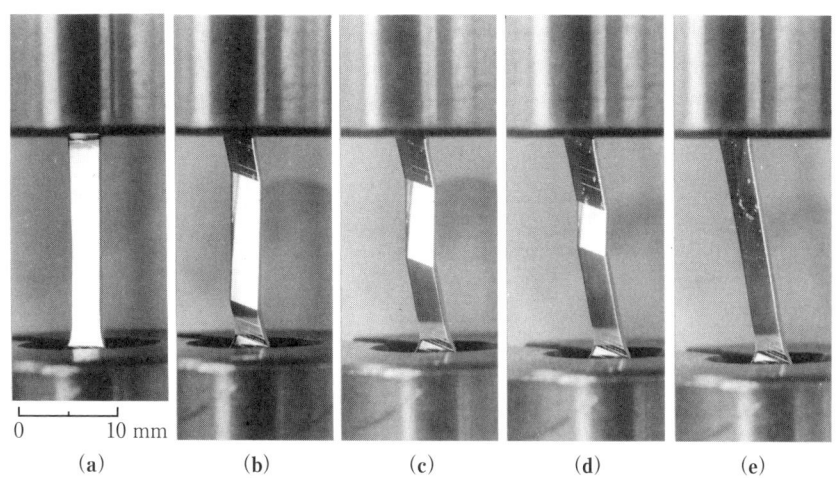

図 2-3 Cu-13.7Al-4.0Ni（wt%）マルテンサイト単結晶の引張試験による双晶変形．（a）は γ_1' マルテンサイト単結晶の状態，（b）で応力を負荷していくと上下両端に双晶が現れ，歪の増加に伴って双晶変形が進行し，（e）では双晶方位の単結晶になる．詳しくは本文参照（一ノ瀬ら[7]による）．

　双晶変形によるシアー変形の非常にわかりやすい例を図2-3に挙げる．この図の（a）はマルテンサイトの単結晶であるが，ここでは立ち入らないで結晶の変形の面白さを感得していただければよいと思う．（a）の状態から試料を引張っていくと，試料の上下端に双晶が現れ変形する．さらに引張っていくと上下の双晶が成長して変形は進行し，ついには（e）で双晶方位の単結晶になる．（a）と（e）を比べると，双晶変形によるシアー変形が容易に理解されよう．

2 参考書・参考文献

[1] 鈴木秀次，「転位論入門」，アグネ（1967）．
[2] 角野浩二，「結晶の塑性」（金属物性基礎講座第8巻），丸善（1977）．
[3] Johanes Weertman and Julia Weertman 著；中村正久訳，「基礎転位論」，丸善（1968）．
[4] A. Kelly, "Experimental investigation of the plastic properties of single crystals", Instron Eng. Corp., M-6, p. 3.

[5] G. F. Bolling and R. H. Richman, Acta Metall., **13** (1965) 745.
[6] K. Otsuka, T. Nakamura and K. Shimizu, Trans. JIM, **15** (1974) 200.
[7] S. Ichinose, Y. Funatsu and K. Otsuka, Acta Metall., **33** (1985) 1613.

3

マルテンサイト変態の特徴：
結晶学的特徴を中心に

　ここでは，まず実験的に観察されるマルテンサイト変態の特徴をまとめる．先に述べたようにマルテンサイト変態の重要な点は結晶中での原子の協力的な変位にあるので，その特徴は主に結晶学的な特徴に現れることにある．最初に挙げるべき重要な特徴はマルテンサイト変態に伴う表面起伏（surface relief）の生成である．一例を図3-1の光学顕微鏡写真で示す．普通，光学顕微鏡でマルテンサイト変態を観察するときは，高温側の母相（parent phase）で研磨し，組織の見えない平らな面にしておく．この試料をM_s温度（マルテンサイト変態開始温度）以下まで冷却するとこの図のように試料をエッチしなくてもマルテンサイト組織が観察できる．それは表面に起

図 3-1 Cu-14.2Al-4.2Ni(wt%)合金におけるγ_1'マルテンサイトの光学顕微鏡写真．試料は変態前に母相状態で平滑に研磨してある（大塚ら[1]による）．

伏が生じ，見かけの光の反射率が変わるからである（この試料では，偏光を使っているので，コントラストはさらに強くなっているが，偏光を使わなくても観察できる）．先に示した図2-2(c)でマルテンサイト組織が観察できるのも同じ理由である．干渉

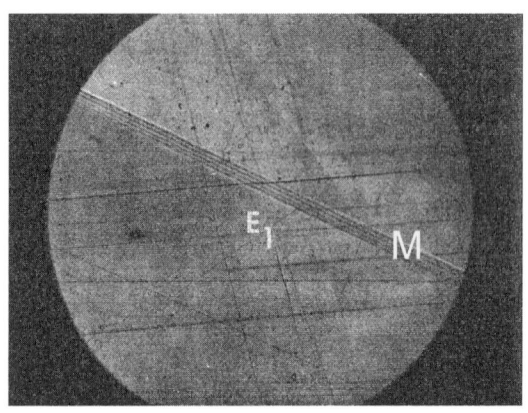

図 3-2 Fe-Pt合金におけるマルテンサイトの干渉顕微鏡写真．"M"と記された部分がバンド状のマルテンサイトで，平行な縞は等厚干渉縞（Efsic and Wayman[2]による）．

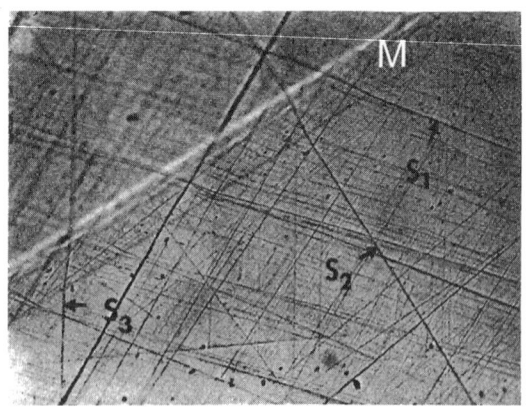

図 3-3 マルテンサイト変態の前に多数の直線を引いておき，変態させると（"M"と記した部分がマルテンサイト）元の直線はマルテンサイトの部分で別の傾きを持った直線に変わる（scratch displacement）（Efsic and Wayman[2]による）．

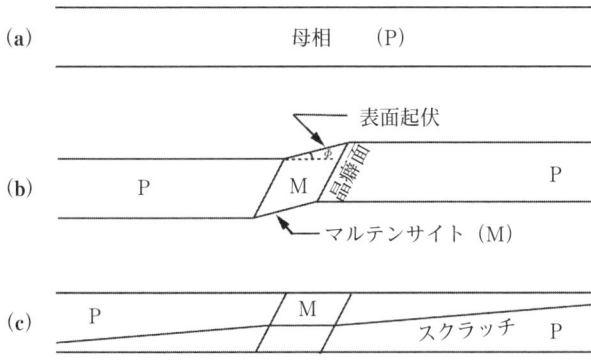

図 3-4 マルテンサイト変態が線型の変形を伴うことを模式的に示す図．直線は別の直線に，面は別の傾きを持った面に変換される．

顕微鏡を使えば表面起伏の存在をもっと詳細に示すことができる．干渉顕微鏡というのは，光源から出た光を 45°にセットした半透過の鏡（ガラス板に薄い金属膜を蒸着したもの）を使って二つのビームに分け，標準のミラーで反射した光と金属試料表面で反射した光を干渉させて見るものである．図 3-2 の例では，M と記したバンドの部分がマルテンサイトで，それ以外の部分は未変態の母相であり，光はこの未変態の部分に垂直に入射されている．このため未変態部分では組織は観察されない．これに反し，変態した部分では各部分で高さが異なるため，この高さを反映した等厚干渉縞が生じている（つまり同じ黒/白の線上の点は同じ高さの点である）．この干渉縞の間隔（d）から表面の傾きの角度（Φ：図 3-4(b)参照）は次式によって求められる．

$$\tan(\Phi) = \frac{\lambda}{2d} \tag{3.1}$$

ここに，λ は用いた光の波長である．この表面起伏の有無は容易に観察でき（多くの場合肉眼でも観察できる），非拡散型変態の重要な指標なので，変態の際の表面起伏の有無は変態がマルテンサイト的かどうかの重要な証拠とされてきた[3]*1．表面起伏と並んで重要な現象は，変態前の直線が変態によってどう変わるかである．これを

---

*1 最近の研究ではある種の拡散型変態の析出（e.g. Ag₂Al）あるいはベーナイト変態に際しても，地（matrix）と析出物がコヒーレントな界面で接していれば，atomic site correspondence[4]により表面起伏の現れることが認められており，表面起伏の存否がマルテンサイト変態を判断する金科玉条ではないことが指摘されている．しかし表面起伏がマルテンサイト変態の重要な指標であることに変わりはない．

調べるために変態前試料に多数の直線を引いておく．この試料を一部変態させた後の光学顕微鏡写真が図 3-3 であり，この図で右肩上がりに走るバンドがマルテンサイトである．この図で三つの直線（S_1, S_2, S_3）に着目すると，いずれの直線もマルテンサイトの部分で折れ曲がっているのがわかる．以上の状況を模式的に示したのが図 3-4 である．これから直ちにわかることは，マルテンサイト変態に際し，母相の面は別の面に変換され，直線は別の方向を持った直線に変換されるということである．すなわち，マルテンサイト変態に伴う変形は線型（linear）であることを意味する（少なくともマクロ的，あるいは mesoscopic 的には）．これが後の結晶学的理論で線型代数が用いられる理由である．

図 3-5(c)の写真は，Cu-Al-Ni 合金単結晶に温度勾配をつけ，左の端にマルテンサイトを一つだけ生成させたものである（このような変態の仕方を single interface transformation と呼ぶ）．試料をさらに冷却していくと左の白いコントラストのマルテンサイトが次第に成長していくのが見える．しかも母相とマルテンサイトの界面の傾きはいつも同じであることがわかる．この界面の母相から見たミラー指数 $\{hkl\}$ は結晶の方位と 2 面解析という方法（8 章参照）で決めることができる．これらが詳し

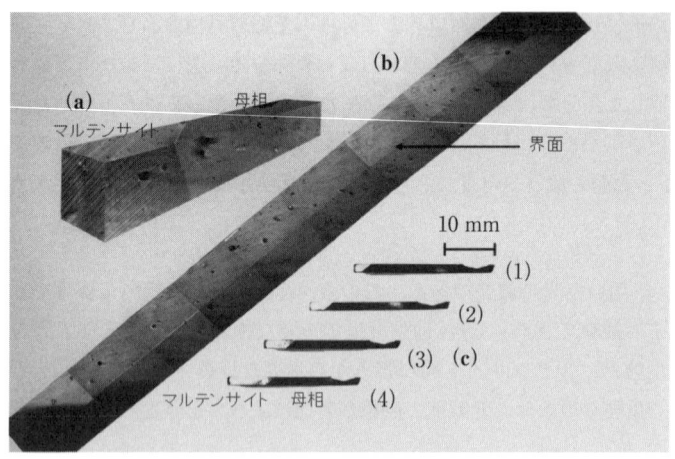

図 3-5 Cu-14.2Al-4.3Ni(wt%)合金単結晶における single interface transformation を示す写真．(c)に示すように，単結晶の左端を冷やして一つのマルテンサイトを核形成させ，冷却を続けていくと，以後マルテンサイトのバリアントは変わることなく，母相-マルテンサイトの界面の伝播によって変態は進行していく．詳しくは本文参照（大塚ら[1]による）．

く調べられた結果，ミラー指数は合金の組成並びに変態の型によって決まっていることがわかっており，この界面を晶癖面（habit plane）と呼ぶ．つまり生成したマルテンサイトが一定の晶癖面指数を持つこともマルテンサイト変態の重要な特徴である．

図3-5(b)は母相-マルテンサイト相の界面を走査型電子顕微鏡で観察したものであり，(a)はこれを3次元的に表したものであるが，これから直ちにマルテンサイト相は内部構造/内部欠陥を持っていることがわかる．この場合の内部欠陥は先に述べた双晶であるが，一般的には転位や積層欠陥（stacking fault）もあり得る（そのいずれが現れるかは合金の組成，変態の型によって異なる）．なぜこのような内部欠陥がマルテンサイト中に生ずるかは，マルテンサイト変態の結晶学的理論を考える際に極めて重要となるが，ここではまず実験事実として，マルテンサイト中に内部欠陥が生ずることを指摘しておきたい．これらの内部欠陥を生ずる変形は結晶構造を変化させるものではないので，これらを総称して格子不変変形（lattice invariant shear；LIS）と呼ぶ．

図3-5(a)あるいは(c)の母相とマルテンサイト相の界面にX線あるいは電子線（薄膜試料の場合）を照射し，両相からの回折図形を得ると両相の間には一定の方位関係のあることがわかっており，これもマルテンサイト変態の重要な特徴である．

無拡散の機構から容易に想像されるように，マルテンサイト変態の際，組成の変化はなく，規則構造を持った母相をマルテンサイト変態させると，規則構造を持ったマルテンサイト相が得られるが，これもマルテンサイト変態が原子の拡散を介した変態ではなく，原子の協力現象を介した変態であることを示唆する結果であるが，これについては5章で議論する．

以上，結晶学的に見たマルテンサイト変態の特徴を述べたが，それ以外の特徴についても以下簡略に述べる．マルテンサイト変態の伝播速度（すなわち母相-マルテンサイト相界面の伝播速度）についてはFe-29.5at%Ni合金についてBunsha-Mehl[5]によって測定された例があり，10^3 m/sと報告されている．これは金属中の音速の約1/3に相当する驚くべき速さであるが，原子の協力現象を反映したものであることはいうまでもない．またマルテンサイト変態は液体ヘリウム温度でも観察されており，一見マルテンサイト変態では原子の変位に熱活性化過程が働いていないことを示唆しているようにも見えるが，これは低温で熱活性化の山が非常に小さくなったことを表している可能性もあり，これまでの研究で，熱活性化過程が否定されているわけではない．このようにマルテンサイト変態は基本的なことでも重要な問題を抱える興味深い現象ということができる．

相変態を扱う以上，変態がどの温度で開始し，どの温度で終了するかといった情報が必要になるが，変態に際しては種々の物理量が変化するので，温度の関数として適当な物理量を測定すれば変態の温度情報は容易に得られる．一例として電気抵抗による測定結果を図 3-6 に示す．この図には Fe-Ni と Au-Cd の二つの合金に対する電気抵抗-温度曲線が示されており，両者で変態の温度履歴（temperature hysteresis）が大きく異なることが見てとれるが，この相違についてはすぐ後で述べることとし，ここではこのような物理量を温度の関数として測定することによりマルテンサイト変態開始温度（M_s 温度/M_s 点：martensite start temperature），マルテンサイト変態終了温度（M_f 温度/M_f 点：martensite finish temperature），さらにマルテンサイト状態から加熱したときに起こるマルテンサイトから母相への逆変態開始温度（A_s 温度/A_s 点）並びに逆変態終了温度（A_f 温度/A_f 点）が決定できることを指摘しておく．ここで逆変態開始や終了温度に対する記号がそれぞれ A_s，A_f と記されるのは，鉄系の合金での母相が"Austenite"と呼ばれるからである．

ここで，マルテンサイト変態の基本的な特徴である"athermal"（非等温的）な性質について述べておきたい．この学術語の最初にある接頭語"a-"はギリシャ語の"non-"を意味する接頭語である．つまり athermal は isothermal と対極をなす言葉

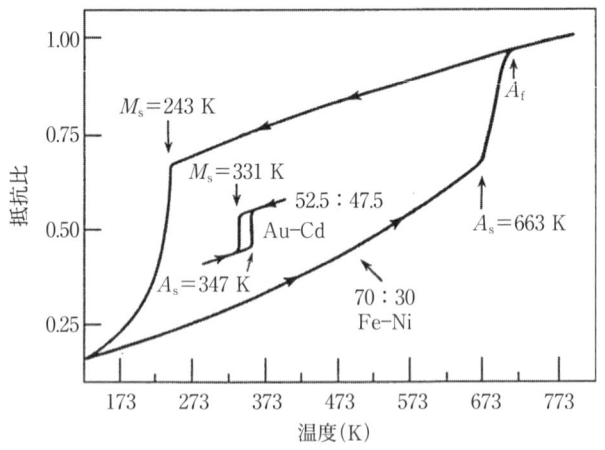

図 3-6 Fe-30Ni 合金と Au-47.5Cd 合金の電気抵抗-温度曲線．加熱-冷却に伴って前者は 400 K にも及ぶ温度ヒステリシスを示すのに，後者の温度ヒステリシスは 16 K と極めて小さい．これらは非熱弾性型変態と熱弾性型変態を示す代表的な例である（Kaufman and Cohen[1:1] による）．

である．例えば拡散型変態においては，一定温度に保持しても（拡散が可能な温度である限り）時間と共に変態は進行する（すなわち isothermal な性質を持っている）が，athermal な性質を持つマルテンサイト変態では，母相状態から M_s 温度以下の温度に持ってくると，瞬時にその温度に応じた量だけマルテンサイトに変態するが，その後その温度に保持しても変態は進行せず，変態をさらに進行させるためには冷却して変態の駆動力を与えなければならない．これが athermal transformation の意味であり，マルテンサイト変態は一般にこのような性質を持っている[*2]．

次に再び図3-6に戻って，熱弾性型変態と非熱弾性型変態と呼ばれる二つの異なった型のマルテンサイト変態について述べる[1:1]．まず，Fe-Ni合金から見ていく．高温から矢印に沿って冷却していくと，243 K で電気抵抗が急激に低下しており，組織観察からもこの温度でマルテンサイト変態が開始されたことが知られ，この温度を M_s 温度と呼ぶ．さらに冷却していくと M_f 温度で変態は終了する．逆に，ここから加熱に転ずると 663 K で電気抵抗は大きく上昇し，この温度で逆変態が開始したことが理解できる．したがってこの温度を A_s 温度と呼ぶ．さらに加熱していくと，図で示した A_f 温度で元の曲線に戻っているのが認められる．すなわち，A_f 温度は逆変態終了温度である．ご覧の通りこの変態の温度ヒステリシス（$A_f - M_s$）は 400 K 以上にも及び極めて大きい．一方，Au-Cd 合金の電気抵抗-温度曲線はその内側に示されているように変態に伴う温度ヒステリシスは極めて小さいが（16 K），前者と同様 M_s, A_f 等を定義できる．また光学顕微鏡観察によるとこの型の変態では母相-マルテンサイトの界面は温度の降昇に伴ってマルテンサイトが容易に成長したり，収縮したりすることが観察されており，この型の変態を熱弾性型の変態（thermoelastic transformation）と呼ぶ．これに対し Fe-Ni 合金の場合には，母相-マルテンサイトの界面は動きにくく，逆変態も新たに母相を核生成する形で進行することが観察されており，このためこの型の変態は非熱弾性型（non-thermoelastic transformation）と呼ばれる．つまり，熱弾性型の変態では，非常に動きやすい母相-マルテンサイト相界面を持っており，温度の昇降に伴って界面はどちら側にも動き得るという性質を持っている．これに反し非熱弾性型の変態では，冷却の際小さなマルテンサイトが瞬時に生

[*2] マルテンサイト変態の中にも Fe-Mn-C 合金のように等温変態（isothermal transformation）するものもあるが[1:1]，これはごく一部の例外である．最初から例外まで述べていくと混乱するので，基本的に本書では，断らない限り一般的な性質に限って述べる．

成して，その成長は止まり，次々と別のバリアント（後述）のマルテンサイトを生ずるという形で変態は進行している．この型の変態では，母相-マルテンサイトの界面に大きな歪が生じ，このためマルテンサイトは大きく成長できないものと推察される．また加熱に際しても，元からある界面の可逆的な移動によって逆変態するのではなく，既存のマルテンサイトの中に母相を再び核形成（renucleation）することによって進行することが観察されている[6]．熱弾性型 vs. 非熱弾性型変態の問題は10章で再度述べるが，ここでは温度ヒステリシスが小さく，温度の昇降に伴って動きやすい界面を持った変態が熱弾性型であり，温度ヒステリシスが大きく，温度の昇降に際し可動できない界面を持った変態が非熱弾性型である．後述する形状記憶効果や超弾性は熱弾性型の変態で見られる現象であり，本書の主な対象も熱弾性型変態である．

3　参考書・参考文献

[1]　K. Otsuka, M. Takahashi and K. Shimizu, Met. Trans., **4**（1973）2003.
[2]　E. J. Efsic and C. M. Wayman, Trans. AIME, **239**（1967）873.
[3]　B. A. Bilby and J. W. Christian, Inst. Met. Monograph, No. **18**（1955）121.
[4]　J. M. Howe, Metall. Mater. Trans., **25A**（1994）1917.
[5]　R. F. Bunsha and R. F. Mehl, J. Met., **5**（1953）1250.
[6]　H. Kessler and W. Pitsch, Acta Metall., **15**（1967）401.

数学的準備：演算子としての行列と座標変換

　マルテンサイト変態の結晶学を検討する際には，拡散型変態とは異なる独特の概念があり，最初はこれがなかなか取りつきにくいところである．ここを理解してしまえば見通しはよくなるので，それらをこの章でまとめて説明する．3章では，マルテンサイト変態に伴う変形は線型的であることを述べた．変形が線型であるとは，変形後の座標が変形前の座標の1次式で表せるということである．したがって，これを数学的に表せば以下のようになる．原点を定義された空間で任意の座標 (x, y, z)[*1]がマルテンサイト変態によって線型的に座標 (x', y', z') に移ったとすれば，後者の座標は前者の関数として以下のように表せる．

$$x' = a_{11}x + a_{12}y + a_{13}z$$
$$y' = a_{21}x + a_{22}y + a_{23}z \qquad (4.1)$$
$$z' = a_{31}x + a_{32}y + a_{33}z$$

これを行列（matrix）の形でまとめれば以下のようになる．

$$\begin{pmatrix} x' \\ y' \\ z' \end{pmatrix} = \begin{pmatrix} a_{11} & a_{12} & a_{13} \\ a_{21} & a_{22} & a_{23} \\ a_{31} & a_{32} & a_{33} \end{pmatrix} \begin{pmatrix} x \\ y \\ z \end{pmatrix} \qquad (4.2)$$

これをもっと簡潔に書けば以下のようになる．

$$\boldsymbol{r}' = A\boldsymbol{r} \qquad (4.3)$$

ここに，A は行列 (a_{ij}) を表す．すなわちベクトル $\boldsymbol{r}$ は演算子（operator）としての行列 A によってベクトル $\boldsymbol{r}'$ に変換される．A の具体的な例は以下で示すが，マルテンサイト変態の線型性は，この変態の機構が行列によって記述できることを示している．

　変形を表す線型演算子の扱いになれるために，以下二，三の例を挙げる．

[*1] 行列を実空間（real space）と逆格子空間（reciprocal space）とで統一的に扱う際には，実空間のベクトルは縦行列で，逆格子空間のベクトルは横行列で表すべきであり，その点からするとここは縦行列で表現すべきであるが，スペースを節約するため横行列で表している．以下同様．

例1 x-y 面上 x 軸方向へのシアー

図 4-1 に示したように，任意のベクトル $\boldsymbol{r}$ が x 軸方向へのシアーによってベクトル $\boldsymbol{r}'$ になったとすると，ベクトルの終端は以下のように変位する．

$x'=x+sz$
$y'=y$
$z'=z$

これを行列の形で書けば，以下のようになる．

$$\begin{pmatrix} x' \\ y' \\ z' \end{pmatrix} = \begin{pmatrix} 1 & 0 & s \\ 0 & 1 & 0 \\ 0 & 0 & 1 \end{pmatrix} \begin{pmatrix} x \\ y \\ z \end{pmatrix}$$

したがって右辺の行列がこのシアーを表す演算子である．

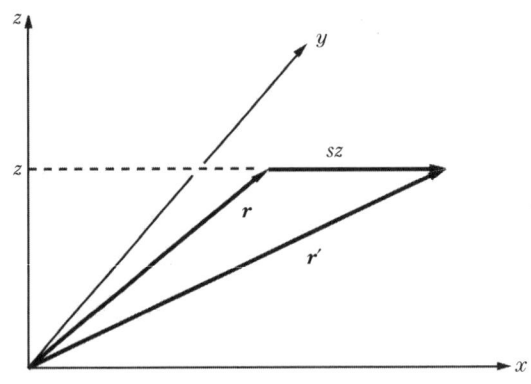

図 4-1 x 軸に沿ってのシアー変形の表示．s がシアー量を表す．

例2 回転を伴わない変形（pure distortion）

図 4-2 に示したようにまず半径 1 の球を考え，この球を x 軸方向に η_1 倍，y 軸方向に η_2 倍，z 軸方向に η_3 倍する均一な変形を考えると，元の球の方程式は，

$x^2+y^2+z^2=1$

変形後の座標は，以下のように表せる．

$x'=\eta_1 x$
$y'=\eta_2 y$
$z'=\eta_3 z$

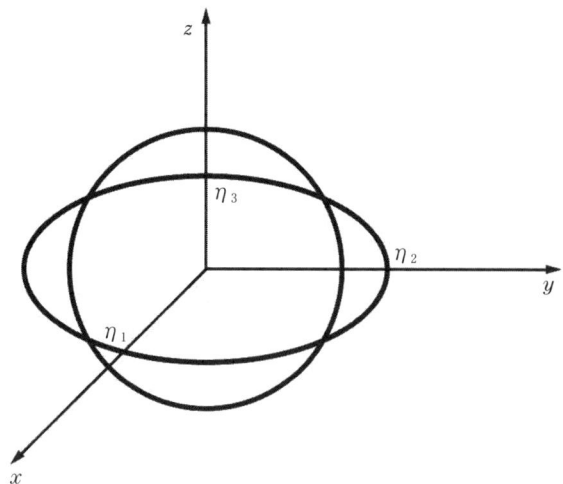

図 4-2 元々の単位球は pure distortion によって楕円体になり，主軸の x, y, z との切片は η_1, η_2, η_3 となる．

したがってこの変形は行列を使うと次のように表せる．

$$\begin{pmatrix} x' \\ y' \\ z' \end{pmatrix} = \begin{pmatrix} \eta_1 & 0 & 0 \\ 0 & \eta_2 & 0 \\ 0 & 0 & \eta_3 \end{pmatrix} \begin{pmatrix} x \\ y \\ z \end{pmatrix}$$

上記 x', y', z' の関係を球の方程式に代入すると次式が得られ，球が楕円体に変形する．

$$\frac{x'^2}{\eta_1^2} + \frac{y'^2}{\eta_2^2} + \frac{z'^2}{\eta_3^2} = 1$$

例3 z 軸の周りの θ の回転

図 4-3 に示したように，今度は z 軸の周りの回転を考えるが，x, y, z の座標系の他，図に示したような r, θ, z の極座標も取り入れて考えることとする．そうすれば二つの座標系の間には次の関係がある．

$x = r \cos \theta_0$
$y = r \sin \theta_0$
$z = z$

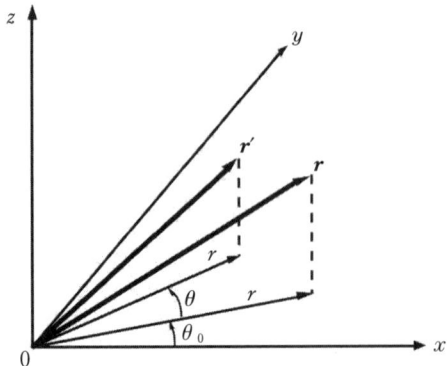

図 4-3 z 軸の周りの回転. x, y, z の座標系と r, θ, z の極座標との二通りの表示で表している.

ここに, θ_0 は角度の初期値である. 今, この状態から z 軸の周りに θ だけ回転したとすると以下の関係が得られる.

$$x' = r\cos(\theta+\theta_0)$$
$$= r\cos\theta_0\cos\theta - r\sin\theta_0\sin\theta$$
$$= x\cos\theta - y\sin\theta$$
$$y' = r\sin(\theta_0+\theta)$$
$$= x\sin\theta + y\cos\theta$$
$$z' = z$$

これをまとめて行列の形で書けば, 以下のようになる.

$$\begin{pmatrix} x' \\ y' \\ z' \end{pmatrix} = \begin{pmatrix} \cos\theta & -\sin\theta & 0 \\ \sin\theta & \cos\theta & 0 \\ 0 & 0 & 1 \end{pmatrix} \begin{pmatrix} x \\ y \\ z \end{pmatrix}$$

すなわち右辺の行列が z 軸の周りに θ だけ回転するときの回転を表す行列となる.

読者も教養部の線型代数で習ったであろうが, 一般に回転を表す行列 (R) は直交行列 (orthogonal matrix) で, 以下の性質を持っている.

$$R = \begin{pmatrix} a_{11} & a_{12} & a_{13} \\ a_{21} & a_{22} & a_{23} \\ a_{31} & a_{32} & a_{33} \end{pmatrix}$$

$$\sum_{j=1}^{3}(a_{ij})^2=\sum_{i=1}^{3}(a_{ij})^2=1 \tag{4.4}$$

$$\sum_{i=1}^{3}a_{ij}a_{ik}=0 \quad (j\neq k) \tag{4.5}$$

$$\det \boldsymbol{R}=1 \tag{4.6}$$

$$\boldsymbol{R}^{-1}=\boldsymbol{R}^{\mathrm{T}} \tag{4.7}$$

ここに，det は行列式（determinant），$\boldsymbol{R}^{-1}$ は $\boldsymbol{R}$ の逆行列（inverse matrix），$\boldsymbol{R}^{\mathrm{T}}$ は $\boldsymbol{R}$ の転置行列（transposed matrix）である．

　これまでの説明では行列の演算子としての使い方について述べたが，マルテンサイト変態を扱う際には，結晶構造の異なる母相とマルテンサイト相の両方が対象となるので，我々が線型代数を用いる際には座標変換も必要になる．座標変換（coordinate transformation）に関しては，任意の座標系に対して成り立つ非常に重要な公式があるので，以下にそれを紹介する．演算子としての行列は，任意のベクトルに作用して，これを別のベクトルに変える働きをする．これに反して座標変換では，空間的には同じベクトルを見ていて，座標系を変えたらその表現がどう変わるかを見るものである．

　まず，基底ベクトル（base vector）$\boldsymbol{a}, \boldsymbol{b}, \boldsymbol{c}$ と $\boldsymbol{A}, \boldsymbol{B}, \boldsymbol{C}$ で表される二つの座標系を考え（図4-4），前者を古い座標系，後者を新しい座標系と呼ぶことにしよう．そうす

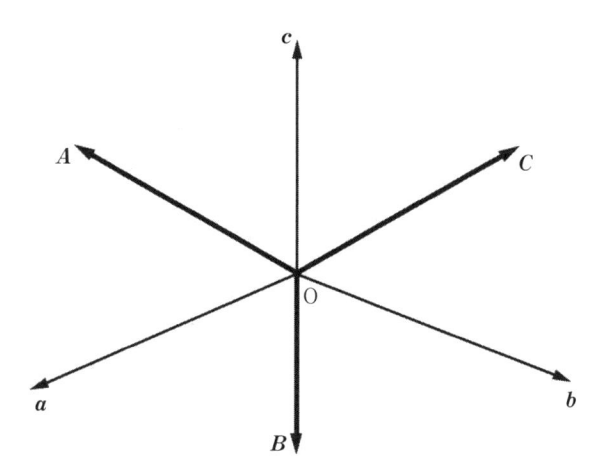

図4-4　一般の座標変換のための模式図．$\boldsymbol{a}, \boldsymbol{b}, \boldsymbol{c}$ は旧座標系の結晶軸の基底ベクトル，$\boldsymbol{A}, \boldsymbol{B}, \boldsymbol{C}$ は新しい座標系の結晶軸の基底ベクトルを表す．

ると新しい基底ベクトル A, B, C は，古い基底ベクトル a, b, c によって式(4.8)のように書き表せる．この式の a, b, c を A, B, C で解けば式(4.9)が得られる．これらの式は実空間での二つの座標系における基底ベクトルの間の関係を表している．さらに逆格子空間での基底ベクトルについても式(4.10)と(4.11)の関係の成り立つことが証明されている[1]．実空間での結晶面は，それに対応する逆格子空間でのベクトルで表せるので，これらの関係も重要である．

$$A = s_{11}a + s_{12}b + s_{13}c$$
$$B = s_{21}a + s_{22}b + s_{23}c \qquad (4.8)$$
$$C = s_{31}a + s_{32}b + s_{33}c$$

$$a = t_{11}A + t_{12}B + t_{13}C$$
$$b = t_{21}A + t_{22}B + t_{23}C \qquad (4.9)$$
$$c = t_{31}A + t_{32}B + t_{33}C$$

$$A^* = t_{11}a^* + t_{21}b^* + t_{31}c^*$$
$$B^* = t_{12}a^* + t_{22}b^* + t_{32}c^* \qquad (4.10)$$
$$C^* = t_{13}a^* + t_{23}b^* + t_{33}c^*$$

$$a^* = s_{11}A^* + s_{21}B^* + s_{31}C^*$$
$$b^* = s_{12}A^* + s_{22}B^* + s_{32}C^* \qquad (4.11)$$
$$c^* = s_{13}A^* + s_{23}B^* + s_{33}C^*$$

ここに，A^*, B^*, C^* はそれぞれ A, B, C に対応する逆格子の基底ベクトルであり，a^*, b^*, c^* はそれぞれ a, b, c に対応する逆格子の基底ベクトルである．なお式(4.8)の右辺に現れる s_{ij} は，後でもよく使うので式(4.8)を下記のように行列を使った形にもしておき，右辺の行列を行列 s と呼ぶ．

$$\begin{pmatrix} A \\ B \\ C \end{pmatrix} = \begin{pmatrix} s_{11} & s_{12} & s_{13} \\ s_{21} & s_{22} & s_{23} \\ s_{31} & s_{32} & s_{33} \end{pmatrix} \begin{pmatrix} a \\ b \\ c \end{pmatrix} \qquad (4.8)'$$

次に新しい座標系と古い座標系の基底ベクトルの間に以上のような関係があるとき，任意のベクトルの表現が新しい座標系と古い座標系の間でどのように変わるかを考えよう．原点 O から任意の点に至るベクトルを新旧の座標系でそれぞれ R 並びに r と表すとしよう．いうまでもなく R および r は空間的には同じベクトルで，座標系によって表現が異なるだけである．上で述べた基底ベクトルを用いれば R および

r は以下のように表せる^{*2}.

$$R = XA + YB + ZC \tag{4.12}$$
$$r = xa + yb + zc \tag{4.13}$$

式(4.12)に式(4.8)を代入すると以下のようになる.

$$R = X(s_{11}a + s_{12}b + s_{13}c) + Y(s_{21}a + s_{22}b + s_{23}c) + Z(s_{31}a + s_{32}b + s_{33}c)$$
$$= (s_{11}X + s_{21}Y + s_{31}Z)a + (s_{12}X + s_{22}Y + s_{32}Z)b + (s_{13}X + s_{23}Y + s_{33}Z)c$$

これを式(4.13)と比べて，その結果を行列の形で表すと次式が得られる.

$$\begin{pmatrix} x \\ y \\ z \end{pmatrix} = \begin{pmatrix} s_{11} & s_{21} & s_{31} \\ s_{12} & s_{22} & s_{32} \\ s_{13} & s_{23} & s_{33} \end{pmatrix} \begin{pmatrix} X \\ Y \\ Z \end{pmatrix} \tag{4.14}$$

old　　　　A　B　C　　　new

全く同様に，式(4.13)と(4.9)から次式が得られる.

$$\begin{pmatrix} X \\ Y \\ Z \end{pmatrix} = \begin{pmatrix} t_{11} & t_{21} & t_{31} \\ t_{12} & t_{22} & t_{32} \\ t_{13} & t_{23} & t_{33} \end{pmatrix} \begin{pmatrix} x \\ y \\ z \end{pmatrix} \tag{4.15}$$

new　　　　　　　　　　　old

同様に逆格子ベクトルについても式(4.10)，(4.11)からスタートして上記同様以下の式が導出できる.

$$\begin{pmatrix} H \\ K \\ L \end{pmatrix} = \begin{pmatrix} s_{11} & s_{12} & s_{13} \\ s_{21} & s_{22} & s_{23} \\ s_{31} & s_{32} & s_{33} \end{pmatrix} \begin{pmatrix} h \\ k \\ l \end{pmatrix} \tag{4.16}$$

new　　　　　　　　　　　old

$$\begin{pmatrix} h \\ k \\ l \end{pmatrix} = \begin{pmatrix} t_{11} & t_{12} & t_{13} \\ t_{21} & t_{22} & t_{23} \\ t_{31} & t_{32} & t_{33} \end{pmatrix} \begin{pmatrix} H \\ K \\ L \end{pmatrix} \tag{4.17}$$

old　　　　　　　　　　　new

ここに，xyz および XYZ は実空間におけるベクトル，すなわち，方向を表すベクトルであり，hkl および HKL は逆格子空間におけるベクトル，すなわち実空間の面を表すミラー指数である（xyz, hkl 等については今後常にこのような使い方をすること

[*2] 記号 R は回転行列を表す記号として本書では頻繁に用いられており，位置を表すベクトルとして利用するのは適当でないが，ここでは他に適当な記号がないので用いた.

とする）．以上，実格子並びに逆格子の座標変換に関し四つの大事な式を記したが，実用的にはこのうち式(4.14)と(4.16)だけを覚えておけばよい．なぜなら式(4.15)は式(4.14)の連立方程式を解けば容易に得られるし，式(4.17)は式(4.16)の連立方程式を解けば容易に得られるからである．また式(4.14)は以下のように考えると容易に覚えられる．すなわち，実格子のベクトルについては，古い座標系で表した縦行列を左側に，新しい座標系で表した縦行列を右側に書く．そして s 行列の第1列には基底ベクトル A の成分を，2列目には B の成分を，そして3列目には C の成分を書き込む．次に逆格子ベクトルあるいは面についての式(4.16)については，式(4.14)における左右の新と旧の役割を入れ替え，s 行列を転置すればよい．以下マルテンサイト変態の問題で以上の座標変換の問題を扱う場合には，母相とマルテンサイト相が対象となり，どちらを古い座標系と取っても一貫して使う限り構わないのであるが，便宜上以下では母相を古い座標系，マルテンサイト相を新しい座標系に選ぶことを約束する．

　ベクトルの方向や面に対して座標変換を行うと，演算子も座標変換の影響を受けることになる．これを調べるに当たって，ベクトルも演算子も新しい座標系で表示する場合にはバーを付け，古い座標系で表示する場合にはバーを付けない．まず演算

$$y = Ax \tag{4.18}$$

を考える．つまり，縦行列で表される任意のベクトル x に演算子 A が作用し，これをベクトル y に変えるという演算である．同じ演算を新しい座標系で表現すれば，

$$\bar{y} = \bar{A}\bar{x} \tag{4.19}$$

と書ける．ここで，x, y に座標変換 R を施すと，

$$x = R\bar{x}$$

$$y = R\bar{y}$$

これを式(4.18)に代入すると，

$$R\bar{y} = AR\bar{x}$$

$$\bar{y} = R^{-1}AR\bar{x} \tag{4.20}$$

式(4.19)と式(4.20)を比較して，

$$\bar{A} = R^{-1}AR \tag{4.21}$$

あるいは式(4.21)の両辺にそれぞれ左と右から R と R^{-1} を掛ければ，次式が得られる．

$$A = R\bar{A}R^{-1} \tag{4.22}$$

もし R が直交行列であれば $R^{-1} = R^\mathrm{T}$ なので，式(4.21)と式(4.22)はそれぞれ次式のよ

うになる.

$$\bar{A} = R^\mathsf{T} A R \tag{4.21}'$$
$$A = R \bar{A} R^\mathsf{T} \tag{4.22}'$$

式(4.21)と(4.22),あるいは式(4.21)′と(4.22)′は座標変換によって演算子がどう変わるかを示す重要な公式であり,相似変換（similarity transformation）と呼ばれる.もし A がわかっていれば,式(4.21)から $\bar{A}$ が求まり,逆に $\bar{A}$ がわかっていれば,式(4.22)から A が求まる.後の現象論等の計算では母相を基準に式を立てるので,式(4.22)や式(4.22)′がよく使われるようになる.9章を学ぶ前に線型代数を復習するとよい[2].

4　参考書・参考文献

[1] 仁田勇監修,「X線結晶学」上巻, 丸善（1968）p.99.
[2] Franz E. Hohn, *Elementary Matrix Algebra,* Dover Books on Mathematics (2012).

5

マルテンサイト変態の基本概念：
格子変形，格子対応，格子不変変形

　マルテンサイト変態は拡散を伴わない構造変化であることを本書の最初から述べてきたが，それがいかにして可能であるかを有名な Fe-C 合金での fcc（face-centered cubic；面心立方格子）-bct（body-centered tetragonal；体心正方格子）変態を例に説明する．図 5-1(a) は fcc 格子を二つ並べて描いたものである．この図をよく見ると太線で描いたように，母相の中に軸比（c/a）が $\sqrt{2}$ の体心正方格子がすでに存在している．この図では fcc の座標系を x, y, z 軸，bct の座標系を X, Y, Z 軸に選んでいる．もしこの bct の格子を X, Y 方向に引き伸ばし，Z 方向に縮めて，それぞれの格子定数が bct マルテンサイトの格子定数と等しくなるように変形したとすれば，拡散を伴うことなく，マルテンサイトの格子を作ることが可能であり，この機構は Bain によって提唱されたものである[1]．このようにしてできたマルテンサイトの格子を図 5-1(b) に示した[*1].

　今母相の格子定数を a_0，マルテンサイトの格子定数を a, c とすれば，この変形 $\bar{B}$ は X, Y, Z の座標系に対し以下のように表すことができる．

$$\bar{B} = \begin{pmatrix} \sqrt{2}a/a_0 & 0 & 0 \\ 0 & \sqrt{2}a/a_0 & 0 \\ 0 & 0 & c/c_0 \end{pmatrix} \tag{5.1}$$

この行列 $\bar{B}$ を格子変形（lattice deformation）と呼んでおり，特に fcc-bct 変態における格子変形は Bain 変形（Bain distortion）と呼ばれる．後に見るように，種々の計算に当たっては同じ座標形で記述することが必要であり，<u>普通マルテンサイト変態の計算では母相の座標を基準にとる</u>ので，上記格子変形を母相で見た表示で表すには，相似変換の公式(4.22)′を用いて以下のように求められる．

$$B = R\bar{B}R^{\mathrm{T}}$$

[*1]　Fe-C 系において C 濃度がゼロのときマルテンサイトは bct ではなく，bcc になる．すなわち $c/a=1$ となる．母相の fcc 格子において C 原子は格子間の 8 面体位置に入り，これに Bain の格子変形が働くと tetragonality が生じ，C 濃度と共に c/a が大きくなることが Bain の機構から説明できるが，ここでは立ち入らない．

5 マルテンサイト変態の基本概念　27

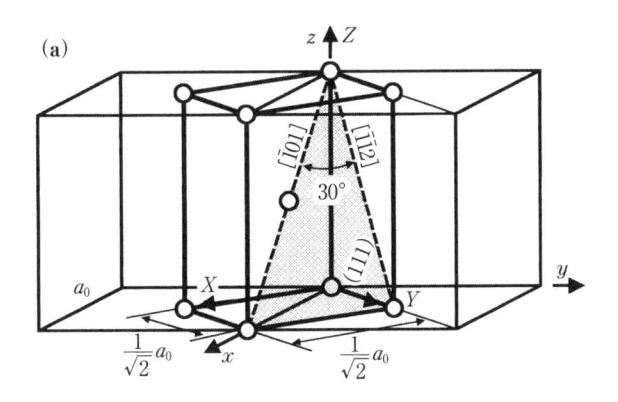

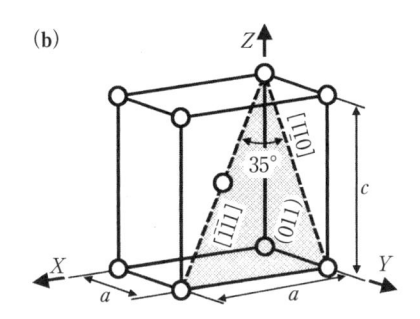

図 5-1　fcc-bcc/bct 変態に対する Bain 変形や Bain の格子対応を表す図. 内容については本文参照.

$$= \begin{pmatrix} 1/\sqrt{2} & 1/\sqrt{2} & 0 \\ -1/\sqrt{2} & 1/\sqrt{2} & 0 \\ 0 & 0 & 1 \end{pmatrix} \begin{pmatrix} \sqrt{2}a/a_0 & 0 & 0 \\ 0 & \sqrt{2}a/a_0 & 0 \\ 0 & 0 & c/c_0 \end{pmatrix} \begin{pmatrix} 1/\sqrt{2} & -1/\sqrt{2} & 0 \\ 1/\sqrt{2} & 1/\sqrt{2} & 0 \\ 0 & 0 & 1 \end{pmatrix} \quad (5.2)$$

マルテンサイト変態にとって重要なもう一つの概念は格子対応（lattice correspondence）の存在である．図5-1(a)と図5-1(b)を比べると，$[1/2, \overline{1/2}, 0]_p$ と $[1/2, 1/2, 0]_p$ がそれぞれ $[100]_m$ と $[010]_m$ に対応していることは明らかである．ここで，添え字の p と m はそれぞれ母相（parent）およびマルテンサイト相（martensite）を意味する．ここでの中心課題は，それでは母相の任意の $[x, y, z]_p$ 方向や $(h, k, l)_p$ 面がマルテンサイトのどの $[X, Y, Z]_m$ 方向や $(H, K, L)_m$ 面に対応するのかということ

である．これは基本的には図5-1(a)におけるx, y, z座標系とX, Y, Z座標系の間の座標変換の問題である．なぜなら図5-1(a)のX, Y, Z座標系から図5-1(b)のX, Y, Z座標系への移行に際してミラー指数は不変だからである．そこで図5-1(a)においてx, y, z座標系とX, Y, Z座標系の間の座標変換の式を書き下せば，式(4.14)と(4.16)から以下の関係が得られる．

$$\begin{pmatrix} x \\ y \\ z \end{pmatrix} = \begin{pmatrix} 1/2 & 1/2 & 0 \\ -1/2 & 1/2 & 0 \\ 0 & 0 & 1 \end{pmatrix} \begin{pmatrix} X \\ Y \\ Z \end{pmatrix} \qquad \begin{pmatrix} H \\ K \\ L \end{pmatrix} = \begin{pmatrix} 1/2 & -1/2 & 0 \\ 1/2 & 1/2 & 0 \\ 0 & 0 & 1 \end{pmatrix} \begin{pmatrix} h \\ k \\ l \end{pmatrix} \qquad (5.3)$$

old　　　　　　　　　　new　　　　new　　　　　　　　　　old

これらの式から，例えば$[\bar{1}01]_p$は$[\bar{1}\bar{1}1]_m$に対応し，$[\bar{1}\bar{1}2]_p$は$[0\bar{1}1]_m$に，$(111)_p$は$(011)_m$に対応する[*2]．

　もう一つの大事な概念は格子対応バリアント（correspondence variant；c.v.）の概念である．つまり図5-1において我々はz軸をc軸に選んだが，同様にx軸やy軸をc軸に選ぶことも可能である．つまり対称性の高い母相（普通cubic）から対称性の低いマルテンサイトに変態する際，結晶学的に等価なものをマルテンサイトの格子対応バリアントという．上記fcc-bct変態においては三つの格子対応バリアントの取り方が可能であるということになる[*3]．式(5.3)で表した格子対応の式はz軸をc軸に選んだときのc.v.に対するものであり，もし別のc.v.を選べば，格子対応の式もそれに応じて異なったものになる．

　fcc-bct変態一つを取っても上述した格子対応が唯一のものではない．別の格子対応の取り方も可能であるが，理論的考察を行う上では正しい格子対応を選ぶ必要がある．問題の格子対応が正しいものであるかどうかは，当該合金が規則構造を取っていれば，回折実験によって検証することが可能である．その一例をFe_3Pt合金の例で紹介しよう．Fe-Pt合金の母相は不規則状態ではfcc構造を取るが，規則化すると図

[*2] 読者は自分でこのような計算を行い自分で確認していただきたい．マルテンサイト変態の勉強ではこのような訓練が極めて重要である．

[*3] correspondence variantに対してhabit plane variant（h. p. variant）という言葉もあるが，これについては9章で学ぶ．一般にvariantという言葉は，結晶構造は同じだが，方位の異なるものに対して用いられるtechnical termである．correspondence variantとは，lattice correspondenceから見たvariantという意味である．以後"correspondence variant"は"格子対応バリアント"または"c.v."と表示することにしよう（ただし，表では"c. variant"と表示する場合もある）．

5 マルテンサイト変態の基本概念   29

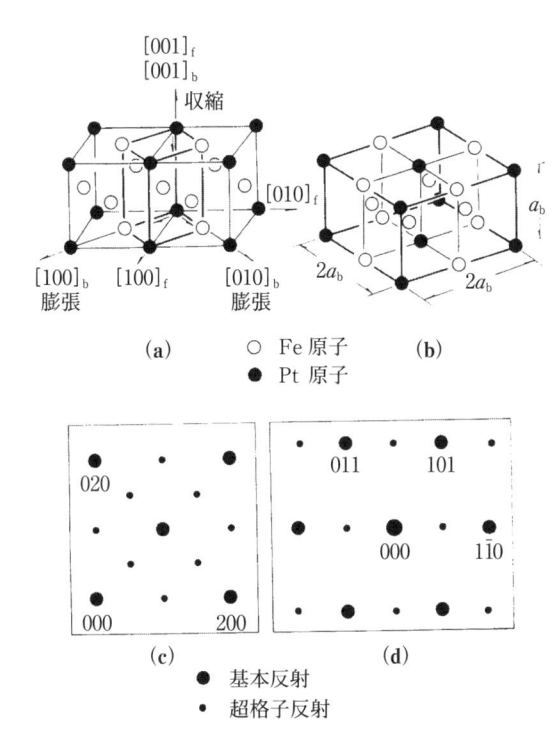

図 5-2 Fe₃Pt の規則合金を使って Bain の格子対応を証明する図．図(a)は Cu₃Au 型の規則格子を持つ母相の構造を示し，(b)はこの構造に Bain 変形を施した後の構造を示す．(c)と(d)は，(b)の構造から予測される回折図形であり，これらの回折図形は実際に観察された（唯木と清水[2]による）．

5-2(a)に示したように Cu₃Au 型の規則構造を取る．もしこの母相が Bain の機構によって規則構造をもつ bcc になるとしたら，図 5-2(b)に示したようになるはずである（この図で単位胞が大きく描かれているのは，独特の対称性でマルテンサイト相では単位胞が大きくなってしまうからである）．実際にマルテンサイトがこの構造を取っていることは図 5-2(c)と(d)の電子回折図形によって確認されており，かくて fcc-bct 変態における Bain 機構は確証された[2]．

マルテンサイト変態を議論する際には，言葉が似ていて，厳密な意味はハッキリ異なることが往々にしてある．例えば，格子対応 vs. 方位関係．先に Bain の格子対応において，$[\bar{1}01]_p$ は $[\bar{1}\bar{1}1]_m$ に対応し，$[1\bar{1}2]_p$ は $[0\bar{1}1]_m$ に，$(111)_p$ は $(011)_m$ に対応

することを述べた．このことはマルテンサイト変態に際し，例えば，母相のベクトル$[\bar{1}01]_p$はマルテンサイトのベクトル$[\bar{1}\bar{1}1]_m$に，母相の面$(111)_p$はマルテンサイトの面$(011)_m$になることを意味しているが，それらが平行であることを意味するものではない．9章の現象論のところで詳しく議論するように，変態に際しては格子変形だけがすべてではなく，格子不変変形や格子回転も起こる．その結果，これらのベクトルや面の間の関係がどうなるかというのが（結晶）方位関係の意味である（両者は平行なのか？ 平行でないならどれだけずれているか等）．fcc-bcc/bct 変態をする Fe 系合金の場合には，合金系によって方位関係が K-S（Kurdjumov-Sachs）関係[3]と呼ばれるケースと，N（Nishiyama）関係[4]と呼ばれるケースが出てくるが，格子対応はどちらの場合も上記 Bain の格子対応で同じである．しかし，両者の方位関係を具体的に記せば，

K-S 関係：$(111)_p//(011)_m$，$[\bar{1}01]_p//[\bar{1}\bar{1}1]_m$

N 関係 ：$(111)_p//(011)_m$，$[\bar{1}\bar{1}2]_p//[0\bar{1}1]_m$

で，方位関係は異なる．両方位関係の差は図 5-1 を見るとわかりやすい．どちらの場合も$(111)_p$面と$(011)_m$面は平行であるが，前者では図の左側のベクトルが平行であり，後者では右側のベクトルが平行であり，両者の間に約 5°の相違のあることが読

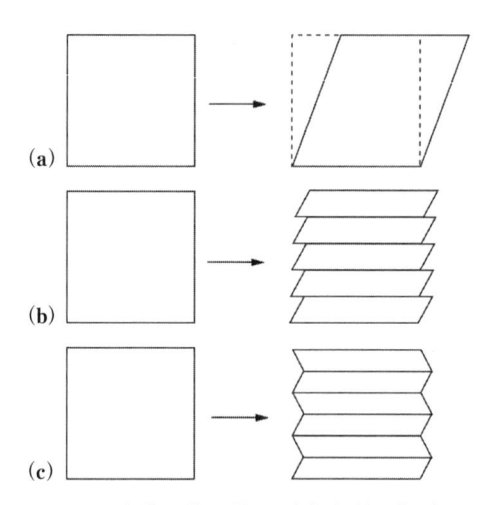

図 5-3 マルテンサイト変態の際に格子不変変形が必要なことを示す模式図．（a）格子変形による歪の発生，（b）すべりによる歪の緩和，（c）双晶による歪の緩和．詳しくは本文参照．

み取れる．なぜこのような差が生ずるかについては9章で現象論を学んだ後考えることとする．

　マルテンサイト変態にとってもう一つの大事な概念に格子不変変形（lattice invariant shear；LIS）がある．実際にマルテンサイトを観察するとマルテンサイトの中に格子不変変形としての双晶等の存在することはすでに述べたが，ここでマルテンサイト変態にとって格子不変変形がなぜ必要かを図5-3を用いて説明する．すでに述べたようにマルテンサイト変態は格子変形を伴い，この形状変化は周りを母相で取り囲まれた状態で起こるから，周りに大きな歪を与えることになる（図5-3(a)）．つまりこの図で右側の三角形の部分では原子の重なりが生じ，左側の三角形の部分では空隙が生じている．この歪を緩和するためにはマルテンサイトの中で，すべり/積層欠陥を生ずるか（図5-3(b)），双晶変形を一定の割合で起こせばよい（図5-3(c)）．変態に際しての構造変化は格子変形で達成されているので，この歪を緩和するための変形は結晶構造を変えるものであってはならない．つまり均一な変形であってはならない．そのような不均一な変形としては，すべりまたは双晶変形が可能だということであり，これらをまとめて格子不変変形という．すべり/積層欠陥が生ずるか，双晶が入るかは合金によって異なるが，一般には双晶の場合が多い．

　以上の他マルテンサイト変態に伴う全変形を表す言葉に形状歪（shape strain）という言葉があるが，詳しくは後章で述べる．

5　参考書・参考文献

[1]　E. C. Bain, Trans. AIME, **70**（1924）25.
[2]　T. Tadaki and K. Shimizu, Trans. JIM, **11**（1970）44.
[3]　G. V. Kurdjumov and G. Sachs, Z. Phys., **64**（1930）325.
[4]　Z. Nishiyama, Sci. Rep. Tohoku Univ., **23**（1934）637.

6
双晶変形理論の概要と格子不変変形

　これまで述べたように，双晶はマルテンサイト変態と密接な関係を持っており，今後マルテンサイト変態の機構や変形機構，ひいては形状記憶効果等を検討する上で非常に重要になるので，本章では双晶変形の理論について少し詳しく述べる．双晶変形理論とはシアーによって双晶を作る機構に関する理論であるが，このような場合，まずシアーによってできる無歪面について調べておくのが便利である[1]．このため図6-1に示したような半径1の単位球を考え，シアーの面 K_1 より上の半球を η_1 方向に沿って s だけシアーさせると，半球は図示されたような半楕円体となる．この図からこのプロセスには二つの無歪面のあることがわかる．一つは K_1 面であり，もう一つは K_2' 面である．K_2' 面のシアーを受ける前の面は K_2 面であり，シアーの結果回転を受けている．K_1 面に垂直で，η_1 方向を含む面，すなわち紙面は plane of shear と呼ばれる．また K_2 面と plane of shear の交線を η_2 方向と呼ぶ．以上で $K_1, K_2, \eta_1, \eta_2, s$ の意味は明らかであろう．なお図6-1に示したように，$K_1 K_2'$ 面のなす角を 2φ とすれば，2φ と s の間には以下の関係がある．

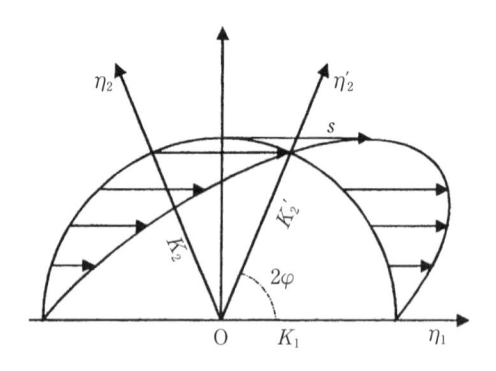

図6-1 双晶要素の説明図．単位球の下半分に対し上半分をシアーさせると，半球は図示された楕円体となる．双晶要素 $K_1, K_2, \eta_1, \eta_2, s$ については本文参照．

$$s = 2\cot(2\varphi) \tag{6.1}$$

次にこれらを念頭に置いて，シアーにより元の格子を再生する過程を考えてみよう．まず，同一平面上にない三つの格子ベクトルを選んで，それらの大きさ並びにそれらのなす角度がシアーによって保存されれば，シアーによって生じた格子は双晶ということになる．長さが変わらないためには，それら三つの格子ベクトルは無歪面である K_1 面あるいは K_2 面上になければならない．したがって次の二つの場合があり得る．

(1) 二つの格子ベクトルは K_1 面にあり，第3の格子ベクトルは K_2 面にある（図6-2(a)）．

(2) 二つの格子ベクトルは K_2 面にあり，第3の格子ベクトルは K_1 面にある（図6-2(b)）．

まず(1)の場合について考えよう．この場合 K_1 面内の格子ベクトルの関係はシアーに対し不変である．次に K_2 面内の格子ベクトルの中で，K_1 面内の格子ベクト

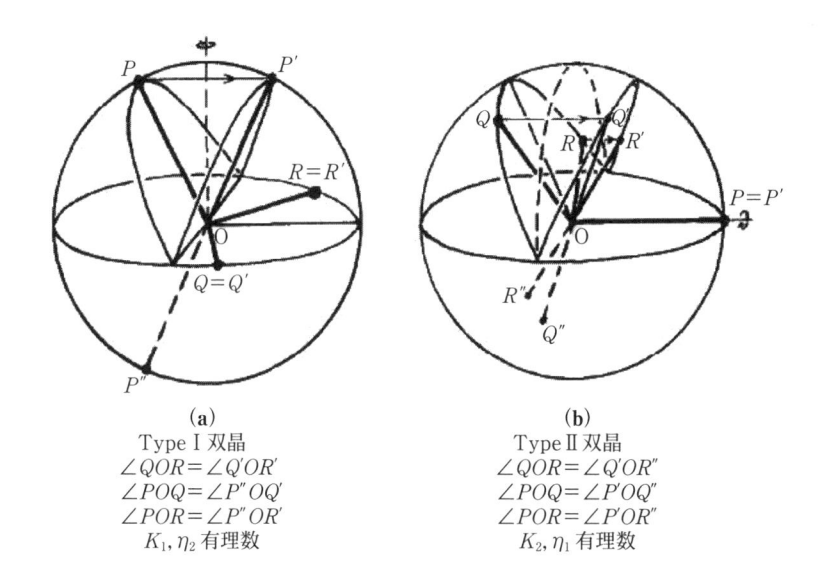

(a)
Type I 双晶
∠QOR=∠Q'OR'
∠POQ=∠P″OQ'
∠POR=∠P″OR'
K_1, η_2 有理数

(b)
Type II 双晶
∠QOR=∠Q'OR″
∠POQ=∠P'OQ'
∠POR=∠P'OR″
K_2, η_1 有理数

図 6-2 Type I と Type II 双晶において地と双晶との方位関係を説明する図．Type I 双晶においては地と双晶は K_1 面に関する鏡映対称となり，Type II 双晶においては η_1 軸の周りの 180°の回転関係となる．詳しくは本文参照（Cahn[1]による）．

ルとのなす角が不変であるのは,そのベクトルが η_2 方向と一致したときだけである (図6-2(a)).この場合 K_1 面は有理指数になり($\because K_1$ 面は二つの格子ベクトルで定義される), η_2 も有理指数になる($\because \eta_2$ は格子ベクトル).このように K_1 面と η_2 方向が有理指数で表される場合の双晶を第1種双晶(Type I twin)と呼ぶ.この場合元の結晶と双晶の原子配列は K_1 面に対する鏡映対称となる(図6-2(a)参照).

次に(2)の場合について考えると,前の場合と同様 K_1 面内の格子ベクトルで, K_2 面内のベクトルとの関係が保存されるのは,そのベクトルが η_1 方向と平行な場合のみである.すなわちこの場合には, K_2 面と η_1 方向が有理指数となる.このような双晶を第2種双晶(Type II twin)という.この場合元の結晶と双晶は η_1 軸の周りの180°の回転関係になる(図6-2(b)参照).この場合 K_2 面と η_1 方向が有理指数になるということは, K_1 面と η_2 方向は無理指数になり得るということであり,後述するように,マルテンサイトで実際に観察されている.以上2種類の双晶についての関係をまとめると表6-1のようになる.

$K_1, K_2, \eta_1, \eta_2, s$ をまとめて双晶要素(twinning elements)と呼ぶ.今, $K_1, K_2, \eta_1, \eta_2, s$ で指定される双晶が存在したときは, $K_1 K_2$ と $\eta_1 \eta_2$ を同時に入れ替えても同じ双晶シアーを持つ双晶が存在し得ることが証明されており[2],そのような双晶は reciprocal twin あるいは conjugate twin と呼ばれる.一般に K_1 と η_2 が有理指数になっても, K_2 と η_1 は有理指数にはならないが, K_1, K_2, η_1, η_2 すべてが有理指数になる場合もあり,このような双晶は複合双晶(compound twin)と呼ばれる[*1].複合双晶は Type I 並びに Type II 双晶の性質を併せ持つ.これら3種の双晶の特徴を表6-1にまとめる.

表6-1 双晶の種類.

種類	指数	方位関係
Type I 双晶	K_1, η_2:有理指数	K_1 面に関する鏡映関係
Type II 双晶	K_2, η_1:有理指数	η_1 軸の周りの180°回転関係
複合双晶	K_1, K_2, η_1, η_2:すべて有理指数	Type I,Type II 両方の対称性を有する

[*1] マルテンサイト変態を起こさない結晶での双晶変形モードのほとんどは複合双晶であるが[13],マルテンサイト変態の LIS として導入される双晶においては,irrational な指数を持つ K_i 面や η_i 方向($i=1$ または2)が頻繁に現れるのは注目に値する(表6-2参照).

観察される双晶が Type Ⅰ か Type Ⅱ かを実験的に検証することは非常に大切なので Cu-Al-Ni 合金マルテンサイトにおける両者の例をそれぞれ図 6-3 と図 6-4 の高分解能電子顕微鏡写真（High Resolution Transmission Electron Microscopy；HRTEM）と制限視野電子回折図形で紹介しておこう．どちらの場合にも HRTEM と回折図形は 1：1 に対応しており，回折図形は双晶境界を含む地と双晶の両方を含む領域から撮られたものである．まず図 6-3 の例から見ていくと，(a′) の回折図形が 2 組の図

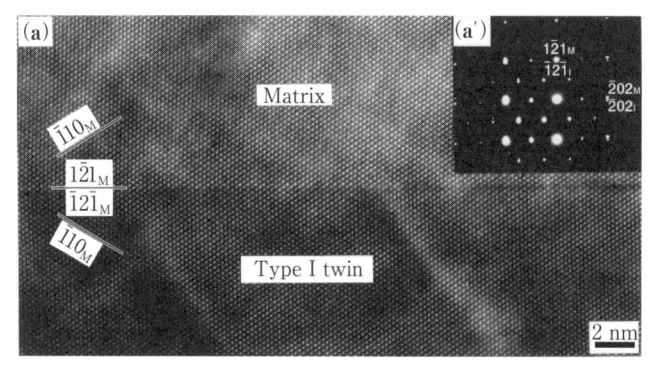

図 6-3 Cu-13.7Al-4.0Ni (wt%) 合金の γ_1' マルテンサイトにおける $(1\bar{2}1)_{\gamma_1'}$ Type Ⅰ 双晶の高分解能電子顕微鏡写真とそれに対応する制限視野電子回折図形．入射線 $_{/\!/}\langle 111 \rangle_{\gamma_1'}$（原ら[6]による）．

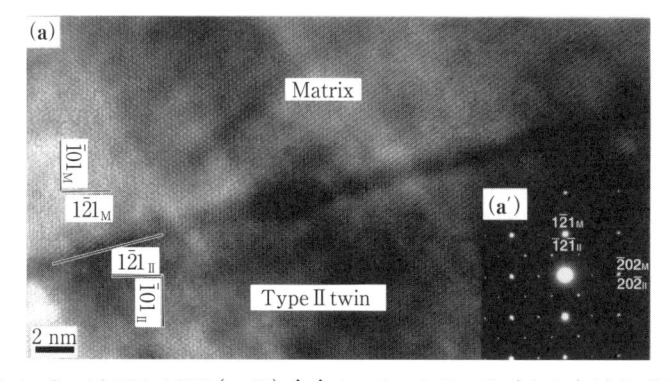

図 6-4 Cu-13.7Al-4.0Ni (wt%) 合金の γ_1' マルテンサイトにおける $\langle 111 \rangle_{\gamma_1'}$ Type Ⅱ 双晶の高分解能電子顕微鏡写真とそれに対応する制限視野電子回折図形．入射線 $_{/\!/}\langle 111 \rangle_{\gamma_1'}$．詳しくは本文参照（原ら[6]による）．

形から成り立っており，それらが双晶面$(1\bar{2}1)_M$で折り返した関係になっていることがわかる．また原子列が直接見える HRTEM においても原子列が双晶面$(1\bar{2}1)_M$で折り返した関係になっているのも読み取れる．以上の説明から明らかなように，図 6-3 の双晶は Type I であることを明確に示している．次に図 6-4 の図に移るが，この図はこのマルテンサイトの η_1 方向 $= [111]_M$ という特殊な方位から撮られた HRTEM と制限視野電子回折図形である．上で述べたように（a'）の回折図形は地と双晶の境界を含む領域から撮られているが，この回折図形には一組の回折図形しか現れていない．このことは地と双晶の結晶方位が全く同じであることを意味している．また(a)の HRTEM 像もこのことを裏付けており，両者における方位の差異は見られない．地と双晶の境界は白枠の線で示しているが，地の部分と双晶の部分で原子列は連続的につながっているのでハッキリしない．双晶境界に沿って黒い歪コントラストが現れているので，大体の境界位置はわかる．これらのことは，この双晶が Type II であることを明確に示している．しかし，Type II 双晶であることを証明するためには，η_1 方向というユニークな方向から観察しなければならないので，一般的に Type II 双晶の証明は Type I 双晶に比べずっと難しいということができる．

　双晶変形理論としては結晶系を与えたときにどのような双晶モードが可能になるかを予測することである．これには Bilby-Crocker 理論と呼ばれる優れた理論があるが[2]，テンソルで記述される精緻な理論で本書のレベルを越えるので，以下概要だけを述べておこう．この理論では鏡映対称とある軸の周りの回転対称という古典的な双晶関係を前提とし（つまり上記 Type I と Type II 双晶のみを対象とする）[*2]，元の格子にシアーを与え，その結果としての格子点が上記古典的双晶関係になる条件を求めるものである．この理論によれば五つの双晶要素の内で独立なものは二つだけであり，したがって，二つの要素を与えれば，他の三つの要素はすべて定量的に求められる．例えば，K_1, η_2 を与えれば，K_2, η_1, s はすべてテンソルの簡潔な式で求められる．Bilby-Crocker 理論による双晶要素の求め方は付録 A1 に示すので興味のある方は参照されたい．もう一つ双晶変形理論で問題になる大事な点はシャッフル（shuffle）である．例えば fcc の {111} 双晶や bcc の {112} 双晶変形では，双晶シアーのみですべての原子を双晶位置にもたらすことが可能であるが，hcp のような double lattice や multiple lattice では，すべての原子をシアーだけで双晶位置にもたらすことは不可能

[*2] この後 Bevis-Crocker は双晶の概念をもっと拡張した理論[3]も提出しているが，ここでは立ち入らない．

表 6-2 マルテンサイトの双晶モード．

構造	K_1/m	K_1/p	K_2/m	K_2/p	η_1/m	η_1/p	η_2/m	η_2/p	s^{*2}	観察例
bcc (fcc→bcc)	{112}	{101}	{1̄1̄2}	{101}	⟨1̄11⟩		⟨111⟩	⟨101⟩	$1/\sqrt{2}$	Fe-Ni, (disor)Fe-Pt
bct (fcc→bct)	{112}	{101}	{1̄1̄2}	{101}	⟨1̄11⟩		⟨111⟩	⟨101⟩	$(2-\gamma^2)/\sqrt{2}\gamma$	Fe-C, Fe-Ni-C, Fe-Cr-C
bct (bcc→bct)	{011}	{011}	{011̄}	{011}	⟨01̄1⟩		⟨011⟩	⟨011⟩	$\gamma - 1/\gamma$	Au-Mn
fct (fcc→fct)	{011}	{011}	{011̄}	{011}	⟨011̄⟩		⟨011⟩	⟨011⟩	$\gamma - 1/\gamma$	In-Tl, Mn-Cu, In-Cd, In-Pb, Fe-Pt, Fe-Pd
hcp (bcc→hcp) *1(a), *3	{101̄1}	{101̄}	{0.2652, 0.2045, 1}		⟨1̄, 0.2579, 1⟩		⟨5̄143⟩	⟨101̄⟩	0.417	Ti-Mo
斜方晶 2H (DO₃→2H) *1(b)	{1̄21} {1.9856, 2.9856, 1} {1̄01} {1̄11}	{101} {001} {011}	{1.9856, 2.9856, 1} {1̄21} {1̄01}	{101}	{1.6930, 1.3465, 1} {1̄11} {1̄01}	{101}	{1̄11} {1.6930, 1.3465, 1} {1̄01}	{101}	0.261 0.261 0.0744	Cu-Al-Ni, Cu-Al, Cu-Sn Cu-Al-Ni Cu-Al-Ni
2H (B2→2H) *1(c)	{1.8272, 1.4136, 1} {1̄11}	{011}	{1.8272, 1.4136, 1} {1̄11}	{01̄1}	{1.6732, 2.6732, 1} {1̄21}	⟨01̄1⟩	{1.6732, 2.6732, 1} {2̄11}	{001} {011}	0.156 0.156	Au-Cd, Ag-Cd, Ni-Al Au-Cd
斜方晶 (bcc→斜方晶) *1(d)	{111} {2.2631, 3.5261, 1}	{110}	{2.2631, 3.5261, 1} {111}	{1̄10}	{3.6764, 2.6764, 1}	{1̄10}	{3.6764, 2.6764, 1}	{110}	0.23 0.23	Ti-Ta, Ti-Nb Ti-Ta
単斜晶 (DO₃→18R) *1(e)	{128} {1, 2, 10} {001} {101} {1, 0, 10} {108}	{011} {110} {101} {100} {100} {001}	{0.2603, 0.4003, 1} {0.2770, 0.3573, 1} {101} {001} {108} {1, 0, 10}		{15.856, 11.928, 1} {19.522, 14.761, 1} {100} {101} {10̄, 0, 1} {801}		{10̄, 9, 1} {891} {1̄01} {100} {801} {10̄, 0, 1}	{011} {110} {101} {100} {100} {001}	0.363 0.220 0.147 0.147 0.097 0.097	Cu-Zn-Al
単斜晶 (B2→14M) *1(f)	{1̄17} {0.1735, 0.1582, 1} {100} {107}	{101̄} {110} {100}	{0.1735, 0.1582, 1} {1̄17} {001} {107}	{101̄}	{8.3598, 15.3598, 1} {7̄, 14, 1} {001} {701}	{101̄}	{7̄, 14, 1} {8.3598, 15.3598, 1} {1̄00} {7̄01}	{101̄} {110} {100}	0.231 0.231 0.139 0.021	Ni-Al
単斜晶 (B2→単斜晶)					表 12-2 参照					Ti-Ni 系

* 1 K_1/K_2 や η_1/η_2 の指数が無理数で表される場合は，これらの指数並びに s は格子定数に依存する．それぞれのケースの格子定数の出典を以下に示す．(a) hcp (Ti-Mo) [7], (b) 2H (Cu-Al-Ni) [8], (c) 2H (Au-Cd) [9], (d) 斜方晶 (Ti-Ta) [10], (e) 単斜晶 (Cu-Zn-Al) [11], (f) 単斜晶 (Ni-Al) [12].
* 2 上表の s の欄の $\gamma = c/a$ である．
* 3 hcp に対する上記の表において K_2 面と η_1 方向の指数は無理数なので，3軸表示にはしないで，4軸表示のままにしてある．

である．このためシャッフルと呼ばれる微調整としての変位がさらに必要になる．予測される双晶モードが実際に働きうるかどうかは，計算された双晶シアーが小さくシャッフルが簡単かどうかにかかっている．つまり具体的な双晶要素の予測においては，数多くのK_1, η_2を与えて他の双晶要素や双晶シアーを計算し，その中から双晶シアーが小さく，かつシャッフルが簡単なモードを選び出すというプロセスになる．

　以上述べたことが双晶変形理論に沿ったプロセスであるが，マルテンサイト変態の際に格子不変変形として導入される双晶に際しては，以下のような大きな制約の働くことがわかっている．前の章で説明したように，母相とマルテンサイト相の間に格子対応がある．このためマルテンサイトの中に勝手な双晶モードを導入することはできなくて，Type I 双晶の場合，K_1面は母相の鏡映面に対応したものでなければならず[4]，Type II 双晶の場合，η_1軸は母相の2回回転軸に対応するものでなければならないこと[5]が証明されている．母相の格子は一般に立方晶であるから，鏡映面は{110}面か{100}面であり，2回回転軸は〈110〉軸か〈100〉軸である．したがって，マルテンサイトの格子不変変形としての双晶モードを調べる際にはこれらの面あるいは軸からくる双晶モードだけ探せばよいということになり，探すべき双晶モードは一般の双晶変形の場合に比べて著しく少なくてよいということになる．表6-2に種々のマルテンサイト中の双晶要素と，これらの面あるいは方向が母相のどの面，あるいは方向に対応しているかを示した．この表から以上述べたことを感得していただきたい．なおもう一言付言すると，この表は双晶要素を種々の結晶系に対し Bilby-Crocker の理論から計算した結果であるが，一番上の行にある$K_1/m, K_1/p$等はK_1の指数がそれぞれマルテンサイト表示および母相表示になっていることを示したもので，m は martensite の m，p は parent の p からきている．$\eta_1/m, \eta_1/p$についても同様である．またsは双晶シアーの大きさである．

　これらについてもう少し詳しく述べると，その裏にはもう少し深い意味がある．上述の説明では格子不変変形としての双晶は双晶変形によって導入されるとして説明したが，マルテンサイト中の双晶に対してはこれとは異なる見方もある．すなわち，個々の双晶はマルテンサイトの格子対応バリアントであるという見方である．具体的な例を先に示した fcc-bct に対して説明すれば，この変態にはc軸をx, y, z軸のいずれに選ぶかによって三つの c.v. があり，これらを c.v.1, c.v.2, c.v.3 と呼ぶことにする．図6-5は，マルテンサイト中の$(112)_{bct}$双晶（母相の(101)面に対応）を母相状態で表しているが，これは c.v.3 と c.v.1 が交互に並んだ状態と見ることもできる．もちろん，母相状態では(101)面は鏡映面であるから，界面は存在しない．今，

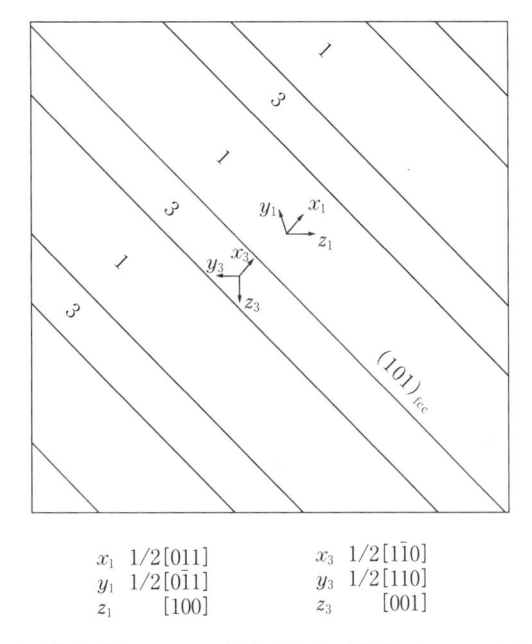

x_1 $1/2[011]$ x_3 $1/2[1\bar{1}0]$
y_1 $1/2[0\bar{1}1]$ y_3 $1/2[110]$
z_1 $[100]$ z_3 $[001]$

図 6-5 格子不変変形としての双晶変形を格子対応バリアントとして見る見方．fcc-bct 変態における$(112)[1\bar{1}\bar{1}]$双晶変形を例に．詳しくは本文参照．

マルテンサイト変態に際してそれぞれの領域で異なった格子変形を受けてマルテンサイトのc.v.3並びにc.v.1となったとすると，c.v.3から見た$(101)_{fcc}$面とc.v.1から見た$(101)_{fcc}$面は一致せず，両者の間に空隙ができる．しかし結晶中での空隙は非常にエネルギーの高い状態であるからそれは許されず，二つのc.v.は相互に相対的な格子回転を起こして双晶となると考える．このような考え方は最初に現象論が提起された段階で考えられており，それについては現象論を扱う際に再度述べる．いずれにしても，一般的に結晶中で双晶が高密度に存在するのは，相変態に伴って導入されるのがほとんどであり，高密度の双晶の存在と相変態とは切っても切れない関係にあり，このためこれらの双晶はしばしば変態双晶（transformation twin）と呼ばれる．マルテンサイト変態にとっての双晶の存在は本質的な重要性を持っているが，それは現象論を扱う際に詳しく議論する．さらに双晶変形の問題は形状記憶効果の起源/条件との関係で，12.3.2節で詳しく述べる．

6　参考書・参考文献

[1]　R. W. Cahn, Acta Metall., **1**（1953）49.
[2]　B. A. Bilby and A. G. Crocker, Proc. Roy. Soc., **A288**（1965）240.
[3]　M. Bevis and A. G. Crocker, Proc. Roy. Soc., **304A**（1968）123.
[4]　J. K. Mackenzie and J. S. Bowles, Acta Metall., **2**（1954）138.
[5]　N. D. H. Ross and A. G. Crocker, Scripta Metall., **3**（1969）37.
[6]　T. Hara, T. Ohba, K. Otsuka, Y. Bando and S. Nenno, Proc. Int. Conf. on Martensitic Transformation（ICOMAT-92）(1993) 257.
[7]　M. Oka, Trans. JIM, **8**（1968）1967.
[8]　S. Ichinose, Y. Funatsu and K. Otsuka, Acta Metall., **33**（1985）1613.
[9]　D. S. Lieberman, M. S. Wechsler and T. A. Read, J. Appl. Phys., **26**（1955）473.
[10]　K. A. Bywater and J. W. Christian, Phil. Mag., **25**（1972）1249.
[11]　K. Adachi, J. Perkins and C. M. Wayman, Acta Metall., **34**（1986）2471.
[12]　Y. Murakami, K. Otsuka, S. Hanada and S. Watanabe, Mater. Sci. & Eng., **A189**（1994）191.
[13]　J. W. Christian and S. Mahajan, Prog. Mater. Sci., Vol. 39, No. 1/2（1995）.

7

マルテンサイト変態の型とその結晶構造

　先に述べたようにマルテンサイト変態を理解する上で大事な点の一つは,「無拡散」という変態の仕方にあるので,マルテンサイト変態が起こる原因あるいは起源には種々なものがあり得る.そこで本章では,変態の型すなわち構造変化の仕方(例えばfcc-bcc/bct 変態)によっていくつかに分類し,それぞれの変態の仕方について述べると共に,マルテンサイトの構造についても詳しく述べる.また変態の起源についてもある程度わかっているものについては併せて議論する.

7.1 bcc-長周期積層構造への変態

　数あるマルテンサイト変態の中で最も一般的なのがこの型の変態である.2元合金の状態図を集大成した Hansen の状態図を見るとしばしば β 相と記された領域が現れる.図7-1は,最近編集された岡本の Cu-Zn に関する状態図[1]であるが,ほぼ Cu:Zn=1:1の近傍の高温領域に β と記されている[*1].この領域ではbccの構造を取っており,460℃近辺より下の温度の β' と記された領域はbccが規則化したB2(CsCl)型の構造を取る領域で,両者の間の実線はbcc-B2規則-不規則変態(order-disorder transformation)を表している[*2].

　合金の温度を指定したときにどのような相が現れるかはもちろん系の自由エネルギーで決まることである.自由エネルギーとして Helmholtz の自由エネルギーを取ると,

$$F = U - TS \tag{7.1}$$

[*1] このような合金,すなわち e/a が1.5に近く,高温でbcc構造を取る合金は一般に β 相合金と呼ぶ.ここに e/a とは原子1個当たりの価電子数を表す.

[*2] 最近の一般的な表記法では'(ダッシュ)はマルテンサイト相を表すので,β' として規則相を表すのは適当でない.最近の用法ではこの規則相は β_2 と表すのが適当だが,ここでは原典に従ってそのままにしておく.読者はこの点十分注意されたい.

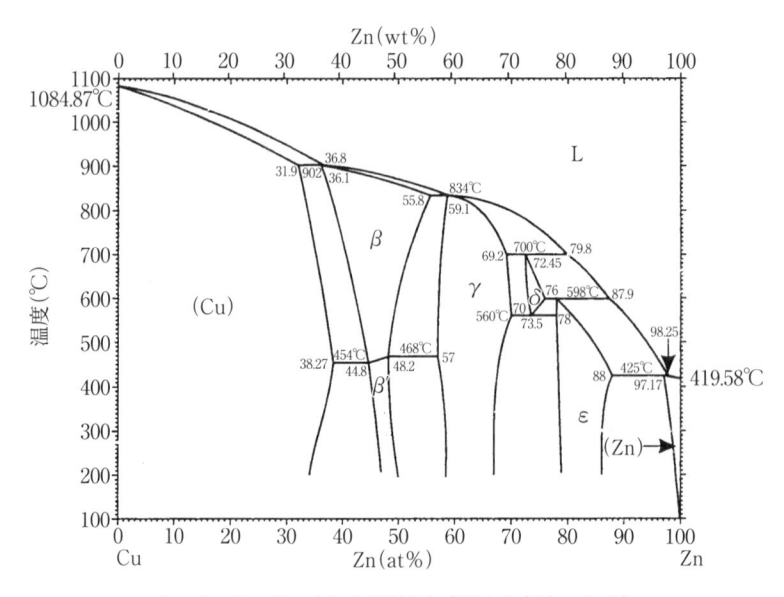

図 7-1 Cu-Zn 系合金状態図（岡本ら[1]による）.

である．ここに，U は内部エネルギー，T は温度，S はエントロピーである（Gibbs の自由エネルギーを使っても全く同様に議論できるが，普通大気圧の下で実験しているので，Helmholtz の自由エネルギーを用いた）．いうまでもなく F を最小にする相が最も安定ということになる．温度が十分低ければ（例えば 0 K）右辺の第 2 項は F に寄与しないので内部エネルギー U の小さな相が安定であるが，高温でエントロピー S の大きな相が存在すれば，内部エネルギーを少々犠牲にしてもエントロピーの高い状態が安定ということになる．bcc は粗な構造なので一般に（振動の）エントロピーも高く，高温では有利な相になる．さらに電子論的立場に立つ Jones の考えに従えば[2,3]，e/a が 1.5 近傍では，Fermi 面が bcc の第一 Brillouin zone で接触して，電子系のエネルギーを下げるので，bcc 構造は有利である[*3]．実際，図 7-1 の Cu-Zn 系でも組成が Cu:Zn=1:1 の近傍では，$e/a=(1+2)/2=1.5$ であるから，50 at%Zn 近傍で β 相が現れている．このような β 相は組成が 1:1 あるいは 3:1 近傍で，かつ $e/a=1.5$ 近傍で現れることは状態図集から容易に認められる．これらは高温側で bcc，低温側では規則構造を取ることが多いが，Au-Cd 合金のように融点直下まで規則構造のままのケースもある．規則構造の型としては，組成が 1:1 に近い場合は，

B2（CsCl）型，組成が3：1に近い場合にはDO$_3$型と呼ばれる規則構造を取ることが多い．さらに3元合金の場合にはL2$_1$型の規則構造を取ることもある．いくつかの例を以下に示す．

  B2：Cu-Zn, Au-Cd, Ag-Cd, Au-Zn, Ni-Al

  DO$_3$：Cu$_3$Al, Cu-Zn-Al, Cu-Al-Ni, Cu-Sn

  L2$_1$（ホイスラー型）：Au-Cu-Zn, Ni-Mn-Ga

 なお，これら3種の構造は相互に関係があるので図7-2を使って説明する．この関係を知っておくと各結晶構造因子の計算などを行う際に便利である．図7-2はbcc格子を3軸方向に2個ずつ並べたもので，計8個のbcc格子からなっているが，各格子点に図示したようにⅠ, Ⅱ, Ⅲ, Ⅳと番号を付けると，それぞれ同じ番号の格子点がfcc格子をなしていることが容易にわかる．つまり，図7-2に示した8倍の格子は，四つのfcc格子が相互に貫通した格子と見ることができる．まず，DO$_3$型の規則格子を取るCu$_3$Al合金を取り上げると，site ⅠにAl原子を，残りのⅡ, Ⅲ, Ⅳのsiteに Cu原子を割り当てるとDO$_3$型の構造になる．次に，Au$_{25}$Cu$_{25}$Zn$_{50}$合金を取り上げ，site ⅠにAuを，site ⅢにCuを，そして残りのsite ⅡとⅣにZn原子を割り振ると，L2$_1$構造となる．次に組成が1：1の合金で現れるB2構造はbccと同じ単位胞で記述でき，AuCdを例に取るなら体心の位置にAu，コーナーの位置にCd原子がくる構造である．しかし，これを図7-2の大きな単位胞で記述するなら，Ⅱ, Ⅳのsiteに Au，そしてⅠ, Ⅲのsite にCdを配置すればよいが，この場合にはもちろん先に述

---

*3 このことを理解するにはBrillouin zone（B. Z.），Fermi面とかいった電子論の基本概念が必要になるので固体物理や電子論の本を読んで勉強してもらうしかないが[4]，ここでごく簡単に説明しておこう．固体中での電子状態は運動量空間/逆格子空間での点あるいは運動量ベクトルで表されるが，この空間はB. Z.と呼ばれる面で区切られていて，この面は運動量ベクトルの終点がこの面上にきたときBragg反射を起こす面である．今対象とする格子を決めるとB. Z.も決まる．これに価電子の状態を詰めていくとすると，基底状態では最小のエネルギーをとるべきなので，運動量空間の原点（すなわちk＝0）から球状に詰まっていき，その際エネルギーの一番高いところがFermi面である．アルカリ金属のような単純な系ではFermi面は普通球面になる．しかし，合金組成を変えるなどして価電子を増やしていき，Fermi面とB. Z.が接するようになると，エネルギーギャップ（バンドギャップ）が生じ，元のB. Z.内の電子のエネルギーは低くなる．以上はアルカリ金属のような単純な金属の場合であるが，TiやNiのように原子に束縛されたd電子を含む場合は，Fermi面も複雑になり，上記のような単純な描像は成り立たないと思われる．

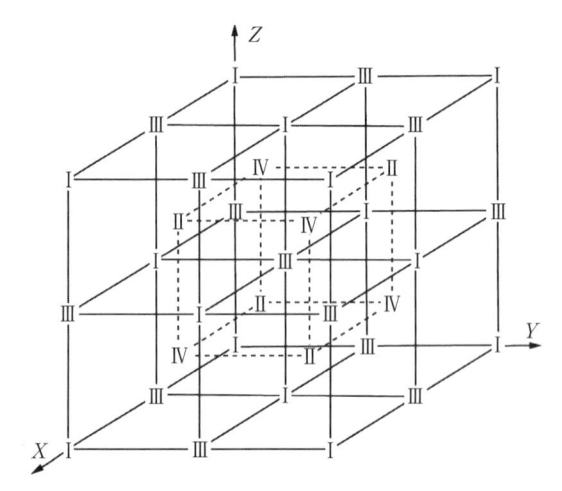

図 7-2 bcc 格子を各辺2倍にすると，四つの fcc 格子（それぞれの fcc 格子の site を I, II, III, IV で区別）が相互に貫通した格子になる．

べた小さな単位胞で記述した方が便利である[*4]．

　さらにこのような β 相の状態から急冷したらどうなるかを述べる[*5]．式(7.1)から容易に想像されるように，もし温度が十分に低ければこの式の右辺の第2項は F に寄与しなくなるので，粗な bcc 構造よりはもっとエネルギーの低い構造の方が有利になる．すなわち，bcc から稠密な構造への変態が期待され，低温域では変態がマルテンサイト的に起こることが期待される．このようなエントロピー変化を起源とするマルテンサイト変態並びに高温での bcc 構造の安定性は最初 Zener によって指摘されたものである[5]．それでは bcc からどのような稠密構造になるかを B2 規則構造

[*4] 以上の説明では組成は stoichiometric な組成として説明したが，合金なので実際には stoichiometry からずれるのが普通であり，その結果規則度が低下するなど物性や変態温度に影響があるがここでは立ち入らない．

[*5] ここで「急冷したら」と断っている理由は，もし徐冷したら冷却中マルテンサイト変態とは別の拡散型変態が起きてしまう可能性があるためである．例えば図 7-1 で，Cu-40at%Zn の合金を β 相領域から徐冷したとすると（Cu）固溶体と β 相への2相分離が起きてしまう．これを避けるため「急冷したら」と断っているわけである．ただ合金によっては合金の固溶度が広い温度範囲にわたって広く，Au-Cd 合金のように徐冷してもマルテンサイト変態をする合金もある．

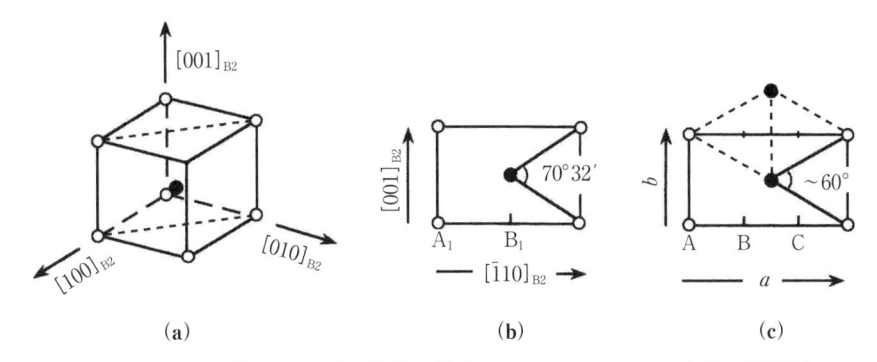

図 7-3 B2 規則格子から長周期積層構造へのマルテンサイト変態の説明図. 黒丸と白丸は相異なる原子を表す.（a）B2 母相の単位胞,（b）B2 母相の (110)$_{B2}$ 面,（c）マルテンサイト相の底面.

からの例を図 7-3 を使って説明する[1:6]. 図 7-3（a）は B2 構造を示し,（b）はこの構造を [110]$_{B2}$ 方向から見たときの (110)$_{B2}$ 面を示している. この面が $A_1B_1A_1B_1$…と積み重なることによって B2 構造になっている. 図 7-3（b）の (110)$_{B2}$ 面は B2 構造での最も密な面であるが, 稠密な面でないことは図示した角度が 70°32′ と 60° から大きくずれていることから明らかである. そこでこの (110)$_{B2}$ 面を図 7-3（c）のように [$\bar{1}$10]$_{B2}$ 方向に伸長し, [001]$_{B2}$ 方向に縮小し, 図 7-3（c）に示した角度が 60° に近くなるようにすれば, 図 7-3（c）のように稠密面が得られる. このような稠密面になったとすると, 3 次元的に密な構造にするためには, すぐ上の積層の位置は B_1 ではなく, B または C の位置となる（つまり三角形の重心の位置で, かつ B_1 に最も近い位置となる. すなわちこれは a 軸の長さの 1/3 または 2/3 の位置である）. このようにしてマルテンサイトが積層構造を取ったとすると, 可能な積層位置は A, B, C のいずれかの site である. このような可能な積層構造を図 7-4 に示した. ここに示したのは, 実際に観察された例である. 幾何学的には積層の仕方を無限に考えることができるが, 実際に観察されている構造はこれらのいずれかであり, 組成を決めれば普通はこのうちのどれか一つに決まっている.

ここで, この図に現れる 2H や (1$\bar{1}$) の記号の意味を簡単に説明する. 例えば図 7-4（a）に現れる 2H は, c 軸方向の周期が 2 層で, Hexagonal の対称性を持っているという意味であり, これを Ramsdel notation という. Ramsdel notation は元々グラファイトにおける多形（polytypes）を記述するのに用いられた表記法[6]であるが,

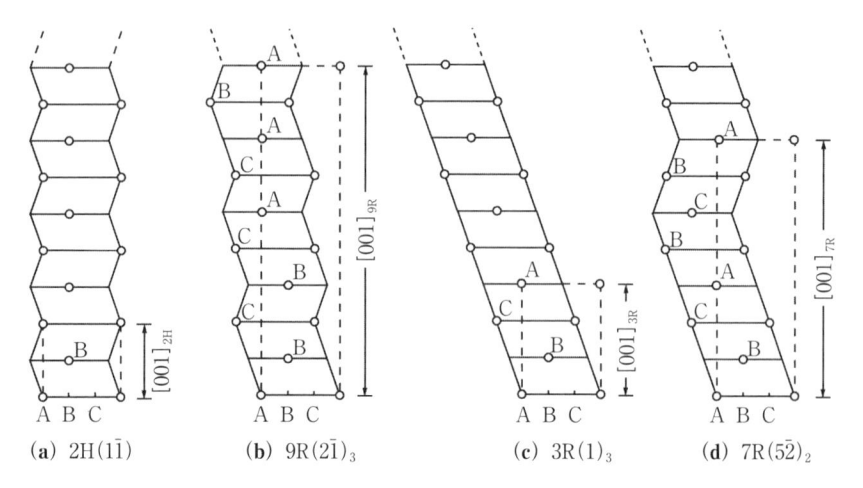

図 7-4 B2 規則格子から長周期積層構造へのマルテンサイト変態における代表的なマルテンサイトの構造．図の下に示した長周期積層構造の表示（Ramsdel notation と Zdanov symbol）については本文参照．

ここではマルテンサイトの積層構造を記述するのに借用されている．ただし，マルテンサイト変態では多くの場合母相が規則構造を取っているので，2種類以上の原子から成っているのが普通であるが，Ramsdel notation の表示では原子の種類は無視されている．図7-4(a)の場合でも原子の種類を考慮に入れれば Hexagonal にはならない．同様に 9R というのは，c 軸の周期が9層で，Rhombohedral の対称性を持っているという意味であり，一般に Ramsdel notation は nH または mR という形で表される．括弧の中の数字は Zdanov symbol[6]と呼ばれるものである．図7-3(c)や図7-4を見ると，横軸に A, B, C の site が正順に並べられている．例えば($1\bar{1}$)は，正順で c 軸方向に一つ上がり，次に逆順で一つ上がり，それを繰り返すという意味である．つまり $\bar{1}$ は逆順を表している．同様に($2\bar{1}$)は，正順で二つ上がり，次に逆順で一つ上がり，それを繰り返すという意味である．具体的な例を挙げれば，Au-47.5Cd 合金は 2H 構造，Cu-Zn 合金は 9R 構造，Ni-36Al 合金は 3R 構造，Ni-37Al 合金は 7R 構造を取る．各構造の積層を見るには図の実線で示したように描くのが便利であるが，図の点線のような取り方をすればいずれも斜方晶（orthorhombic）になるので，単位胞としては点線で表したように取るのが普通である．これらの例からわかるように，B2 から種々の積層構造を持ったマルテンサイト変態においては，長い周期

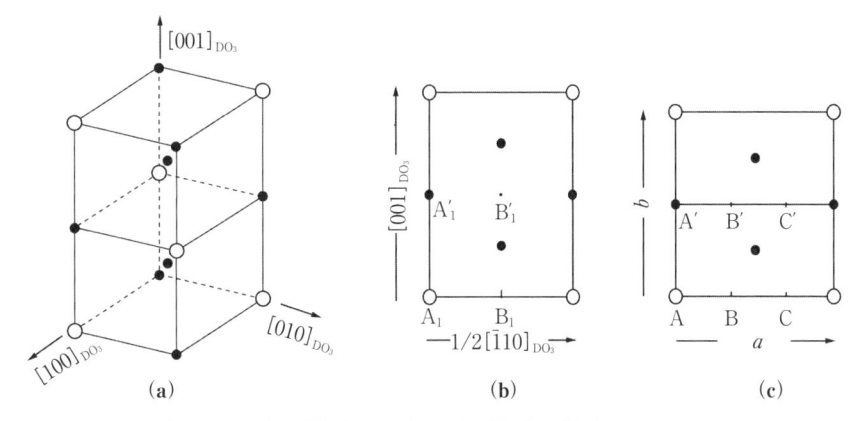

7 マルテンサイト変態の型とその結晶構造   47

図 7-5 母相が DO₃ 規則構造の場合の長周期積層構造へのマルテンサイト変態の説明図．この図で黒丸と白丸は異なった原子種を表し，それらの存在比は 3：1 である．この図は B2 母相に対する図 7-3 に対応する．母相が DO₃ 場合 $[001]_{DO_3}$ の周期が 2 倍になるので，底面の b 軸の長さも 2 倍になる．（b）において B_1-site と B_1'-site は等価でなくなるので，両者をダッシュのある，なしで区別する．詳しくは本文参照．

の構造が現れるので，これらはまとめて長周期積層構造（long period stacking order (LPSO) structures）と呼ばれている（ただし，この中には 2H や 3R のように周期の長くないものも含まれる）．

以上は B2 から長周期積層構造への変態の例であるが，2 種の元素が 3：1 の組成の DO₃ 型の規則構造の場合（例えば Cu₃Al）にも同じような長周期積層構造への変態が現れる．この場合には母相の単位胞が大きいだけ少し複雑になるため，以下に詳しく説明する．先に述べたように，DO₃ の単位胞は bcc の 8 倍の大きさであるが，マルテンサイトの構造との関係で図 7-5(a) には，その 1/4 の単位を示した．この $(110)_{DO_3}$ 面を示したのが (b) である．この構造ではこの面内の原子配列が B2 の場合と異なっており，$[001]_{DO_3}$ 方向の周期は 2 倍になっている．このため図中に示した B_1' の位置は B_1 とは等価ではなくなり，ダッシュを付けて区別される．この記号を用いると DO₃ の構造は (b) に示した $(110)_{DO_3}$ 面が $A_1B_1'\ A_1B_1'\ A_1B_1'\cdots$ と積み重なった構造と見ることができる．先に述べた B2 からの場合と同様に $[\bar{1}10]_{DO_3}$ 方向に伸長し，$[001]_{DO_3}$ 方向に縮小することにより，この面を稠密面にすると，先の場合と同様種々の長周期積層構造が生じ得ることは容易に理解できよう．ただし，偶数層目の積

層位置が B_1 ではなく，B_1' であるため，マルテンサイトの積層位置も B, C ではなく，(c) に図示した B′, C′ の位置になる．このため B2 の母相から 9R，3R のような奇数層のマルテンサイトになるとき，もし母相が DO_3 なら，マルテンサイトは倍の周期が必要になる．つまりこれらはそれぞれ 18R，6R にならなければならない．この事情は図 7-6 から容易に理解できよう．

ここで，再び図 7-3(c) および図 7-4 に戻って，もし 2 種の原子が同一原子だとし

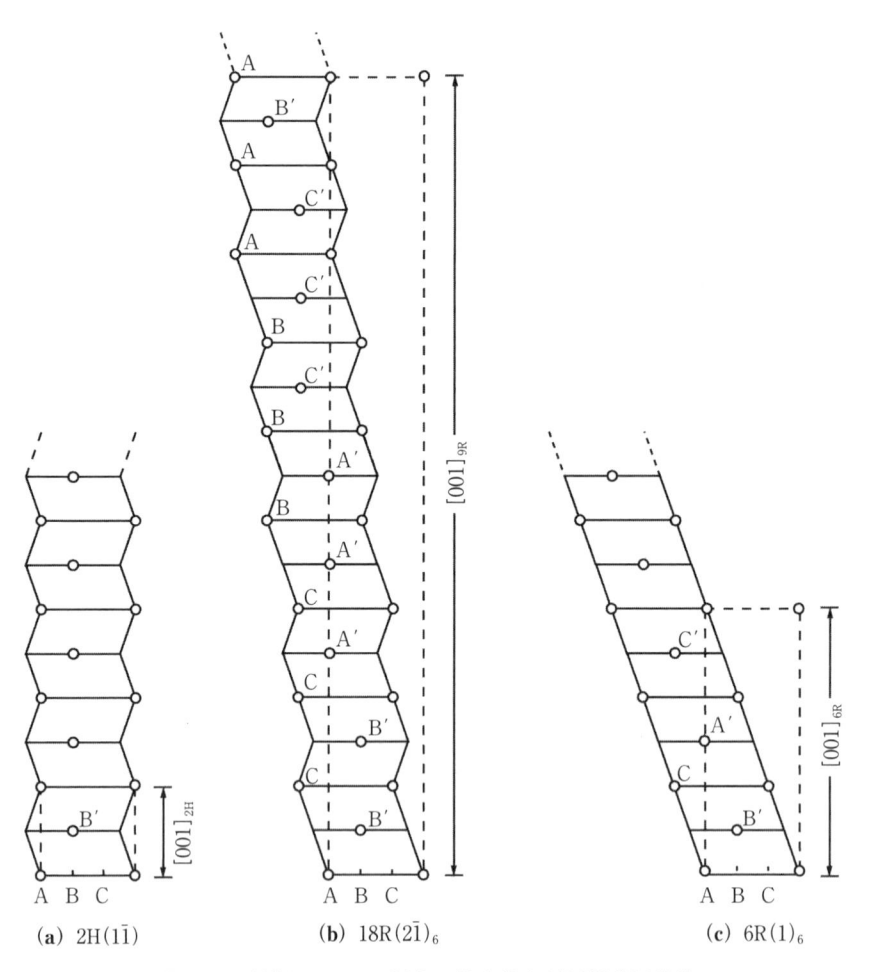

(a) 2H(1$\bar{1}$)   (b) 18R(2$\bar{1}$)$_6$ (c) 6R(1)$_6$

図 7-6 母相が DO_3 の場合の代表的な長周期積層構造．

たら，図7-3(c)に示した角度は正確に60°になり，この底面（c面）は正6角形の稠密面になる．図7-4(a)では，このような稠密面がABAB…と積層しているわけだからこの構造はhcpである．同様に図7-4(c)では，ABCABC…と積層しているので，fcc構造ということになる．すなわちTi-Mo等のTi合金に現れるbcc-hcp変態もこの型の変態と見ることができる．同様にNi-Mn等で現れるB2-fct変態もこの型の変態と見なすことができる[*6]．

以上の説明ではマルテンサイトに変態するときの積層の位置を a 軸の1/3または2/3としてきた．このことは2種の原子を半径の等しい剛体球として扱ってきたことに対応するが，もし2種の原子の半径が異なる剛体球として扱うと，積層位置が1/3や2/3からズレ，その結果として図7-7(b)に示したように，9Rの単位胞は単斜晶になる．実はCu-Zn合金における β_2'' マルテンサイト[*7]は長らく構造が決定できなかったが，唯木らは原子半径差に着目して解析した結果単斜晶として矛盾なく解析できた（興味のある方は文献[7]を参照されたい）．この論文では，積層位置が1/3や2/3の場合はN9R（normal 9R），この値からズレている場合はM9R（modified 9R）と区別されているが，要は測定の精度の問題であって，二つの原子の半径差が有意の場合にはいずれもmodified構造になるものと思われる．

以上述べた長周期積層構造を持つマルテンサイトは多くの合金系で観察されるので，それが回折図形でどのように観察されるかを図7-8で紹介しよう．長周期積層構造の特徴は積層面（底面と呼ばれる積層面は普通c面に選ばれる）にある．種々の積層構造を取りやすいということは積層欠陥（stacking fault）が入りやすいことを示唆し，多数の積層欠陥が導入されれば回折図形で積層面に垂直にストリークが生ずることが期待される[*8]．図7-8に示された一連の電子回折図形は上記Cu-Zn合金の β_2'' マルテンサイトから得られた c^* 軸[*9]を含む回折図形である．いずれも強いストリークが生じていることから，これらの軸が c^* 軸であることが理解される（実際にはこ

[*6] 規則合金なのでfccがfctとなっている．不規則合金でのbcc-fcc変態の例を筆者は知らない．

[*7] 唯木らはこの表記に β_1'' を用いているが，この合金の母相はDO$_3$ ではなく，B2なので β_2'' で表すこととする．これが今日の一般的な表記法である．

[*8] このことを簡単に理解するには以下のように考えればよい．積層欠陥が一枚存在するということは，厚さが一層の物質がそこにあると考える．回折線の逆格子空間での広がりは，厚さに反比例するので，一層の物質からの回折線は欠陥面に垂直な方向に伸びる，すなわちストリークが生ずる．

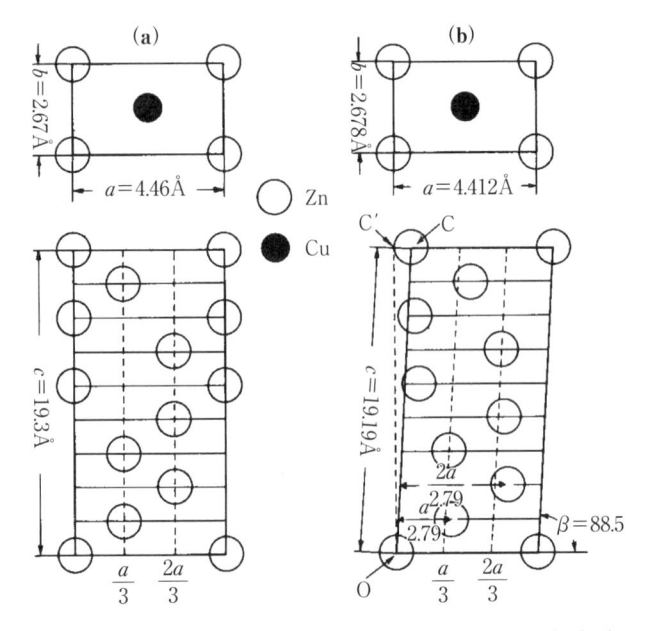

図 7-7 Cu-Zn 合金における normal 9R（β_2' マルテンサイト）（a）と modified 9R（β_2'' マルテンサイト）（b）の構造を説明する図．（a）は a 軸上の積層の位置が正確に $a/3$，$2a/3$ の場合，これに反し（b）は Cu と Zn の原子半径の差のせいで積層位置が $a/3$，や $2a/3$ からずれている場合．詳しくは本文参照（唯木ら[7]による）．

の方向の測定された面間隔が適正であることの確認も必要）．これらの回折図形を見ると，いずれも c^* 軸に沿って強い反射をほぼ 3 等分した位置に反射の現れているのがわかる．逆格子空間では大きさが実空間と逆であるから，逆格子空間で 1/3 の位置に反射が現れているということは，その方向に 3 倍の周期を持っているということを意味している．実はこの構造は図 7-4(b) の 9R 構造に対応するものであるが，この図を見ると 3 層ごとのモチーフユニットが繰り返しているため 1/3 の位置に反射が観測されるのである．以上では 9R 構造のマルテンサイトの回折図形がどう見えるかと

[*9] 電子回折では Ewald 球に接した逆格子面そのものが観察される．したがって c^* 軸とは，実空間での結晶軸 a, b, c に対応した逆格子空間での結晶軸 a^*, b^*, c^* の一つとしての c^* 軸である．

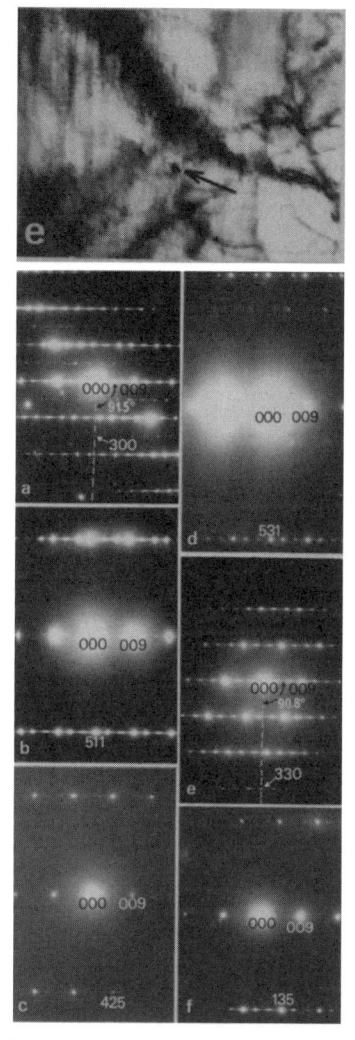

図 7-8 Cu-39.8Zn (wt%) 合金における β_2'' マルテンサイトからの電子回折図形 (c^* 軸を含むものだけを示している). 各回折図形の晶帯軸は以下の通り. (a) [0$\bar{1}$0], (b) [1$\bar{5}$0], (c) [1$\bar{2}$0], (d) [3$\bar{5}$0], (e) [1$\bar{1}$0], (f) [3$\bar{1}$0]. 一番上の電子顕微鏡写真は (e) に対応する組織写真である (唯木ら[7]による).

いう観点から説明したが，構造が未知の場合には，その逆のプロセスを取る．このような種々の方位からの回折図形を実験的に得て，それから3次元的な逆格子を組み立て，実験結果と矛盾しない構造を推定するプロセスを取る．上記 Cu-Zn の β_2'' マルテンサイトの場合，このような研究が長年行われたにも関わらず，図7-8の強度分布を説明できなかった．それが原子半径差からくる積層位置のズレの解析から最終構造が決定できたわけである．

以上長周期積層構造の表記法として，Ramsdel notation と Zdanov symbol について述べたが，Ramsdel notation は原子の種類を無視しているため真の対称性を表していないし，単位胞を斜方晶にするため非常に大きなセルを取っている．しかし，先にも述べたように，大きな単位胞をとっても厳密には斜方晶からのズレが生じてしまうため，正しい対称性で，小さな単位胞で記述する方が理にかなっており，このような表示法が筆者らによって提示されているが，少し専門的になるので，これ以上立ち入らない．興味のある方は，文献[8]を参照されたい．

後章で変態の結晶学的理論を学ぶ際にはこの変態に伴う格子不変変形の理解が必要になるが，格子不変変形は生ずるマルテンサイトの型によって異なる．9R や 18R マルテンサイトの場合は，図7-8の面状コントラストや回折図形のストリークから理解できるように底面上の積層欠陥である．2H マルテンサイトの場合は，双晶である．また 3R（Ni-Al）や 6R マルテンサイトの場合も双晶である．

7.2　fcc-bcc/bct 変態[*10]

fcc から bcc あるいは bct への変態は鋼でマルテンサイト変態が最初に見出されたものとして重要である．ただし前節で述べたエントロピー項と絡んだ変態の起源とは全く異なるものである．そもそも高温側の fcc は稠密構造であるのに対し bcc/bct は粗な構造であるので，エントロピー項に絡んだ前節のケースに相反している．それにも関わらずこの型の変態が実際に起こるのは，変態の起源がこれらの合金の磁性にあるためと思われる．実際にこの型の変態が見られる合金としては以下のものを挙げることができる．

[*10] 後述（12.3.2節）するようにマルテンサイト変態の可逆性という観点に立つと，fcc-bcc 変態と fcc-bct 変態は峻別されることになるが，ここでは従来同様一緒に記述する．

7 マルテンサイト変態の型とその結晶構造

Fe-C, Fe-Ni, Fe-Ni-C, Fe-Al-C, Fe-Cr-C, Fe-Pt, Fe-Pd

いずれも Fe を主成分とする合金で，磁性が深く絡んでおり，磁性を起源とする変態と思われる．つまり低温では bcc/bct 構造の方が fcc より磁気的に有利なため bcc/bct への変態が起こる．bcc/bct が fcc より有利になる理由は，bcc/bct Fe 特有のバンド構造に起因すると考えられる[9]．上記の説明で bcc/bct と記したのは合金によって bcc となる場合と bct になる場合があるからである．一般にマルテンサイトが bct になるのは，不規則合金に C や N が入るか，合金が規則化している場合である．不規則合金の場合，例えば Fe-Ni は bcc であるが，Fe-Ni-C のマルテンサイトは bct となる．Fe-C 等も同様である．不規則合金に C や N が入ると tetragonality が現れ bct になる理由は以下のように説明できる．一般に母相の fcc において C や N の入る位置は 8 面体位置，すなわち〈0 0 1/2〉の位置（図 7-9 の×印の位置）である．〈 〉は family としての方向を表す記号なので[0 0 1/2]のみでなく，[1/2 0 0] [0 1/2 0]の位置にも入る．この母相に Bain 機構が働いて図 7-9(b)のようにマルテンサイトになったとすると，母相の 8 面体位置にある C や N はいずれもマルテンサイトの c 軸の位置（すなわち〈0 0 1/2〉の位置）に入ることが(b)よりわかる．ここで C や N が入っていなかったとすれば，この場合の軸比 $c/a=1$ である（実験による）．一方，C が c 軸の位置に入ったとすれば，C 原子は c 軸を押し広げることになるので，軸比

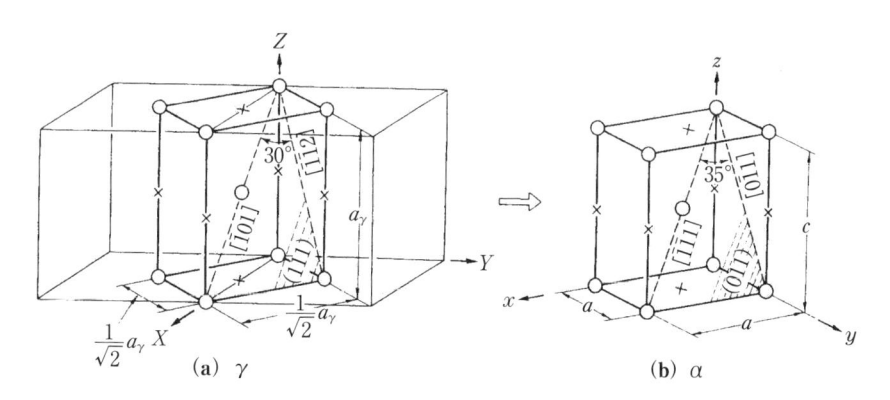

図 7-9 Fe のような fcc 格子の 8 面体格子間位置に C や N が入り，Bain 変形を受けてマルテンサイトになると，これらの格子間原子は c 軸に沿った位置に入り，c 軸を押し広げマルテンサイトはこの結果 bcc ではなく，bct になる．図(a)(b)において，×印は C や N が入る格子間位置を表す（西山[10]による）．

c/a は 1 より大きくなることが期待される．実際観測された軸比は C 濃度に比例して増大することが確認されている[10]．以上の結果は，C や N の添加が tetragonality をもたらす原因を明らかにすると共に，fcc-bcc/bct 変態における Bain 機構の正当性を示すものでもある．マルテンサイトが bct となる第二のケースは，図 5-2 に示したように合金が規則構造を取っている場合である．すなわち図 5-2(a) の母相は立方晶の対称性を有しているが，Bain 機構による変態を受けると自動的に tetragonal の対称性を持つことが図 5-2(b) よりわかる．

fcc-bcc/bct 変態をする Fe 系合金の格子不変変形は，双晶の場合と転位，あるいはそれらの混合の場合というように，合金の組成や熱処理と共に異なり，複雑である．代表的な格子不変変形としての双晶変形は $\{112\}\langle\bar{1}\bar{1}1\rangle$ であり，双晶シアーは $1/\sqrt{2}=0.707$ と極めて大きい．また Fe 系マルテンサイトの変態に伴う体積変化 $\Delta V/V$ は合金の種類やその組成によるが，一般にプラスで 2% 程度と大変大きい．これらの事情が Fe 系のマルテンサイト変態を非常に複雑なものにしている．

7.3 fcc-fct 変態

立方晶の fcc から軸比 c/a が少し変わることによって tetragonal の fct へと変わる一群の合金がある[11]．In-Tl や In-Cd が代表的な例であり，これらでは $c/a>1$ であるが，In-Pb では $c/a<1$ である．いずれの場合も，格子不変変形は $\{011\}\langle 01\bar{1}\rangle_{fct}$ 双晶であり，変態の結晶学的挙動は比較的簡単である．しかし，変態の起源，すなわちなぜ fct へ変態するのかはあまりよくわかっていない．おそらく電子論的なところにその起源はありそうである．例えば Jahn-Teller 効果のように，対称性が低くなることによってエネルギー準位の縮退が解け，結晶の自由エネルギーが低下するといったことが想像される．興味のある方は上記論文を参照されたい．特定の組成域の Fe-27Pt[12] や Fe-31Pd[13] 合金でもこの型の変態を起こすが，この場合には磁気的な性質がその起源に関係しているものと思われ，Mn-Cu もこのグループに属する合金で同様に磁性が絡んでいる[14]．これらの変態はいずれも変態に伴う歪が小さく，したがって，冷却-加熱の際の温度ヒステリシスが小さいという特徴を持っており，後述するアクチュエータ等への応用の際有用である．

古典的な超伝導を示す合金として知られる Nb_3Sn 並びに V_3Si 合金は立方晶の A15 構造を取り fcc ではないが，超伝導の T_c の少し上の温度で立方晶から正方晶へのマルテンサイト変態を起こす．その温度ヒステリシスは極めて小さく 2 次の相変態に近

7.4 fcc-hcp 変態

　fcc および hcp が最稠密構造であることはよく知られている．これらは，剛体球としての原子を平面上に敷き詰めると図 7-10 に示したように 6 角形の格子となる．例えば黒丸のサイトを A-site とし，この上に第 2 層を密に積むとすれば，白丸の B-site に積むか，灰色丸の C-site に積むかのいずれかになる．ABCABC…と積めば fcc であり，この稠密面は $\{111\}_{fcc}$ 面となり，ABABAB…と積めば hcp となり，この際の稠密面は $(001)_{hcp}$ 底面となる．

　ここで，参考のため 6 方対称性を持つ hcp の構造と単位胞を図 7-11 に示す．単位胞は 6 角柱でなく，太線で示した平行 6 面体である（∵ 単位胞は空間を埋め尽くさなければならない）．空間における面や方向は三つの Miller 指数で表現でき，普通は $(hkl)[uvw]$ のように表され，これは hcp のような 6 方晶系にも当てはまる．つまり図 7-11 に則して言えば，結晶軸は $\boldsymbol{a}_1, \boldsymbol{a}_2, \boldsymbol{c}$ 軸の 3 軸で十分であるが，もう一つ $\boldsymbol{a}_3$ 軸

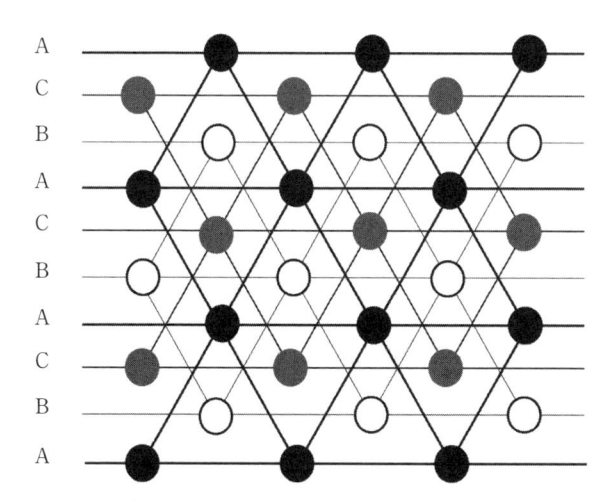

図 7-10 同じ原子半径の原子を平面上で稠密に並べると 6 角形の格子になり，これをこの面に稠密に積み重ねると原子の取り得る位置は A, B, C のいずれかになる．ABCABC…と積み重なれば fcc になり，ABAB…と積み重なれば hcp となる．

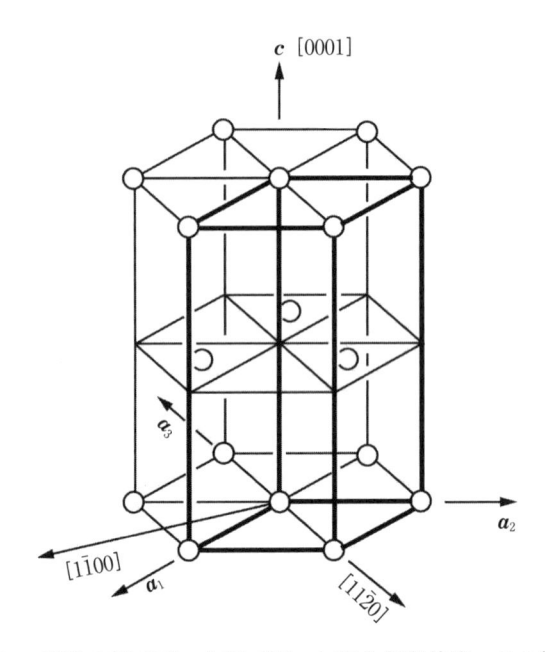

図 7-11 hcp 構造の模式図. 太線で囲った部分が単位胞. この構造を記述するには a_1, a_2, c の 3 軸だけで十分であるが, 対称性を見やすくするため, a_3 軸も含めて記述する場合もある (4 軸表示). 本文参照.

を加えて 4 軸にすると 6 方の対称性が見えやすくなるという事情があって Miller-Bravais の 4 軸表示が用いられることも少なくない. このような 4 軸表示にすると Miller-Bravais 指数は $(hkil)[uvtw]$ と表されることになり, i, t に関しては以下の関係がある.

$$i = -(h+k) \tag{7.2}$$
$$t = -(u+v) \tag{7.3}$$

これらの関係において面指数に関しては, 3 軸表示から 4 軸表示に移行する際には式 (7.2) で決まる i を付け加えればよいし, 逆の移行の際は単に i を消せばよいので簡単であるが, 方向指数に関しては簡単な計算をしなければならない (必要のある方は文献[17]を参照されたい).

図 7-12 は fcc の $(111)_{\text{fcc}}$ 面上の原子と, この面上ですべりが生ずる場合の転位の Burgers ベクトルを示したものである. この図には $a/2[110]$ のような完全転位の

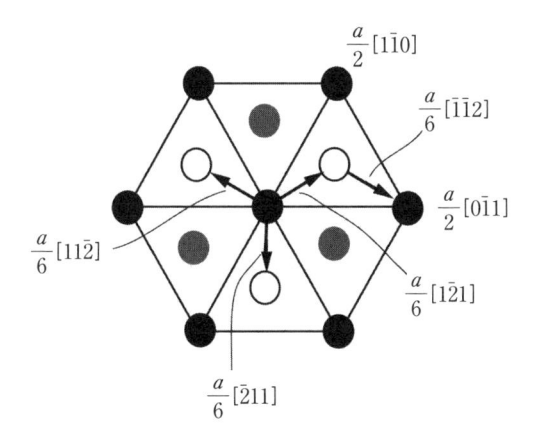

図 7-12 fcc 格子の(111)面上での部分転位 (Shockley partial) によるすべりの表示.

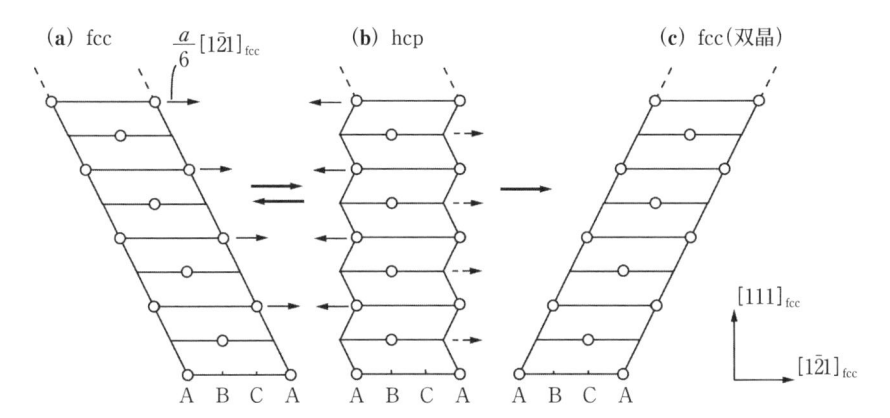

図 7-13 部分転位の規則的な移動による構造変化. (a)の fcc 構造で，Shockley partial を矢印で示したように 1 層おきに走らすと(b)の hcp になる．ここでこの hcp に逆向きに 1 層おきに Shockley partial を走らせれば元の fcc に戻るが，もし(b)の破線の矢印で示したように，Shockley partial をさらに同じ向きに 1 層おきに走らせれば(c)に示したように元の fcc の双晶になる.

Burgers ベクトルと $a/6[1\bar{2}1]$ のような Shockley partial（部分転位）の Burgers ベクトルも示してある．図 7-13 はこれら fcc と hcp の間でマルテンサイト変態がいかに起こり得るかを示したもので，fcc の $(10\bar{1})_{fcc}$ 面で切断した図になっている．この図から $(111)_{fcc}$ 面上で 1 層おきに $a/6[1\bar{2}1]_{fcc}$ の Shockley partial を走らせれば hcp 構造の得られることがわかる．同様に(b)の hcp から出発して 1 層ごとに Shockley partial を逆向きに走らせれば元の fcc に戻ることもわかる．また(b)の hcp から出発して，Shockley partial がすぐ前のケースと逆向き（点線の矢印の方向）に走れば fcc の双晶になる(c)．

　もし fcc-hcp 変態が上記のような機構で起きたとすれば，マルテンサイトと母相の界面すなわち晶癖面は $\{111\}_{fcc}$ 面となることが期待され，これは実験的に確認されている．結晶方位関係もこの場合簡単で，以下のようになる．

$(111)_{fcc} // (0001)_{hcp}$

$[11\bar{2}]_{fcc} // [1\bar{1}00]_{hcp}$

これも実験的に確認され，庄司-西山の関係としてよく知られている[18, 19]．このようにこの型の変態では母相とマルテンサイト相に共通な稠密面が最初から存在しているため，結晶学的な機構は簡単であるが，これはいわば例外であって，一般のマルテンサイト変態においてはこの点が一番重要な問題になることは後に学ぶ．図 7-12 において Shockley partial の走る方向が $a/6[1\bar{2}1]$ でなく，$a/6[11\bar{2}]$ や $a/6[\bar{2}11]$ の場合にも，その結果生じたマルテンサイトの方位は同じであるが（いずれも Shockley partial の走った後は B-site なので），変態によって生じるシアーは異なり，この違いは表面起伏で観察可能である．このことは形状記憶効果と絡んで逆変態の可逆性を考える際に重要になる．

　以上述べたことから，fcc と hcp は簡単な見方をすれば単に積層の順序が異なるだけなので，両者の格子定数を剛体球モデルから以下のように簡単に結び付けることができる．fcc の格子定数を a_0 とすると，

a 軸の長さ $= |a_0/2[1\bar{1}0]| = a_0/\sqrt{2}$

$(111)_{fcc}$ 面の面間隔 $= a_0/\sqrt{h^2+k^2+l^2} = a_0/\sqrt{3}$

$c = 2 \cdot a_0/\sqrt{3}$

$\therefore c/a = 2\sqrt{2}/\sqrt{3} = 1.633 \cdots\cdots$

実際の hcp 結晶では c/a の値はこの値と少し異なるが，その理由は実際の結晶の格子定数は単なる剛体球の最密充填では決まらず，hcp としての結晶の安定性から決まるからである．例えば Co の測定された c/a は 1.623 である．またこの型の変態に伴

うシアー（$\tan \gamma$）は以下のように計算できる．

$$\tan \gamma = \frac{|a_0/6[1\bar{2}1]|}{2a_0/\sqrt{3}} = \frac{1}{\sqrt{6}} \cdot \frac{\sqrt{3}}{2} = \frac{1}{2\sqrt{2}}$$

$\gamma = 19.5°$

実際に fcc-hcp 変態を起こす合金系としては Co-Ni 合金があり，Fe 系でも 10 wt% Mn 以上の Hadfield 鋼と呼ばれる Fe-Mn 合金でこの型の変態が現れる．また Fe 系の形状記憶合金として研究開発されている合金の大部分はこの合金の発展形である Fe-Mn-Si 合金[20]を基にしたものである．

fcc-hcp 変態の起源も非常に難しい問題である．剛体球モデルで近接原子のエネルギーだけを考えれば両相のエネルギーは近似的に等しく，その差は非常に小さいからである．

7.5 Ti-Ni 合金におけるマルテンサイト変態

本書では個別の問題を詳細に述べるのは目的ではなく，マルテンサイト変態を理解する上での基本事項を系統的に述べることに重点を置いているが，Ti-Ni 系合金は形状記憶合金として最も重要なので，この合金のマルテンサイトの構造にも触れておくのは有用と思われる．この合金の母相は B2 型の規則構造を取るが，マルテンサイトは組成並びに熱処理に応じて 3 種類の構造が現れる（B2-B19′, B2-R, B2-B19）（図 7-

Ti-Ni基合金におけるマルテンサイト変態

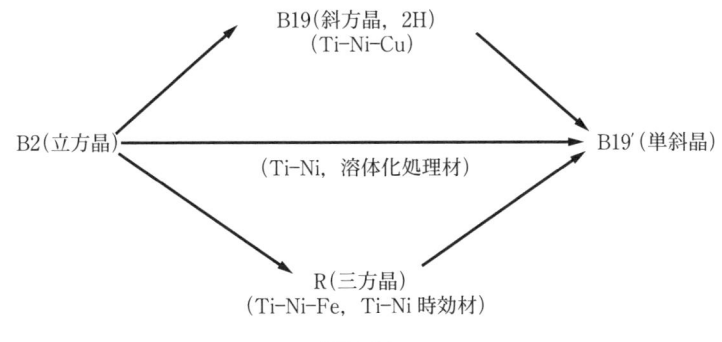

```
              B19(斜方晶, 2H)
              (Ti-Ni-Cu)
             ↗            ↘
B2(立方晶) ──────────────→ B19′(単斜晶)
             ↘  (Ti-Ni, 溶体化処理材)  ↗
              R(三方晶)
              (Ti-Ni-Fe, Ti-Ni 時効材)
```

図 7-14

14). すなわち Ti-Ni 2 元系の溶体化処理材（溶体化処理後急冷処理）では B19′ と呼ばれる複雑な単斜晶の構造を取る[21]. 一方, Ti-Ni 系において Ni を 10% 以上の Cu で置換した場合には B19（斜方晶）型のマルテンサイトが現れ, さらに冷却すると B19′ へと変態する. B2-B19 変態は, 図 7-4(a) で示した B2-2H 変態と同じものであり, 図 7-3(b) の B_1 の位置から図 7-3(c) の B の位置まで (110) 面上で [1$\bar{1}$0] 方向に shuffle させる必要がある. 詳しくは図 11-4 で再度触れる予定である. 単斜晶の B19′ 構造はこの B19 にさらに (001)[1$\bar{1}$0] シアーを与え β 角を 90° からずらすことに

(a)

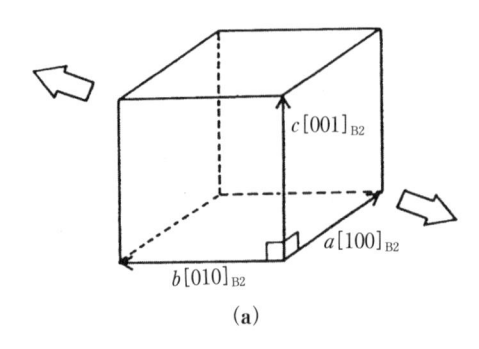

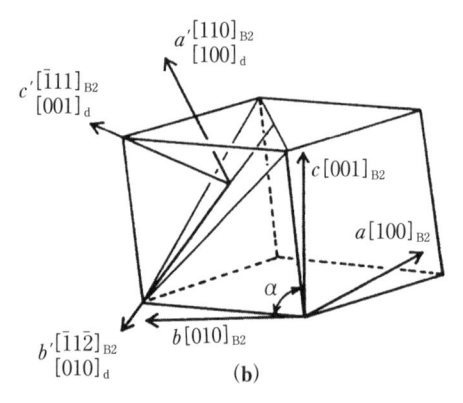

(b)

図 7-15 Ti-Ni 系形状記憶合金における R 相変態の説明図. 母相の B2 格子は変態の際 ⟨$\bar{1}$11⟩ 軸方向に伸ばされて菱面体格子に変わり, 図(b) の α 角が 90° からずれる. この格子変形の際の主軸（変形の際に方向の変わらない軸）は添え字の "d" で表されている. つまり [110]$_{B2}$ が主軸の [100]$_d$ に, [$\bar{1}$1$\bar{2}$]$_{B2}$ が主軸の [010]$_d$ に, [$\bar{1}$11]$_{B2}$ が [001]$_d$ に取られている（宮崎ら[27] による）.

よって得られるが，それについては後章のマルテンサイト変態前駆現象の章で述べる．Ti-Ni系ではもう一つの型の変態がある．NiをFeで置換したり，Ni過剰のTi-Ni 2元合金を適当な温度で時効してTi$_3$Ni$_4$なる析出物を析出させたとき，冷却によって生ずるマルテンサイト相である．このマルテンサイトはRhombohedral（菱面体晶）の頭文字を取ってR相と呼ばれるが，結晶の真の対称性は三方晶（trigonal）の複雑な構造である[22-24]．図7-15にB2-R変態の際の格子変形を示す．つまりB2格子を⟨111⟩方向に伸ばすことにより，B2のコーナーの角90°（a）がα（b）へと変化し，菱面体格子となる．最終構造の三方晶の構造になるのにはさらに原子の微調整（shuffle）が必要である．この型の変態は変態歪が非常に小さく，したがって変態の温度ヒステリシスが極めて小さく，13章のアクチュエータとしての応用で利用されているのは主にこの型の変態である．図7-14を見るといずれの合金でも最終的にはB19′になろうとする傾向があり，第1原理計算に基づく計算でも0KではB19′構造が最も安定であることが証明されている[25,26]．

7 参考書・参考文献

[1] H. Okamoto (ed.), *Desk Handbook Phase Diagrams for Binary Alloys,* ASM Int. (2000) p. 314.
[2] A. H. Cottrell, *Theoretical Structural Metallurgy,* Edwards Arnold (Publishers) Ltd. (1962) p. 135.
[3] H. Jones, Proc. Roy. Soc., **144**（1934）225.
[4] 黒沢達美,「物性論」(基礎物理学選書9), 裳華房 (1972).
[5] C. Zener, *Elasticity and Anelasticity of Metals,* The University of Chicago Press (1948).
[6] W. F. Knippenberg, Philips Research Report, **18** (1963) 185.
[7] T. Tadaki, M. Tokoro and K. Shimizu, Trans. JIM, **16** (1975) 285.
[8] K. Otsuka, T. Ohba, M. Tokonami and C. M. Wayman, Scripta Metall., **29** (1993) 1359.
[9] 金森順次郎, 米沢富美子, 川村清, 寺倉清之,「固体—構造と物性」(岩波講座 現代の物理学7), 岩波書店 (1994).
[10] 西山善次,「マルテンサイト変態」(基本編), 丸善 (1971) p. 14.
[11] 入戸野修, 小山泰正, 日本金属学会会報, **21** (1982) 160.

- [12] R. Oshima, S. Sugimoto, M. Sugiyama and F. E. Fujita, Trans. JIM, **26** (1985) 523.
- [13] T. Sohmura, R. Oshima and F. E. Fujita, Scripta Metall., **14** (1980) 855.
- [14] E. Z. Vintaikin, D. F. Litvin, V. A. Udovenko and G. V. Shcherbedinskij, Proc. ICOMAT-79, Cambridge (1979) p. 673.
- [15] B. W. Battermann and C. S. Barrett, PRL, **13** (1964) 390.
- [16] J. A. Krumhansl, Mater. Sci. Forum, **327-328** (2000) 1.
- [17] B. D. Cullity, *Elements of X-ray Diffraction,* Addison-Wesley Publishing Co., Massachusetts (1956) p. 39；村松源太郎訳,「X線回折要論」, アグネ承風社 (1999).
- [18] H. Shoji, Z. Kristallogr., **77**, (1931) 381.
- [19] Z. Nishiyama, Sci. Rep. Tohoku Imp. Univ., **25** (1936) 79.
- [20] A. Sato, E. Chishima, K. Soma and T. Mori, Acta Metall., **30** (1982) 1177.
- [21] Y. Kudoh, M. Tokonami, S. Miyazaki and K. Otsuka, Acta Metall., **33** (1985) 2049.
- [22] T. Hara, T. Ohba, E. Okunishi and K. Otsuka, Mater. Trans. JIM, **38** (1997) 11.
- [23] D. Schryvers and P. L. Potapov, Mater. Trans., **43** (2002) 774.
- [24] H. Sitepu, Textures Microstruct., **35** (2003) 185.
- [25] Y. Y. Ye, C. T. Chan and K. M. Ho, Phys. Rev., **56B** (1997) 3678.
- [26] M. Santi, R. C. Albers and F. Pinski, Phys. Rev., **58B** (1998) 13590.
- [27] S. Miyazaki, S. Kimura, K. Morii and K. Otsuka, Phil. Mag., **57A** (1988) 467.

8

マルテンサイト変態の際の結晶学的パラメータを実験的に求める方法について

マルテンサイト変態の際の結晶学的パラメータとしては，マルテンサイトの結晶構造，晶癖面，母相-マルテンサイト間の結晶方位関係，格子不変変形，shape strain 等があり，これらの実験的な求め方について簡単に触れる．マルテンサイトの結晶構造を知ることはマルテンサイトの変態機構を知る上での第一歩であり，普通は X 線回折や電子線回折等の回折によって決定される．ただ，仮に母相の単結晶を用いたとしても，格子不変変形としての双晶が入ってきたり，自己調整で多数のバリアントが生ずるため，マルテンサイトの対称性が低い場合には構造決定が困難な場合が少なくない．例えば，Ti-Ni の B19′ や R 相構造，Au-Cd の ζ_2' 構造が決定されるまでには数十年の歳月がかかっている．ただし，マルテンサイトの単結晶が得られれば，X 線/電子線回折による構造解析法は確立しているので，正規の構造解析の手法を用いて解析することが可能であり，上述の合金のマルテンサイトの構造はこのようにして決定されたものである[1]．どのようにしてマルテンサイト単結晶を得るかであるが，それには応力誘起変態の手法を用いる．後ほど超弾性や形状記憶効果の章で述べるように，応力下では，単一の晶癖面バリアントが得られやすく，格子不変変形としての双晶も応力下で整理され単結晶化するからである．

次に晶癖面の決め方を図 8-1 を用いて説明する．まず，図のような直方体の単結晶を用意する．コーナーの角度は 90° でなくても解析できるが，直交性を持たせた方が解析は容易である．この結晶に，結晶に固定した座標系 x, y, z 軸を設定する．この図ではマルテンサイト変態が部分的に進行し，下半分が母相（P），上半分がマルテンサイト（M）となったケースを描いてある．マルテンサイト変態の結果，A 面には表面起伏 l_1 が生じ，B 面には表面起伏 l_2 が生ずる．直線 l_1 と l_2 は平面を定義し，これが晶癖面である．A 面上の角度 α と B 面上の角度 β を測定することにより x, y, z 軸に対し晶癖面を定義できる．一方，A 面に垂直にマイクロビームの白色 X 線を入射すると，背面反射 Laue 法によりこの試料の結晶軸 a_1, a_2, a_3 軸の方位を決定できる．この結果，晶癖面の指数を結晶軸 a_1, a_2, a_3 に対して定義できる．すなわち晶癖面の指数が母相の結晶軸に対して決定できたことになる．このようにして晶癖面を実験

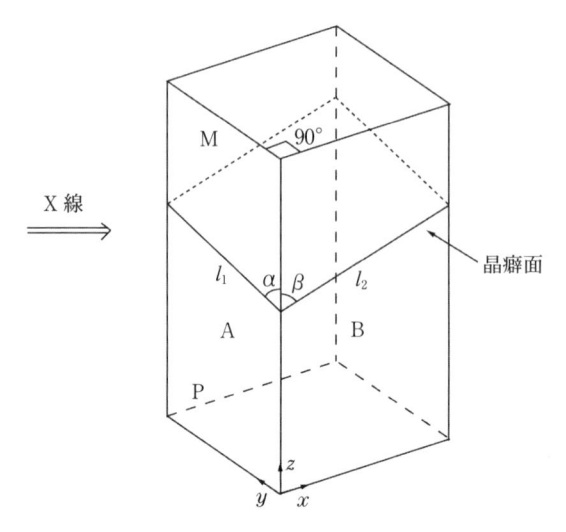

図 8-1 2面解析の説明図．角柱の下側が母相で，上側の"M"と記された領域がマルテンサイトを表す．

的に決める方法は2面解析（two-surface analysis）と呼ばれる．

　図8-1を用いると結晶方位関係の説明も容易にできる．まず，A面の母相領域に白色X線を当て背面反射Laue解析を行う．次に照射場所をマルテンサイト領域に移し，背面反射Laue解析を行う．続いて母相とマルテンサイトの境界に白色X線を当て両相を含む背面反射Laue解析を行う．母相-マルテンサイト相両相を含む回折を行う前に，各相からの個別の回折を行ったのは，両相を一緒にしたのではLaue解析が難しいからである．

　以上晶癖面の解析にしても結晶方位関係の解析にしても，具体的な解析にあたってはステレオ投影の手法を用いている．ステレオ投影とは3次元の結晶方位や面を2次元に投影して解析する方法である．この方法の精度はWulf netと呼ばれるグラフ用紙の精度にも依存し，あまり高くないが（～1°），結晶学的な解析は多くの場合煩雑でとかく間違いを起こしやすいので，このようなグラフィカルな方法の併用はこのようなミスを防ぐのに有効なことを強調しておきたい．つまりグラフィカルな方法を常に併用しながら，必要なときはコンピュータや解析的な手法で正確な値を求めていくというのが最も望ましい．後述の現象論の計算でも結果はステレオ投影で表示されることが多いので，読者にはぜひステレオ投影を学んでおくことを勧めたい．ステレオ

投影の手法は文献[2-4]に詳しく説明されているが，具体的に自分の手で訓練することが大事である．要は慣れである．結晶方位関係の測定には制限視野電子回折法も有効であるが，精度的には X 線回折の方が高い．

格子不変変形が何であるかは，次節で学ぶ現象論の入力として重要である．これには光学顕微鏡，X 線回折，制限視野電子回折があるが，重要な入力パラメータであるだけにこれらを併用して解析するのが望ましい．一般に格子不変変形が Type Ⅰ 双晶の場合は難しくないが，Type Ⅱ 双晶の場合には，鏡映対称の回折図形が現れないので，その証明には辛抱強い解析が必要である．

Shape strain とは，マルテンサイト変態に伴う全体としての変形で，その意味は次節の現象論を学んでからの方が理解しやすいと思うが，この測定には干渉顕微鏡を使った scratch displacement 法という方法がある．この方法は Bowles and Morton[5]によって開発されたものであるが，詳しくは文献[6]に記されているので，必要のある方はこの文献を参照されたい．

8 参考書・参考文献

[1] K. Otsuka and T. Ohba, Proc. ICOMAT-92, Monterey, p. 221.
[2] C. S. Barrett and T. B. Massalski, *Structure of Metals*, 3rd edition, McGraw-Hill Inc. (1966) p. 30.
[3] B. D. Cullity, *Elements of X-ray Diffraction*, Addison-Wesley Publishing Co., Massachusetts (1956) p. 60；村松源太郎訳, 「X 線回折要論」, アグネ承風社 (1999).
[4] 阿部秀夫, 「金属組織学序論」, コロナ社 (1993).
[5] J. S. Bowles and A. J. Morton, Acta Metall., **12** (1964) 629.
[6] E. J. Efsic and C. M. Wayman, Trans. AIME, **239** (1967) 873.

9
マルテンサイト変態の現象論（結晶学的理論）

　この章では現象論と呼ばれるマルテンサイト変態の結晶学的理論（Phenomenological Crystallographic Theory of Martensitic Transformation）について詳しく述べる．この理論は入力として，（1）母相とマルテンサイト相の格子定数，（2）母相とマルテンサイト相の格子対応，（3）格子不変変形の三つのパラメータを入力すれば，マルテンサイト変態を特徴付けるすべての結晶学的パラメータ（すなわち晶癖面，結晶方位関係，双晶の幅の比，shape strain の大きさ等）が線型代数学を用いて計算できるという非常に優れた理論である．すなわち三つのパラメータのみからすべての結晶学的パラメータを定量的に予測できるという点で画期的な理論である．この理論は 1953 年アメリカの Wechsler, Lieberman and Read（WLR）[1,2]と 1954 年オーストラリアの Bowles and Mackenzie（BM）[3-6]らが発展させたものである[*1]．両理論の理論形式は大いに異なるが，内容的には等価であることが示されている[8]．

9.1 現象論が現れる前の状況

　フランスの学者 Osmond が硬化した鋼に見出した組織に，ドイツの当時著名な冶金学者 Martens に敬意を表して martensite と名付けたのは 1895 年といわれている[1;2]．それからマルテンサイト変態の優れた理論，現象論が現れるまでに半世紀以上経ている．このことはマルテンサイト変態がいかに複雑な現象であるかを端的に示している．したがってこの分野がいかに発展したかをざっと見ておくのは無駄ではないであろう．ここでは，非常に重要と思われるものの一部に限って述べる．

[*1] この記述によると WLR 理論が先で BM 理論は後から発表されたように見える．実際発表時期でいえばその通りであるが，最近の報告によると[7]，BM 理論は 1953 年 WLR 理論より先に Acta Crystallographica に投稿され，掲載拒否されたため Acta Metallugica に再投稿され翌年発表されたとのことである．そのためかどうか，普通現象論を引用するときは，WLR 理論と BM 理論を一緒に引用するのが普通になっている．

マルテンサイト変態に対する定量的な測定という意味ではFe-Cに対するKurdjumov-Sachs（1930）の方位関係（K-S関係）の報告[9]，並びにFe-Ni合金に対してはこれとは異なるNishiyama（1934）の関係（N関係）の報告[10]が重要であろう．これらの方位関係を基にマルテンサイト変態の機構も論じられたが，いうまでもなく，格子不変変形は考慮しないsingle shearの機構であった．マルテンサイトの格子変形に関してはすでに説明したBainの機構（1924）がこれより先に提唱されており[11]，Fe-C系での格子変形並びに格子対応を説明できる機構として後に有名な論文となる．

マルテンサイト変態の本質が無拡散変態にあるという考えがいつごろどのようにして芽生えたかは大いに興味のある問題であるが，明記されたものはないようである．Christian-Cohen[12]によれば，無拡散という概念は1930年代にゆっくり形成されていったとしており，特にKurdjumovグループの仕事[13]が重要としている．ちょっと考えるとBainはすでに1920年代に無拡散の機構を提唱したではないかとも考えられるが，BainはFe-Cマルテンサイト変態の一つの機構として提唱しただけで，マルテンサイト変態の本質が無拡散であるといっているわけではないという認識に立っているものと思われる．つまり1930年代になると鋼以外のCu-Zn，Cu-Al，Cu-Sn等の非鉄合金系でも無拡散で起こると考えられる相変態がKurdjumovグループ[13-16]やGreningerグループ[17,18]によって見出され，詳しく，精密に研究されて，無拡散変態の概念が形成されていったと考えられる．特に文献[15]では，マルテンサイト変態は無拡散で起こるとはっきり述べており，無拡散の証拠は，変態が低温でも極めて短時間に起こることと，規則合金を用いた実験で，マルテンサイトの構造がそれに対応した規則構造になることから証明できる，と書かれている．これは拡散型変態に対置した変態としてマルテンサイト変態というグループが存在することを宣言したようなものであって，概念形成上極めて重要な発展と思われる．

もう一つ現象論の出現のために必要であった重要な実験としてFe-Ni-C系についてのGreninger-Troianoの実験がある[19,20]．この研究では，マルテンサイト変態の際，二つのシアー（一つはトータルとしてのマルテンサイト変態を表すシアーで，今日shape strainと呼ばれるもの（後述）で，もう一つは格子不変変形（LIS）としての不均一シアーである）の存在することを実験的に明らかにすると共に[*2]，結晶方

[*2] これまでの理論はいずれもsingle shear theoryであったが，Greninger-Troianoの実験はそれがマルテンサイト変態を正しく扱っていないことを示したわけである．

位関係，晶癖面，マクロ的な shape strain を精密に測定し，結晶方位関係は K-S 関係や N 関係のように，母相とマルテンサイト相の特定の面や方向の平行関係では表せないことを明らかにした（つまりどちらも平行関係からズレている）．この論文が AIME（American Institute of Mining, Metallurgical, and Petroleum Engineers）で発表されたのは 1940 年であり，同年 full paper も提出されたが，なぜか abstract が掲載されたのみであった[19]．つまりこの論文は日の目を見なかったのである．その後 1949 年にほとんどそのまま再投稿され，今度は受理され[20]，その後有名な論文になったわけであるが，その後現れる現象論は二つのシアー，irrational な（無理数の指数で表される）方位関係（非整数比で表される方位関係）や晶癖面等を解くために発展させられたものである．つまり，この論文は現象論の出発点になっている．こう見てくると読者もマルテンサイト変態の研究もなかなかドラマティックな経緯を辿りながら発展してきたことに驚かされよう．

　もう一つ関連する論文として Jaswon-Wheeler による論文を挙げる[21]．この論文は行列をマルテンサイト変態に応用した最初の論文である．格子不変変形を考慮していないのでもちろん正しい解を与えないが，行列による解析が有用なことを示すとともに，晶癖面は不変面であろうと提案している．

9.2　WLR 理論によるマルテンサイト変態機構の解析

　先に述べたようにマルテンサイト変態の現象論には WLR（Wechsler-Lieberman-Read）理論と BM 理論の二つがある．両者は理論形式において大きく異なるが，等価で同じ答えを与えることが証明されている[8]．本書では，物理的に理解しやすい WLR 理論に基づいて述べる．この理論はどんな結晶系にも適用できる一般的な理論であるが，一方でマルテンサイトの対称性が低下すると扱う式が煩雑になるので，本書ではある程度わかりやすく，かつ一般性もあまり失われないケースとして Au-47.5at%Cd 合金における B2-斜方晶（orthorhombic）変態を例に具体的に述べる[*3]．これは Wechsler-Lieberman-Read が現象論に関する 2 番目の論文として発表したも

---

*3　Au-Cd 合金は組成に応じて二つの非常に異なった型の変態を示す．47.5 Cd の組成では B2-2H（斜方晶）変態を示すのに対し，49-50 Cd の組成では B2-ζ_2'（三方晶）変態を示す．後者は温度ヒステリシスが約 2 K と極めて小さく 2 次に近い変態であるが，ここでは前者を対象とする．しかし後者についても変態前駆現象やゴム弾性的挙動との関係で後に議論されることになる．

のである[2]．ただし，彼らの論文ではマルテンサイトの結晶軸の取り方や座表軸の取り方に一貫性がなく，混乱が起こりやすいので，本書ではそれと異なった座標軸の取り方をしており，すべての点で一貫性を維持できる形にしてある．

9.2.1 マルテンサイト変態を記述する基本式

Au-47.5at%Cd 合金における B2-斜方晶変態は，図 7-3 と図 7-4 で述べた B2 から長周期積層構造への変化の1種であって，具体的には図 7-3 の B2 から図 7-4(a)の 2H マルテンサイトへの変態に対応する．この計算で用いた格子定数は以下の通りである．

母相：$a_0 = 3.3233$（Å）

マルテンサイト相：$a = 4.8646$，$b = 3.1541$，$c = 4.7647$（Å）*4[2]

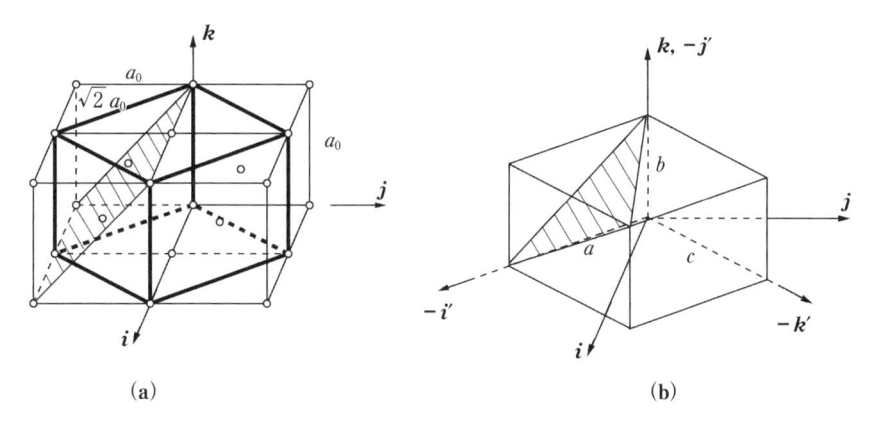

図 9-1 Au-Cd 合金における B2-斜方晶変態の説明図．
(a)の細線で示した格子は B2 格子を示し，太線で示した部分が(b)の斜方晶の格子になる(これは図 9-3 における領域1に対応)．(a)の斜線を施した面は $(0\bar{1}1)_p$ 面で，変態後(b)の斜線を施した $(\bar{1}\bar{1}1)_m$ の双晶面となる．i, j, k は母相の座標系を表す単位ベクトル，i', j', k' はマルテンサイトの座標系を表す単位ベクトル．領域1は表 9-1 の c.v. でいうと c.v.6 に対応する．

---

*4 ここでのマルテンサイト相の結晶軸の選び方は Lieberman らの取り方と異なっていることを注意しておく．先に図 7-3 に示したように，稠密面を c 面に選ぶのが一般の傾向であり，a 軸，b 軸もこの図の取り方に合わせた取り方にしてある．したがって Lieberman らの a 軸を b 軸に，b 軸を c 軸に，c 軸を a 軸に付け直すと，上記の取り方に対応することになる．

まず，母相 B2 の格子から斜方晶のマルテンサイトの格子がどのようにできるかを図 9-1 に示す．図 9-1(a)は，B2 格子を四つ合わせたもので，この中で太線で示した格子が(b)に示したマルテンサイトの格子になることを示す．母相の結晶軸は $\boldsymbol{i},\boldsymbol{j},\boldsymbol{k}$ で，マルテンサイト相を記述するために図に示すように $\boldsymbol{i}',\boldsymbol{j}',\boldsymbol{k}'$ に選ぶ．$\boldsymbol{i},\boldsymbol{j},\boldsymbol{k}$ も $\boldsymbol{i}',\boldsymbol{j}',\boldsymbol{k}'$ も正規直交系（orthonormal）に選ぶ．これらのベクトルは単位の大きさで，相互に直交している．このようにして得られるマルテンサイトを便宜上領域 1 と呼ぶ[*5]．図 9-1 からわかるように，領域 1 を作る格子変形は $\boldsymbol{i}',\boldsymbol{j}',\boldsymbol{k}'$ 軸で表示すれば，

$$T_{11} = \begin{pmatrix} \frac{a}{\sqrt{2}a_0} & 0 & 0 \\ 0 & \frac{b}{a_0} & 0 \\ 0 & 0 & \frac{c}{\sqrt{2}a_0} \end{pmatrix} = \begin{pmatrix} 1.035050 & 0 & 0 \\ 0 & 0.949090 & 0 \\ 0 & 0 & 1.013800 \end{pmatrix} \quad (9.1)$$

となる．すなわち $[\bar{1}10]_{B2}$ 方向に 3.5% 伸長し，$[00\bar{1}]_{B2}$ 方向に 5.1% 圧縮し，$[\bar{1}\bar{1}0]_{B2}$ 方向に 1.38% 伸長すれば斜方晶マルテンサイトの格子ができる．T_{11} の suffix で最初の 1 は領域 1 を，後の 1 は T_{11} がマルテンサイト相での表示であることを示している．現象論の計算は最終的にはいずれも母相の結晶軸 $\boldsymbol{i},\boldsymbol{j},\boldsymbol{k}$ を基準に行われるので，そのように表された場合には T_1 と表示される[*6]．図 9-1 に示した $\boldsymbol{i},\boldsymbol{j},\boldsymbol{k}$ 結晶軸と $\boldsymbol{i}',\boldsymbol{j}',\boldsymbol{k}'$ 結晶軸の関係から[*7]，上記 $\boldsymbol{i}',\boldsymbol{j}',\boldsymbol{k}'$ はそれぞれ $[\bar{1}10]$，$[00\bar{1}]$，$[\bar{1}\bar{1}0]$ 軸に対応しているので，母相とマルテンサイト領域 1 との座標変換を表す行列 R_1 は以下のように書き下せる．

[*5] ここは領域という言葉を使うよりも c.v. で表現するほうが直接的であるが，ここで具体的な c.v. を持ち出すと以下の展開が煩雑になるので，以下二つの領域は領域 1 と領域 2 で区別することとする．ここで問題にしている型の変態においては可能な格子対応は表 9-1 (p.84) に示すように 6 通りあり，領域 1 は c.v.6 に対応し，領域 2 は c.v.4 に対応するが，これらは理論値と実験値の対比をするときに考慮することとしよう．

[*6] 細かいことを言うと，上で説明した B2-斜方晶の格子変形で，実際には図 7-3 で説明したように，稠密面が B_1-site から B-site に一層おきに変位する shuffle が必要であるが，現象論の計算では shuffle は無視されている．

[*7] Lieberman らは結晶軸 $\boldsymbol{a},\boldsymbol{b},\boldsymbol{c}$ と $\boldsymbol{i}',\boldsymbol{j}',\boldsymbol{k}'$ が対応するように $\boldsymbol{i}',\boldsymbol{j}',\boldsymbol{k}'$ を選んでいないので扱いが非常に厄介であるが，本書では両者がいつも対応するような取り方に統一してある．

$$\begin{pmatrix} x \\ y \\ z \end{pmatrix} = \boldsymbol{R}_1 \begin{pmatrix} X \\ Y \\ Z \end{pmatrix} = \begin{pmatrix} \dfrac{-1}{\sqrt{2}} & 0 & \dfrac{-1}{\sqrt{2}} \\ \dfrac{1}{\sqrt{2}} & 0 & \dfrac{-1}{\sqrt{2}} \\ 0 & -1 & 0 \end{pmatrix} \begin{pmatrix} X \\ Y \\ Z \end{pmatrix} \tag{9.2}$$

したがって T_{11} は相似変換を用いて T_1 に変換される．

$$\boldsymbol{T}_1 = \boldsymbol{R}_1 \boldsymbol{T}_{11} \boldsymbol{R}_1^{\mathrm{T}} = \begin{pmatrix} \dfrac{a+c}{2\sqrt{2}a_0} & \dfrac{-a+c}{2\sqrt{2}a_0} & 0 \\ \dfrac{-a+c}{2\sqrt{2}a_0} & \dfrac{a+c}{2\sqrt{2}a_0} & 0 \\ 0 & 0 & \dfrac{b}{a_0} \end{pmatrix} \tag{9.3}$$

ここに，$\boldsymbol{R}_1^{\mathrm{T}}$ は $\boldsymbol{R}_1$ の転置行列（transposed matrix）である．以上のような均一なシアーだけが働いたとすると，無歪無回転の面（すなわち不変面（invariant plane））は存在し得ないことが証明できるので（後に不変面の存在する条件を検討する際に述べる），不均一なシアーとして双晶を導入するが，WLR の最初の理論では，この双晶をマルテンサイトの格子対応バリアント（c.v.）として導入した．このような c.v. として図 9-2 に示す領域 2 を選べば，両者は $(0\bar{1}1)_{\mathrm{B2}}$ 面に関して鏡映対称の関係にあるので（図 9-1 および図 9-2 参照），ここで述べる双晶は Type I 双晶である．もちろん母相状態で両者は同一の結晶であるが，後に変態によってそれぞれの格子変形を受け双晶になっていくことは後述する．この図に示した $\boldsymbol{i}, \boldsymbol{j}, \boldsymbol{k}$ 結晶軸と $\boldsymbol{i}'', \boldsymbol{j}'', \boldsymbol{k}''$ 結晶軸の関係から，上記 $\boldsymbol{i}'', \boldsymbol{j}'', \boldsymbol{k}''$ はそれぞれ $[10\bar{1}]$，$[0\bar{1}0]$，$[\bar{1}0\bar{1}]$ 軸に対応しているので，座標変換は以下のように書ける．

$$\boldsymbol{R}_2 = \begin{pmatrix} \dfrac{1}{\sqrt{2}} & 0 & \dfrac{-1}{\sqrt{2}} \\ 0 & -1 & 0 \\ \dfrac{-1}{\sqrt{2}} & 0 & \dfrac{-1}{\sqrt{2}} \end{pmatrix} \tag{9.4}$$

また結晶軸 $\boldsymbol{i}'', \boldsymbol{j}'', \boldsymbol{k}''$ に対する格子変形は式(9.1)に対するのと同様次式で表せる．

$$\boldsymbol{T}_{21} = \begin{pmatrix} \dfrac{a}{\sqrt{2}a_0} & 0 & 0 \\ 0 & \dfrac{b}{a_0} & 0 \\ 0 & 0 & \dfrac{c}{\sqrt{2}a_0} \end{pmatrix} \tag{9.5}$$

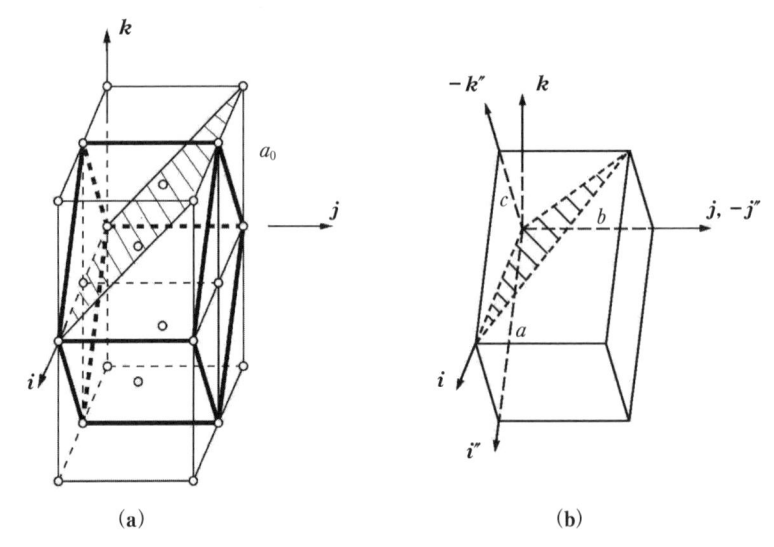

図 9-2 図 9-1 のマルテンサイトの地に対しその双晶となる c.v. に対する格子対応を示す（図 9-3 の領域 2 に対応）．図 9-1 同様（a）の細線で示した格子は B2 格子を示し，太線で示した部分が（b）の斜方晶の格子になる．（a）の斜線を施した面は $(0\bar{1}1)_p$ 面で，変態後（b）の斜線を施した $(\bar{1}1\bar{1})_m$ の双晶面となる．i, j, k は母相の座標系を表す単位ベクトル，i'', j'', k'' はこの領域 2 のマルテンサイトの座標系を表す単位ベクトル．領域 2 は表 9-1 の c.v. でいうと c.v.4 に対応する．

したがって，母相から見た領域 2 に対する格子変形は以下のようになる．

$$T_2 = R_2 T_{21} R_2^T = \begin{pmatrix} \dfrac{a+c}{2\sqrt{2}a_0} & 0 & \dfrac{-a+c}{2\sqrt{2}a_0} \\ 0 & \dfrac{b}{a_0} & 0 \\ \dfrac{-a+c}{2\sqrt{2}a_0} & 0 & \dfrac{a+c}{2\sqrt{2}a_0} \end{pmatrix} \tag{9.6}$$

なお，後に必要になるので，R_1, R_2 に対応する格子対応の行列 R_{1c}, R_{2c} の行列も以下に与えておく．

$$R_{1c} = \begin{pmatrix} -1 & 0 & -1 \\ 1 & 0 & -1 \\ 0 & -1 & 0 \end{pmatrix} \tag{9.7}$$

9 マルテンサイト変態の現象論（結晶学的理論）　73

$$R_{2c} = \begin{pmatrix} 1 & 0 & -1 \\ 0 & -1 & 0 \\ -1 & 0 & -1 \end{pmatrix} \tag{9.8}$$

　さて，ここから現象論の本題に入っていくが，我々は変態に際してマルテンサイトは双晶関係になる二つの領域，領域1と領域2からなると考える．この状況を図9-3に模式的に示す．ここで二つの領域で起こる変化はもっとも一般的な形として次式で表せよう．

$$M_1 = \Phi_1 T_1, \quad M_2 = \Phi_2 T_2 \tag{9.9}$$

ここに，Φ_1, Φ_2 は回転を表す行列で，最初は未知で，後に双晶条件その他から決まるものである．ここで，双晶の平均としての幅の比（領域1と領域2の存在比）を $(1-x):x$ とすれば，マルテンサイト変態に伴う全変形，すなわち shape strain P_1 は

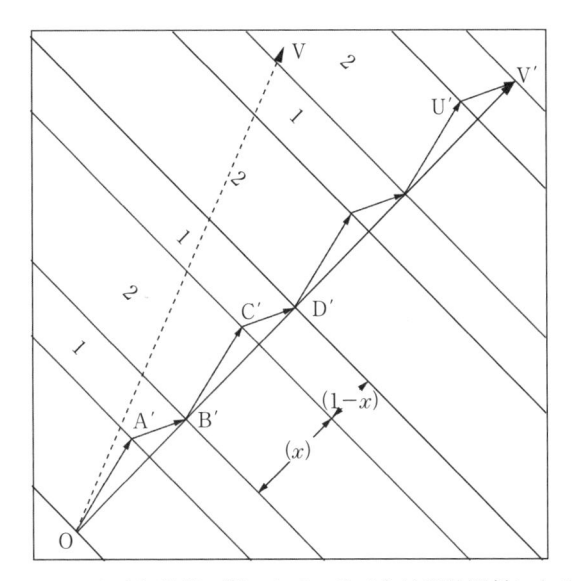

図 9-3　マルテンサイト変態の際マルテンサイトは双晶関係にある二つの領域（領域1と領域2）からなり，変態前 $\overline{OV}$ で表される任意のベクトルは，それぞれの領域で格子変形を受けて OA'B'C'D'……U'V' の折れ線で表されるベクトルとなり，平均としては $\overline{OV'}$ で表されることになる．そして領域1と領域2の領域の幅の比を $(1-x):x$ とすると，この x が特定の値を取ったとき，母相とマルテンサイトの界面が不変面になることが後に示される（Lieberman ら[2]による）．

以下のようになる．

$$P_1 = (1-x)M_1 + xM_2 = (1-x)\Phi_1 T_1 + x\Phi_2 T_2 \tag{9.10}$$

さらに領域1と領域2が双晶関係になることを考慮すると，以下のようにくくり出すことができる．

$$P_1 = \Phi_1\{(1-x)T_1 + x\Phi T_2\}, \quad \Phi = \Phi_1{}^T \Phi_2 \tag{9.11}$$

ここに，Φ は領域1と領域2が双晶関係を持つようにする行列であり，具体的には以下で述べる．ここで

$$F = (1-x)T_1 + x\Phi T_2 \tag{9.12}$$

と置けば，

$$P_1 = \Phi_1 F \tag{9.13}$$

となる．次に行列 Φ をどのように求めるかを述べる．領域1と領域2でそれぞれ式 (9.3) と式 (9.6) で表される格子変形を受けると $(0\bar{1}1)_{B2}$ 面は，それぞれ領域1の $(\bar{1}\bar{1}1)_o$ 面および領域2の $(\bar{1}1\bar{1})_o$ 面になる．これらはそれぞれの格子対応から確認できる．これらの面はそれぞれの領域で異なった格子変形を受けるから一致せず，ズレている．このズレの回転角および回転軸は，それぞれの法線ベクトルのなす角度並びに，それらのベクトル積で与えられる．こうして回転角 θ および回転軸 (p_1, p_2, p_3) がわかれば，行列 Φ は次の Euler の公式[22]で与えられる．

$$\Phi_{ij} = \delta_{ij}\cos\theta + p_i p_j(1-\cos\theta) - \varepsilon_{ijk}p_k \sin\theta \tag{9.14}$$

ここに，δ_{ij} は Kronecker の δ（すなわち $i=j$ なら $\delta=1$，$i\neq j$ なら $\delta=0$），ε_{ijk} は順列記号（すなわち i,j,k が時計廻りなら $\varepsilon_{ijk}=1$，反時計廻りなら $\varepsilon_{ijk}=-1$）で[*8]，同じ添え字の繰り返しはその項についての和を取ることを意味する（Einstein の規約）．

以上が Φ の求め方の基本であるが，もう少し具体的に述べると，領域1での双晶面は $(\bar{1}\bar{1}1)_o$ であるので，この面上には $[101]_o$ と $[011]_o$ ベクトルが乗っている．これらのベクトルは orthonormal な座標系に対してはそれぞれ $[a\,0\,c]$，$[0\,b\,c]$ と表される．これらのベクトル積から，この面の面法線は $\begin{pmatrix} -bc \\ -ac \\ ab \end{pmatrix}$ となる．これを母相表示に直すと，

$$R_1 \begin{pmatrix} -bc \\ -ac \\ ab \end{pmatrix} = \begin{pmatrix} b(-a+c)/\sqrt{2} \\ -b(a+c)/\sqrt{2} \\ ac \end{pmatrix} \tag{9.15}$$

[*8] 例えば，$\varepsilon_{123}=1$，$\varepsilon_{213}=-1$，$\varepsilon_{112}=0$．

9 マルテンサイト変態の現象論（結晶学的理論） 75

同様に領域2に対し同じような計算を行う．この領域に対する双晶面は$(\bar{1}1\bar{1})_0$であり，母相表示に直した双晶面法線は以下のようになる．

$$R_2 \begin{pmatrix} bc \\ -ca \\ ab \end{pmatrix} = \begin{pmatrix} b(c-a)/\sqrt{2} \\ ca \\ -b(c+a)/\sqrt{2} \end{pmatrix} \tag{9.16}$$

以上に対し実際に計算を実行すると，

$$\boldsymbol{\Phi} = \begin{pmatrix} 0.99990 & 0.01034 & -0.00958 \\ -0.00958 & 0.99705 & 0.07618 \\ 0.01034 & -0.07608 & 0.99705 \end{pmatrix} \tag{9.17}$$

となる．本合金の場合，必要な回転角は$4.4°$で，$\boldsymbol{\Phi}$も予想通り単位行列に近い．

9.2.2 双晶の幅の比

式(9.12)においてT_1, T_2は既知であり，$\boldsymbol{\Phi}$もすでに求められたので，ここで未知数はxのみである．このxは，xが特定の値を取ったときにのみ母相とマルテンサイトの界面が不変面になり得るという条件から決まるのであるが，それは次のようにして求められる．すなわち任意の行列Fは一般に次の形に分解可能である[23]．

$$F = \boldsymbol{\Psi} F_s \tag{9.18}$$

ここに，F_sは対称行列で，$\boldsymbol{\Psi}$はある回転を表す行列である．F_sは対称行列（symmetric matrix）だから，主軸変換による対角化は常に可能である．すなわち，

$$F_s = \boldsymbol{\Gamma} F_d \boldsymbol{\Gamma}^T \tag{9.19}$$

を満足する$\boldsymbol{\Gamma}$が常に存在する．F_dは対角行列（diagonal matrix）で，線型作用素F_sを主軸（principal axes）に関して表現したものである．$\boldsymbol{\Gamma}$は主軸の座標系(i_d, j_d, k_d)と元の座標系(i, j, k)をつなぐ回転行列である．式(9.13)，(9.18)，(9.19)よりP_1は，

$$P_1 = \boldsymbol{\Phi}_1 \boldsymbol{\Psi} \boldsymbol{\Gamma} F_d \boldsymbol{\Gamma}^T \tag{9.20}$$

と書けるが，F_d以外はすべて回転行列である．すなわち，マルテンサイト変態に伴う全変形P_1の中で歪を担うのはF_dのみである．F_dは対角行列だから，次の形に書ける．

$$F_d = \begin{pmatrix} \lambda_1 & 0 & 0 \\ 0 & \lambda_2 & 0 \\ 0 & 0 & \lambda_3 \end{pmatrix} \tag{9.21}$$

ここで，式(9.20)で表されるP_1が不変面歪となるための条件（すなわち全変形P_1が

無歪無回転の面を持つための条件）について考えよう．このための必要かつ十分な条件は，式(9.21)における三つの固有値 λ_i の内のどれか一つが1に等しく，かつ他が1より大きく，残りが1より小さいか，あるいは λ_i の中の二つが1に等しくなることであることを証明できるが，このことを図9-4を使って説明しよう．今，変形前の初期状態を図に示すように単位球で表す．この単位球に $\boldsymbol{F}_\mathrm{d}$ を作用させると，一般には図9-4(a)に示したような楕円体となり，単位球と楕円体との交わりは一般には複雑な2次曲面となり，無歪の平面は存在しない．しかしもし固有値 λ_i の中の一つが1に等しく，かつ他の λ_i が1より大きく，残りの λ_i が1より小さければ（この図では $\lambda_3=1$, $\lambda_2>1$, $\lambda_1<1$ の場合を示している），図では斜めの直線で表されている二つの無歪面が生ずる．この場合には，単位球と楕円体が z_d 軸で接していて，その点を通る二つの斜めの面が無歪の面になっている．同様に二つの λ_i が1に等しい場合にも無歪面が存在し得ることが図9-4(b)に示されている（この図では $\lambda_2=\lambda_3=1$ の場合が示されている）．

ここで再び未知数 x を求める問題に戻る．先に述べたように，$\boldsymbol{P}_1$ が不変面歪とな

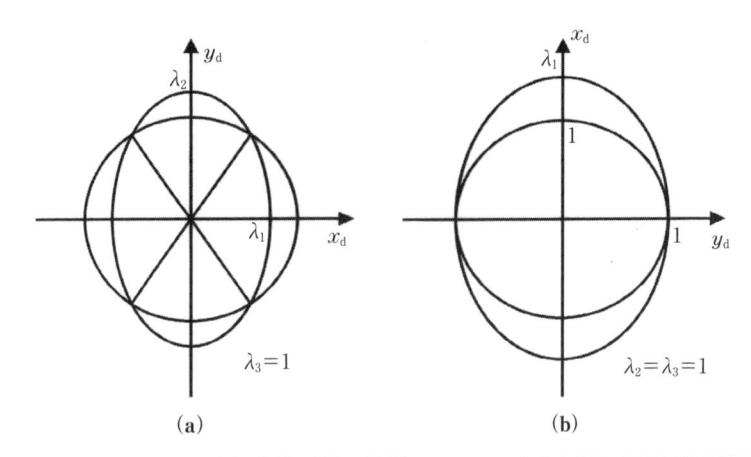

図9-4 マルテンサイト変態の際，母相-マルテンサイト相の界面が不変面となるための条件を変態の際の主軸の座標系で表した図．変態前の状態を単位球で表し，変態によって pure distortion を受けたとすると元の球は楕円体に変形する．そこでこの操作で歪まない面の存在する条件を考えると，図(a) $\lambda_3=1$ の場合，(b) $\lambda_2=\lambda_3=1$ の二つの場合が存在する．ここに λ_i は pure distortion の固有値である．詳しくは本文参照（Bilby and Christian[24]による）．

るためには，三つの固有値 λ_i の内の一つは 1 でなければならなかった．そこで例えば $\lambda_3=1$ とすれば，

$$\det(\boldsymbol{F}_\mathrm{d}\boldsymbol{F}_\mathrm{d}^\mathrm{T}-\boldsymbol{I})=(\lambda_1{}^2-1)\times(\lambda_2{}^2-1)\times 0=0 \tag{9.22}$$

である．任意の行列に対する行列式は相似変換に対して不変であるから，上式は以下のように変形できる．

$$\det\{\boldsymbol{\Psi}\boldsymbol{\Gamma}(\boldsymbol{F}_\mathrm{d}\boldsymbol{F}_\mathrm{d}^\mathrm{T}-\boldsymbol{I})\boldsymbol{\Gamma}^\mathrm{T}\boldsymbol{\Psi}^\mathrm{T}\}$$
$$=\det\{(\boldsymbol{\Psi}\boldsymbol{\Gamma}\boldsymbol{F}_\mathrm{d}\boldsymbol{\Gamma}^\mathrm{T})(\boldsymbol{\Gamma}\boldsymbol{F}_\mathrm{d}^\mathrm{T}\boldsymbol{\Gamma}^\mathrm{T}\boldsymbol{\Psi}^\mathrm{T})-\boldsymbol{I}\}=0 \tag{9.23}$$

すなわち

$$\det(\boldsymbol{F}\boldsymbol{F}^\mathrm{T}-\boldsymbol{I})=0 \tag{9.24}$$

となる．言い換えれば式 (9.24) は $\boldsymbol{P}_1$ が不変面歪となるための必要条件であり，未知数 x を含む．したがって式 (9.24) より x を求めれば，その値は $\boldsymbol{P}_1$ が不変面歪となるときの双晶の幅の比を規定する．この式より x を求めるのはかなり困難であるが，コンピュータで数値解法を行えば容易に求まる．すなわち，左辺の行列式を種々の x に対し計算し，行列式が符号を変える所を正確に求めればよい．Au-Cd についての本件の場合，

$$x_\mathrm{s}=0.28414,\quad x_\mathrm{l}=0.71586 \tag{9.25}$$

と二つの解が求まる．一般に式 (9.24) は x に関して二つの解を持ち，

$$x_\mathrm{s}+x_\mathrm{l}=1 \tag{9.26}$$

の関係があるが，両者は等価な解を与える．もし式 (9.24) を満たす x が存在しなければ，そのような系では不変面歪の条件を満たし得ないことを意味する．以上のようにして x が求まれば，式 (9.12) の右辺はすべて既知数となり，$\boldsymbol{F}$ は完全に定まる．

9.2.3 晶 癖 面

前節で $\boldsymbol{F}$ を求めた．したがって，$\boldsymbol{F}_\mathrm{s}$ を対角化した $\boldsymbol{F}_\mathrm{d}$ は以下のように求められる．

$$\boldsymbol{F}^\mathrm{T}\boldsymbol{F}=(\boldsymbol{\Gamma}\boldsymbol{F}_\mathrm{d}^\mathrm{T}\boldsymbol{\Gamma}^\mathrm{T}\boldsymbol{\Psi}^\mathrm{T})(\boldsymbol{\Psi}\boldsymbol{\Gamma}\boldsymbol{F}_\mathrm{d}\boldsymbol{\Gamma}^\mathrm{T})=\boldsymbol{\Gamma}(\boldsymbol{F}_\mathrm{d}^\mathrm{T}\boldsymbol{F}_\mathrm{d})\boldsymbol{\Gamma}^\mathrm{T} \tag{9.27}$$

こうして $\boldsymbol{F}^\mathrm{T}\boldsymbol{F}$ を主軸変換することにより $\boldsymbol{F}_\mathrm{d}$ が求まり，そのときの固有ベクトルから $\boldsymbol{\Gamma}$ が求まる．同様に，

$$\boldsymbol{F}\boldsymbol{F}^\mathrm{T}=(\boldsymbol{\Psi}\boldsymbol{\Gamma}\boldsymbol{F}_\mathrm{d}\boldsymbol{\Gamma}^\mathrm{T})(\boldsymbol{\Gamma}\boldsymbol{F}_\mathrm{d}^\mathrm{T}\boldsymbol{\Gamma}^\mathrm{T}\boldsymbol{\Psi}^\mathrm{T})=(\boldsymbol{\Psi}\boldsymbol{\Gamma})(\boldsymbol{F}_\mathrm{d}\boldsymbol{F}_\mathrm{d}^\mathrm{T})(\boldsymbol{\Psi}\boldsymbol{\Gamma})^\mathrm{T} \tag{9.28}$$

したがって，$\boldsymbol{F}\boldsymbol{F}^\mathrm{T}$ の主軸変換から $\boldsymbol{\Psi}\boldsymbol{\Gamma}$ が求まり，$\boldsymbol{\Gamma}$ がすでに求まっているので $\boldsymbol{\Psi}$ も求められる．次に上で求めた $\boldsymbol{F}_\mathrm{d}$ から晶癖面を求める．式 (9.20) において真に変形に寄与しているのは $\boldsymbol{F}_\mathrm{d}$ のみである．今晶癖面内の任意のベクトルを $\boldsymbol{r}_\mathrm{d}$ とすれば，$\boldsymbol{r}_\mathrm{d}$ は $\boldsymbol{F}_\mathrm{d}$ によって長さの変化を受けないから

$$r_\mathrm{d}^2 = (F_\mathrm{d} r_\mathrm{d})^2 \tag{9.29}$$

である．この式に

$$F_\mathrm{d} = \begin{pmatrix} \lambda_1 & 0 & 0 \\ 0 & \lambda_2 & 0 \\ 0 & 0 & 1 \end{pmatrix}$$

$$r_\mathrm{d} = \begin{pmatrix} x_\mathrm{d} \\ y_\mathrm{d} \\ z_\mathrm{d} \end{pmatrix}$$

を代入すると

$$x_\mathrm{d}^2 + y_\mathrm{d}^2 + z_\mathrm{d}^2 = \lambda_1^2 x_\mathrm{d}^2 + \lambda_2^2 y_\mathrm{d}^2 + z_\mathrm{d}^2$$

$$(\lambda_1^2 - 1) x_\mathrm{d}^2 + (\lambda_2^2 - 1) y_\mathrm{d}^2 = 0$$

もし $(\lambda_1^2-1)(\lambda_2^2-1)<0$ であれば次の二つの解が得られる．

$$\frac{x_\mathrm{d}}{y_\mathrm{d}} = \pm \sqrt{\frac{1-\lambda_2^2}{\lambda_1^2-1}} \tag{9.30}$$

どちらも平面を表す方程式で，二つの晶癖面を表す式である．これらの平面の法線は主軸に関する表示として容易に求められる．それを n_d とすれば，元の (i, j, k) 座標から見た晶癖面の法線は

$$n = \mathit{\Gamma} n_\mathrm{d} \tag{9.31}$$

で与えられる．具体的な解析結果を示す付録 A2 の表から式 (9.30) の二つの解は母相から見て非等価な解を与える．そこで，これらの解を（＋）の解と（－）の解で区別するが，Lieberman らの論文では実験的に観察されたのは（＋）の解としているのに対し，彼らと異なる systematic な結晶軸並びに座標の選び方をした本書の計算では，彼らの結果は式 (9.30) の（－）の符号に対応する．本質的に重要なのは母相で見た晶癖面の指数であるので，このような混乱を避けるため本書では，母相で見た晶癖面が $\{011\}_{B2}$ pole に近い方を（－）の解，遠い方を（＋）の解と呼んでいる．

9.2.4　shape strain の方向および大きさ

前項までで F は完全に確定し，具体的にこの行列の値は付録 A2 の表に $F(i, j)$ として与えられる．しかし，式 (9.11) における $\mathit{\Phi}_1$ がまだ求まっていないので shape strain の行列 P_1 は確定していない．$\mathit{\Phi}_1$ を求めるには，晶癖面内の任意のベクトルが P_1 によって大きさが変わらないのみならず，方向も変わってはならないという性質を利用する．いま晶癖面内の任意の二つのベクトル

9 マルテンサイト変態の現象論（結晶学的理論）

$$q_1 = i \times n$$

および

$$p_1{}^{*9} = j \times n$$

を考える．これらのベクトルに F を作用させれば

$$q_2 = Fq_1$$
$$p_2 = Fp_1 \tag{9.32}$$

となる．前項により p_1 と p_2 および q_1 と q_2 はそれぞれ長さは同じであるが，方向は一般に同じではない．したがって，q_2 および p_2 を元の q_1 および p_1 に戻すための回転として Φ_1 を求めることができる．このような回転のための回転軸の方向 u_0 および回転の大きさ ϕ_1 は次の Euler の定理によって求められる．

$$\frac{(q_1-q_2)\times(p_1-p_2)}{(q_1-q_2)\times(p_1+p_2)} = \tan(\phi_1/2) u_0 \tag{9.33}$$

u_0, ϕ_1 より行列 Φ_1 を求めるには式(9.14)を使う．このようにして求めた Φ_1 を式(9.11)に代入すると P_1 が shape strain として求まる．

これまで述べた不変面を持つ一般的な変形を図にすると図9-5のようになる．不変面を持つ変形で我々になじみのあるのは純粋なシアーである．純粋なシアーは体積変化を伴わないので単純であるが，マルテンサイト変態では一般に体積変化を伴うので，この場合には不変面に垂直な方向への伸び縮みが許される．この図では体積変化が負の場合が例示してある．このような変形が行列でどのように表現できるかを次に示す．今，不変面から単位の距離にある位置での変位を $m_1 d_1$ で表す．ここに，d_1 は単位の大きさを持つ列ベクトル $(d_1\,d_2\,d_3)^{*10}$ である．晶癖面法線を単位の大きさを持つ $n'(n_1, n_2, n_3)$ で表すと以下の関係が成り立つ．

$$P_1 x - x = m_1 d_1 (n' x)$$
$$P_1 x = Ix + m_1 d_1 (n' x) = (I + m_1 d_1 n') x$$
$$\therefore P_1 = I + m_1 d_1 n' \tag{9.34}$$

ここで，n にダッシュを付けた理由は n' が行ベクトルであることを明示するためで

---

*9 　記号 p_1 はときに晶癖面を表すベクトルとして利用されることがあるが，ここではそれとは全く関係なく，右辺で定義されるベクトルとして q_1 とペアとして使われているだけである．

*10 　d_1 ベクトルとその x 成分が共に d_1 の記号で表されているが，太字で表されたときは d_1 ベクトル全体を，イタリック d_1 で表されたときはその x 成分を表しているので，混乱しないでいただきたい．

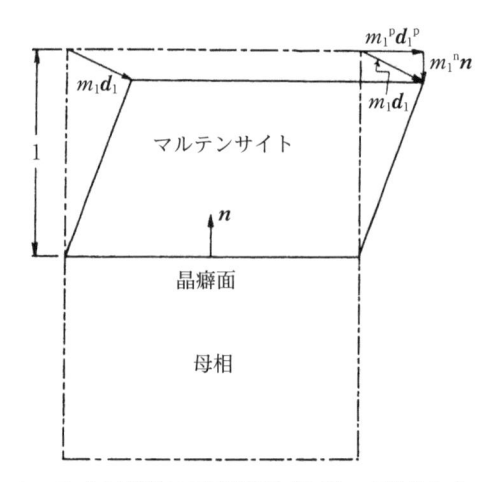

図 9-5 マルテンサイト変態は不変面歪(IPS)で表される. $m_1^p d_1^p$ は IPS のシアー成分を表し, $m_1^n n (m_1^n = \Delta V/V)$ は IPS の垂直成分を表す. d_1^p と n は単位ベクトル. なお晶癖面法線はここでは Lieberman らに従って n で表したが, 最近は p_1 で表すことが多いので注意されたい.

ある.

すなわち, 不変面歪を行列で表せば式(9.34)のように表せる. これをもっと直接的な行列の形に直せば以下のようになる.

$$P_1 = \begin{pmatrix} 1 & 0 & 0 \\ 0 & 1 & 0 \\ 0 & 0 & 1 \end{pmatrix} + m_1 \begin{pmatrix} d_1 \\ d_2 \\ d_3 \end{pmatrix} (n_1 \ n_2 \ n_3)$$

$$= \begin{pmatrix} 1+m_1 d_1 n_1 & m_1 d_1 n_2 & m_1 d_1 n_3 \\ m_1 d_2 n_1 & 1+m_1 d_2 n_2 & m_1 d_2 n_3 \\ m_1 d_3 n_1 & m_1 d_3 n_2 & 1+m_1 d_3 n_3 \end{pmatrix} \tag{9.35}$$

なお, shape strain の方向および大きさは以下のように求められる. 式(9.34)の両辺に n を掛けると,

$P_1 n = n + m_1 d_1$

$\therefore \quad m_1 d_1 = P_1 n - n$ \hfill (9.36)

式(9.36)の右辺は既知なので, この式から shape strain の方向 (d_1) および大きさ (m_1) が求まる.

以上詳しく述べた shape strain は現象論あるいはマルテンサイト変態において大事

な概念であるので，もう一度まとめをしておこう．shape strain は元々マルテンサイト変態の際の全変形を表す行列として式(9.10)によって導入されたものである．マルテンサイト変態の際には格子変形，格子不変変形，格子回転が起こり複雑であるが，それらを全体として眺めると図9-5のような不変面歪として表され，これを行列で表せば式(9.34)のようになる．つまりマルテンサイト変態を全体として眺めればシアーに近い不変面歪で表されるわけで，先に示したマルテンサイトの光学顕微鏡写真（例えば図3-1）が shear-like に生成したこともよく理解できるであろう．

9.2.5 結晶方位関係

母相とマルテンサイトとの間の結晶方位関係とは，マルテンサイト変態が起こった後で，母相の座標系とマルテンサイトの座標系の間にどのような関係があるかという問題である．母相での正規直交系 (i, j, k) に対し，マルテンサイトの双晶1および2における正規直交系をそれぞれ (i^{M1}, j^{M1}, k^{M1}) および (i^{M2}, j^{M2}, k^{M2}) で表す．座標系 (i^{M1}, j^{M1}, k^{M1}) は図9-1で示した (i', j', k') と同じではない．なぜなら後者では格子回転 Φ_1 を考慮していないからである．同様に (i^{M2}, j^{M2}, k^{M2}) も (i'', j'', k'') と同じではない．

マルテンサイトの結晶軸に注目すると，9.2.1節で示した格子対応から次の関係が得られる．

$$a i^{M1} = M_1 \begin{pmatrix} -a_0 \\ a_0 \\ 0 \end{pmatrix} = a \begin{pmatrix} \theta_{11} \\ \theta_{12} \\ \theta_{13} \end{pmatrix} \tag{9.37}$$

$$b j^{M1} = M_1 \begin{pmatrix} 0 \\ 0 \\ -a_0 \end{pmatrix} = b \begin{pmatrix} \theta_{21} \\ \theta_{22} \\ \theta_{23} \end{pmatrix} \tag{9.38}$$

$$c k^{M1} = M_1 \begin{pmatrix} -a_0 \\ -a_0 \\ 0 \end{pmatrix} = c \begin{pmatrix} \theta_{31} \\ \theta_{32} \\ \theta_{33} \end{pmatrix} \tag{9.39}$$

ここに，θ_{ij} は母相の (i, j, k) 座標系に関する方向余弦である．したがって，母相の (i, j, k) 座標とマルテンサイトの (i^{M1}, j^{M1}, k^{M1}) の間の座標変換は

$$v_1 = \Theta v = \begin{pmatrix} \theta_{11} & \theta_{12} & \theta_{13} \\ \theta_{21} & \theta_{22} & \theta_{23} \\ \theta_{31} & \theta_{32} & \theta_{33} \end{pmatrix} v \tag{9.40}$$

で表せる．v は任意のベクトルを母相の座標系で表したもの，v_1 は同じベクトルを

マルテンサイトの座標系で表したものである．同様に領域2に対しては

$$v_2 = \Omega v = \begin{pmatrix} \omega_{11} & \omega_{12} & \omega_{13} \\ \omega_{21} & \omega_{22} & \omega_{23} \\ \omega_{31} & \omega_{32} & \omega_{33} \end{pmatrix} v \tag{9.41}$$

が得られる．これから直ちに次の関係も得られる．

$$v = \Theta^T v_1 \tag{9.42}$$
$$v = \Omega^T v_2 \tag{9.43}$$

ここで一つ注意することは，ベクトルの底を母相，マルテンサイト相共に正規直交系に取っていることである．したがって，実格子のベクトルが結晶軸 (a, b, c) を底として，例えば $v_1 = (u, v, w)$ として与えられたとき，式(9.43)に v_1 を代入するときは $v_1 = (ua, vb, wc)$ として代入しなければならない．v_1 が逆格子のときはもう少し複雑である．いま底が (a, b, c) なる斜方晶における実格子ベクトル x とその逆格子ベクトル x^* の間には以下の関係がある．

$$x^* = \begin{pmatrix} a \cdot a & a \cdot b & a \cdot c \\ b \cdot a & b \cdot b & b \cdot c \\ c \cdot a & c \cdot b & c \cdot c \end{pmatrix} x = \begin{pmatrix} a^2 & 0 & 0 \\ 0 & b^2 & 0 \\ 0 & 0 & c^2 \end{pmatrix} x \tag{9.44}$$

したがって

$$x = \begin{pmatrix} \frac{1}{a^2} & 0 & 0 \\ 0 & \frac{1}{b^2} & 0 \\ 0 & 0 & \frac{1}{c^2} \end{pmatrix} x^* \tag{9.45}$$

である．もし，v_1 が逆格子すなわち Miller の面指数で，例えば $v_1 = (h, k, l)$ と与えられたとすれば，上式よりこれは実格子では $(h/a^2\ k/b^2\ l/c^2)$ で表されることになる．したがって，式(9.42)に代入するときは $v_1 = (h/a, k/b, l/c)$ として代入しなければならない．

以上の諸点に注意すれば，マルテンサイト中の方向および面は，容易に母相の中での方向および面として表せるから，実験的に得られた方位関係と現象論で求められた方位関係の比較を行うことができる．

9.2.6　WLR 理論 vs. BM 理論

WLR 理論について Lieberman-Wechsler-Read の論文[2]に従って詳しく述べた

9 マルテンサイト変態の現象論（結晶学的理論）

が，ここで，BM 理論との対比を簡単に行っておこう．その前に WLR 理論をもう一度簡単に整理しておくと，WLR 理論では全変態を表す shape strain P_1 を以下のように書くところからスタートする．

$$P_1 = \Phi_1 P_2 T_1 \tag{9.46}$$

ここに，T_1 は格子変形行列，P_2 は格子不変変形を表す行列，Φ_1 は回転行列である．つまり，この式を無歪無回転の不変面を持つという境界条件で解くのが WLR 理論である．前節までに述べた P_1 はこの形になっておらず，式(9.12)，(9.13)のように，$P_2 T_1$ を F と書いているが，この F は二つの領域 1 と 2 が双晶関係になるようにしたときの平均の歪を与える量である．したがってこの F はまず全体を T_1 でマルテンサイトにしておき，これに格子不変変形 P_2 を作用させても同じで，式(9.46)ではそのように表されている．実際，P_2 は式(9.34)と類似の式を用いて次にように表される．

$$P_2 = I + m_2 d_2 p_2' \tag{9.47}$$

ここに，p_2' は双晶面（あるいはすべり面）法線の単位ベクトル（前節の n' と同じものであるが，ここでは便宜上 BM の記法に合わせている），d_2 は双晶シアー（すべり）方向の単位ベクトル，m_2 は双晶シアーの大きさである．実際，式(9.12)の F の代わりに上記 $P_2 T_1$ を用いても前節までに求めた結果と全く同じ結果が得られる．

現象論においては格子変形と格子不変変形のどちらが先に起こるかを問題にしていないので（実際そういう意味で現象論と呼ばれている），式(9.46)において P_2 と T_1 を入れ替え

$$P_1 = \Phi_1 T_1 P_2 \tag{9.46}'$$

と書くことも可能である．ただし，行列は一般に可換ではないから式(9.46)と式(9.46)′における P_2 や T_1 の表示は異なる．前節までの表示は式(9.46)に従っていた．ここで式(9.46)をもう一度咀嚼すると，マルテンサイトの構造を作るために T_1 が必要であり，その際無歪面を作るために P_2 が必要になるが，これだけでは無歪無回転の不変面を作れないので回転 Φ_1 が必要になり，P_1 はこのように表される．これを不変面が存在するという境界条件で解くのが WLR 理論である．ここで，T_1 は既知（母相とマルテンサイトの格子対応がわかっているとして），格子不変変形は実験的に求めるか，仮定する（もし理論と実験結果が一致しないときは仮定を再検討する必要がある）．Φ_1 は未知の行列で，無歪面を無回転にする条件から後に計算されるものである．

一方，Bowles-Mackenzie 理論では，次式で全格子歪 S を定義し，この S に着目

する.

$$S = \Phi_1 T_1 \tag{9.48}$$

彼らの解析は，以下の数学的定理に基づいている．もし，S が不変線歪（invariant line strain）であるならば，二つの不変面歪（invariant plane strain）に分解できるという定理である．つまり

$$P_1 P_2^{-1} = \Phi_1 T_1 \tag{9.49}$$

ここに，P_2^{-1} は P_2 の逆行列で，これ自身不変面歪である．この両辺に P_2 をかければ，

$$P_1 = \Phi_1 T_1 P_2$$

で，式(9.46)′ と同じ式になる．このことから二つの理論の等価性はよく理解できる．式(9.49)において T_1 は既知であり，P_2^{-1} は与えられる．したがって P_1 は一意的に分解される．BM 理論では以下の式から invariant line を求めることから始まり，解法は大きく異なるが，二つの理論が等価であることは証明されており[8]，実際の計算でも確かめられている．

$$Sx = x \tag{9.50}$$

もう少し細かいことを言うと，BM 理論では最初式(9.48)の右辺に delatation parameter δ という等方的なパラメータが乗せられていたが，その後このパラメータの存在は Bowles ら[25]自身によって否定された．以下では再び WLR 理論に戻って解析を進める．

9.2.7 現象論による計算結果の詳細

以上現象論による基本的な考え方並びに解析の仕方について詳しく述べたが，コン

表 9-1 Au-47.5 at%Cd 合金における $\beta_2 \to \gamma_2'$ マルテンサイト変態の格子対応.

correspondence variant (c.v.)	$[100]_{\gamma_2'}$	$[010]_{\gamma_2'}$	$[001]_{\gamma_2'}$
1	$[011]_{\beta_2}$	$[\bar{1}00]_{\beta_2}$	$[0\bar{1}1]_{\beta_2}$
2	$[0\bar{1}1]_{\beta_2}$	$[\bar{1}00]_{\beta_2}$	$[0\bar{1}\bar{1}]_{\beta_2}$
3	$[101]_{\beta_2}$	$[0\bar{1}0]_{\beta_2}$	$[10\bar{1}]_{\beta_2}$
4	$[10\bar{1}]_{\beta_2}$	$[0\bar{1}0]_{\beta_2}$	$[\bar{1}0\bar{1}]_{\beta_2}$
5	$[110]_{\beta_2}$	$[00\bar{1}]_{\beta_2}$	$[\bar{1}10]_{\beta_2}$
6	$[\bar{1}10]_{\beta_2}$	$[00\bar{1}]_{\beta_2}$	$[\bar{1}\bar{1}0]_{\beta_2}$

ピュータによる計算結果の詳細は付録 A2 に示す[*11]．まず B2-斜方晶変態における格子対応バリアントの取り方を表 9-1 に示す．この表で六つの格子対応バリアントが母相から見て等価であることはいうまでもない．先にも述べたように，この計算では領域 1 が c.v.6，領域 2 が c.v.4 として計算したものである．三つの入力データ（母相とマルテンサイトの格子定数，両者の格子対応，格子不変変形）を与えたとき四つの解の得られることはすでに述べた．すなわち不変面条件を満たす x（双晶の幅の比）の二つの値，と（＋）の解と（－）の解の二つ，計四つ．このうち x の二つの解は等価な解を与えるので，紙数の都合でこの表では x の小さい方の計算結果だけを示している．

行列等の記号の意味はほとんど上記で説明したので，それ以外のものだけ述べると $d_⊥$ は shape strain の晶癖面に垂直な成分，すなわち変態の際の体積変化 ($\Delta V/V$) を表し，$d_{/\!/}$ は shape strain の晶癖面に平行なシアー成分を表している．また θ はそのシアー成分をシアー角度で表したものである．

ここで，（＋）の解と（－）の解につき再度付言する．付録 A2 の晶癖面 n を（＋）の解と（－）の解で比較すると，それぞれの方向余弦の値が異なるので，両者の解が等価でないことは明らかである．次に晶癖面法線を主軸の座標系で見た n_d について述べると，これは法線ベクトルなので n_d の x 成分と y 成分が同符号の場合は，式 (9.30) の右辺の（－）の符号に対応する．ここで，この解を（－）の解と呼ぶと Lieberman らと逆の呼び方になってしまうが，先に述べたように，本書では $\{011\}_{B2}$ 極に近い方を（－）の解と呼ぶことにしているので，彼らの呼称と逆になることはない．そもそも物理的に重要なのは晶癖面が母相の結晶軸から見てどこにあるかであり，以上の呼称はこの考えに従っている．

9.2.8　現象論による予測と実験結果の比較

現象論による予測と実験結果の比較は Lieberman らによっても報告されているが[2]，その後の実験技術の進歩によって実験精度は上がっている．ここでは著者らによる実験結果との比較を述べる[27]．図 9-6 は，これまで詳しく説明したように，

[*11] このコンピュータプログラムは元々著者が 1970 年代初頭当時の大型計算機 FACOM230-60 用に作成したものだが[26]，その後筑波大での著者の卒業生（主に森戸茂一氏（現島根大准教授））によって PC 用に書き換えられ，さらに著者が中国人留学生 Deng Junkai 氏に協力してもらい Intel Fortran で使えるようにしたものである．

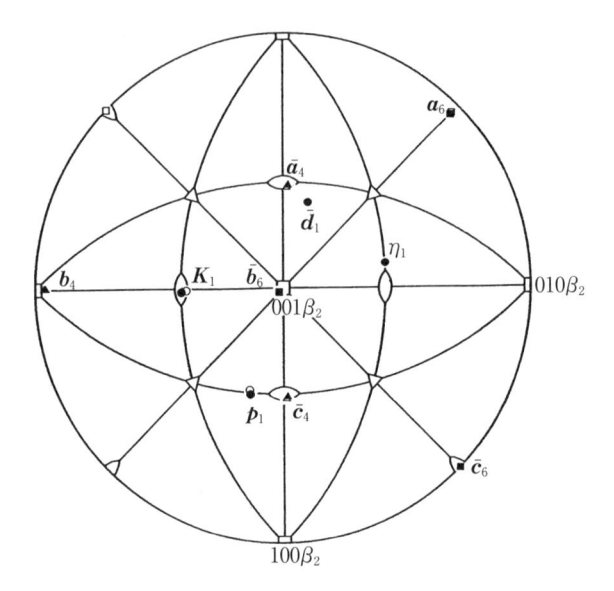

図 9-6 Au-47.5 Cd 合金における B2-斜方晶変態の現象論による計算結果と実験値の比較. LIS は $\{1\bar{1}1\}$. Type I 双晶. 6-4 (+) の解. 中抜きの記号は実験値で，中の詰まった記号は理論値. a, b, c の次の下付き添え字は c.v. の番号 (森井[28]p. 136 による).

c.v. 6 のマルテンサイトの地に，c.v. 4 の双晶が格子不変変形として導入されたとき（$(1\bar{1}1)$。type I 双晶）の（＋）の解と実験結果をステレオ投影で示したものである．記号の意味は図の説明にある通りで，黒く塗りつぶしてあるのは理論値，白抜きにしてあるのは実験値である．ただし，これらの実験は単結晶を用いた実験で，各結晶学的パラメータ（晶癖面，双晶面，マルテンサイトの結晶軸等）は同じ試料に対して行われている．したがって，これらの結晶学的パラメータの間には空間的に 1：1 の対応がある．この図から明らかなように，第一に晶癖面，双晶面，結晶方位関係のすべての点において完全な整合性がある．第二に理論値と実験値はよく合うが，しばしば両者の記号は重なって図で区別が難しいので，詳しくは後で数値的に比較する．なお，この図で晶癖面法線（p_1）[*12] と双晶面法線（K_1）の値は 9 個の測定値の平均である．

図 9-7 はこの研究で観察された晶癖面法線と K_1 面法線をまとめて示したものである．上に述べた通り観察された大部分の晶癖面と K_1 面が（＋）の解であることはこ

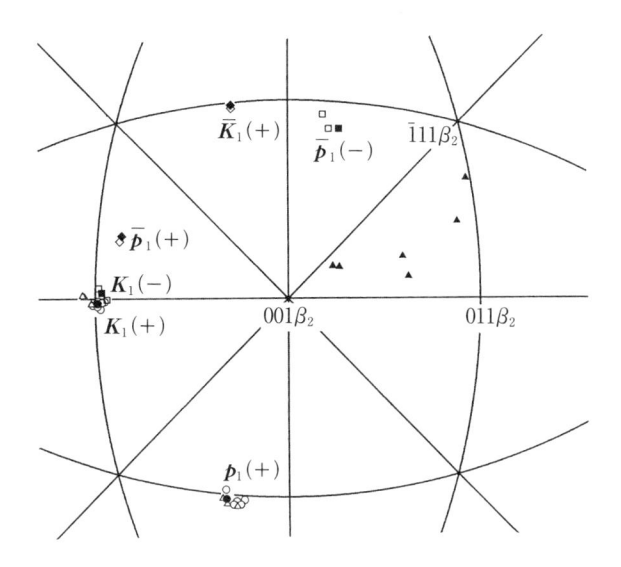

9 マルテンサイト変態の現象論（結晶学的理論）　87

▲：試料の引張方位または長手方向
●：$\{111\}_{\gamma_2'}$ 第Ⅰ種双晶（+）の解の理論値　晶癖面兄弟晶 6-4
■：$\{111\}_{\gamma_2'}$ 第Ⅰ種双晶（−）の解の理論値　晶癖面兄弟晶 6-4
◆：$\langle 121\rangle_{\gamma_2'}$ 第Ⅱ種双晶（+）の解の理論値　晶癖面兄弟晶 5-2
○：実験値　熱誘起変態　$\{111\}_{\gamma_2'}$ 第Ⅰ種双晶（+）の解
△：実験値　応力誘起変態 $\{111\}_{\gamma_2'}$ 第Ⅰ種双晶（+）の解
□：実験値　熱誘起変態　$\{111\}_{\gamma_2'}$ 第Ⅰ種双晶（−）の解
◇：実験値　熱誘起変態　$\langle 121\rangle_{\gamma_2'}$ 第Ⅱ種双晶（+）の解

図 9-7　Au-47.5Cd 合金における B2-斜方晶変態の現象論による計算結果と実験値の比較．この図は図 9-6 と異なり，多くの試料方位の試料を用いて晶癖面（p_1）と K_1 面法線だけを測定している．中抜きの記号は実験値で，中の詰まった記号は理論値．大部分は（+）の解であるが，（−）の解も観察されたのは興味深い（森井ら[27]による）．

の図からも理解できる．Lieberman らは，観察されたのは（+）の解のみで（−）の解は実験的に観察されなかったと報告しているが，著者らの研究では（−）の解も

[*12]　前節までの説明では晶癖面法線は n で表されてきたのに，この図並びに他の現象論の理論値と実験値を比較した図では p_1 を用いているので注意されたい．こうなった理由は，WLR が n を用いているのにこれまで従ったのに対し，最近は p_1 を用いるのが一般的になったためである．

2例観察されている．この場合にも結晶学的パラメータ間に完全な整合性が取れている．この図から（＋）の解と（－）の解を比較すると，（＋）の解の場合には晶癖面法線は$\{101\}_{B2}$極と$\{111\}_{B2}$極を結ぶ大円にほぼ乗っているのに対し，（－）の解ではこの大円から大きく外れている．したがってこの点に注目することで両者の区別はつくが，正確に区別するのには全体的な整合性をチェックする必要がある．上述した通り大部分の観察例は（＋）の解であったが，理論的に可能な（－）の解も観察されたのは興味深い．さらにこの研究では格子不変変形をType Ⅱ双晶とする解も一例観察されているが，これについては次節で述べる．

表9-2は理論的予測と実験結果を定量的に評価したものである．晶癖面については，（＋）の解の実験値とのズレは1.3°，（－）の解で3.2°，K_1面法線のズレは0.4°，

表 9-2 Au-47.5 Cd-Cu 合金における現象論（Type Ⅰ 双晶）理論値と実験値の比較[27]．

	解	理論値	実験値	差
晶癖面(p_1)	（＋）	(0.69709, −0.22492, 0.68079)	(0.70688, −0.20458, 0.67711)*	1.3°
	（−）	(0.62045, −0.19016, −0.76084)	(0.64736, −0.14343, −0.74857)*	3.2°
K_1面	（＋）	(0.01666, −0.70154, 0.71244)	(0.01306, −0.70639, 0.70770)*	0.4°
	（−）	(−0.02291, −0.68914, 0.72426)	(−0.02083, −0.68505, 0.72820)*	0.3°
方位関係				
correspondence variant 6				
$[100]_{T2'}$	（＋）	(−0.70841, 0.70451, 0.04274)	(−0.70931, 0.70370, 0.04107)	0.1°
$[010]_{T2'}$	（＋）	(−0.03019, 0.03025, −0.99909)	(−0.3247, 0.02559, −0.99915)	0.3°
$[001]_{T2'}$	（＋）	(−0.70516, −0.70905, −0.00016)	(−0.70415, −0.71004, 0.00469)	0.3°
correspondence variant 4				
$[100]_{T2'}$	（＋）	(0.69256, −0.03722, −0.72040)	(0.69026, −0.03370, −0.72278)	0.3°
$[010]_{T2'}$	（＋）	(−0.00575, −0.99892, 0.04607)	(−0.00250, −0.99902, 0.04419)	0.2°
$[001]_{T2'}$	（＋）	(−0.72134, −0.02776, −0.69203)	(−0.72356, −0.02869, −0.68967)	0.2°
correspondence variant 6				
$[100]_{T2'}$	（−）	(−0.70907, 0.70509, −0.00819)	(−0.70773, 0.70647, −0.00478)*	0.2°
$[010]_{T2'}$	（−）	(0.02448, 0.01301, −0.99962)	(0.02134, 0.01461, −0.99967)*	0.2°
$[001]_{T2'}$	（−）	(−0.70472, −0.70899, −0.02648)	(−0.70616, −0.70759, −0.02542)*	0.1°
correspondence variant 4				
$[100]_{T2'}$	（−）	(0.73086, −0.04959, −0.68072)	(0.72806, −0.04371, −0.68412)*	0.4°
$[010]_{T2'}$	（−）	(−0.00913, −0.99798, 0.06289)	(−0.00792, −0.99844, 0.05536)*	0.4°
$[001]_{T2'}$	（−）	(−0.68246, −0.03975, −0.72984)	(−0.68547, −0.03488, −0.72726)*	0.4°

＊ これらの値は平均値である

結晶方位関係に至ってはいずれの解も 0.4°以下と極めて小さく,実験値とよく一致する. shape strain の方向についてはこの実験では測定していないが,Lieberman らは $d_{/\!/}$ の実験値とのズレは 1.5°以下と報告しているので,この点でも問題ない.

9.2.9 格子不変変形が Type II 双晶の場合

以上の解析では格子不変変形は Type I 双晶として述べた.しかし理論的には格子不変変形は Type II 双晶でもよいのではないかという考えはかなり早いうちから指摘されていた[29]. ただ,先にも述べたように,Type II 双晶の実験的証明は非常に難しいために,長期にわたって一般に格子不変変形は Type I 双晶と信じられていた. Au-Cd と類似の DO_3-斜方晶変態をする Cu-Al-Ni 合金においても当初格子不変変形は Type I 双晶と見なされていたが, Type I 双晶であれば,1点非常に不都合な実験結果があった.それは実験的に観察される K_1 面法線の方位である.すなわち,格子不変変形を Type I 双晶として現象論的解析をすると,図 9-6 や図 9-7 に Au-Cd

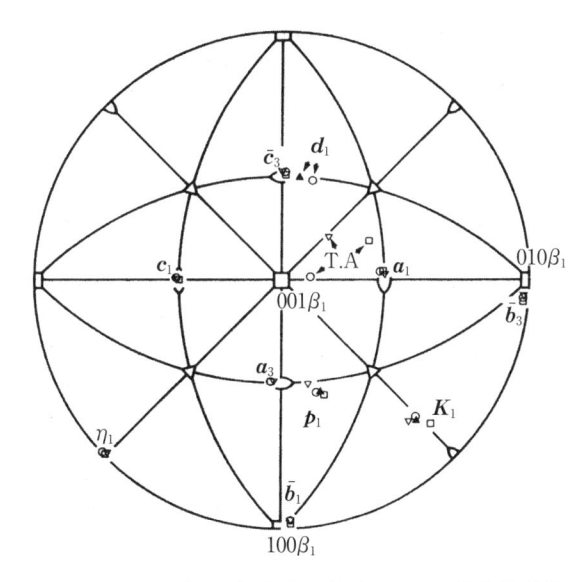

図 9-8 Cu-13.8Al-4.0Ni(wt%)合金における DO_3-斜方晶変態の現象論による計算結果と実験値の比較. LIS は $\langle \bar{1}\bar{1}1 \rangle_{\gamma_1'}$ Type II 双晶. 中抜きの記号は実験値で,中の詰まった記号は理論値. a, b, c の次の下付き添え字は c.v. の番号(岡本ら[31]による).

合金に対して示したように，K_1面法線は$\langle 110 \rangle_{B2}$に近いのに，実験的に観察されたK_1面は$\langle 110 \rangle_{B2}$から12.5°も離れているのである．しかし，その後この合金でのType II双晶の存在が証明され[30]，格子不変変形を$\langle 1\bar{1}1 \rangle_{B2}$ Type II双晶として再計算してみると，図9-8に示したように晶癖面，K_1面，結晶方位関係，shape strainの方向のすべてについて理論と実験でよい一致の見られることが明らかになった．この図ではK_1面法線に関する上記問題も解消されているのは明らかであり，Cu-Al-Ni合金における格子不変変形がType II双晶であることが完全に証明された[31]．

こうして格子不変変形の問題は他の合金についても再検討されることになったが，その結果Ti-Ni，Cu-Snの格子不変変形もType II双晶であることが明らかになった[32]．先に述べたように，Au-Cd合金の場合も格子不変変形はほとんどの場合Type I双晶であるが，Type II双晶のケースも一例観察されており，Type II双晶も可能な解であることが理解される．どういう場合にType I双晶が選ばれ，どういう場合にType II双晶が選ばれるかはまだ明らかになっていない．ただ，これまでType IIが観察されたCu-Al-Ni，Ti-Ni合金では構成元素の原子半径の差が大きいので，原子半径の違いが格子不変変形選択の因子になっていると見られる[32]．

9.2.10 現象論の解の多重性

現象論の計算を行う際マルテンサイトの地の格子対応を決め，格子不変変形を一つ選ぶと一般に四つの解の得られることはすでに述べた．しかし等価な格子対応の選び方は複数あり，等価な格子不変変形の選び方も複数あるので，全体でいくつの解があるか具体的に計算する．先に述べたように，このような格子対応の取り方は表9-1に示したように6通りが可能である．次に，格子対応を一つ選んだとき，双晶面になり得る$\{0\bar{1}1\}_{B2}$面は6通りあるが，このうちの二つはマルテンサイトのb面，c面になる面（つまりそれ自身が鏡映面）なので，双晶面にはなり得ない（このことは格子対応行列を使って確認できる）．つまり，6通りの内4通りだけが可能である．さらに，xの値，x_sとx_1の値によって2通りの解があり，これらは等価である．しかし，先の計算のようにc.v.6とc.v.4の組み合わせで考えるとき先の計算のようにc.v.6を地とし，c.v.4を双晶とした計算の他，c.v.4を地とし，c.v.6を双晶とした計算も行われるので二重に数えることになり，多重性を考える際2倍する必要はない．すなわち，解の多重性は6×4＝24通りである．なおAu-Cdの解析例では，（+）の解と（−）の解は等価でないので，解の多重性は（+）の解が24通り，（−）の解が24通りになる．現象論で計算された24通りの晶癖面を図9-9のステレオ投影で示す．

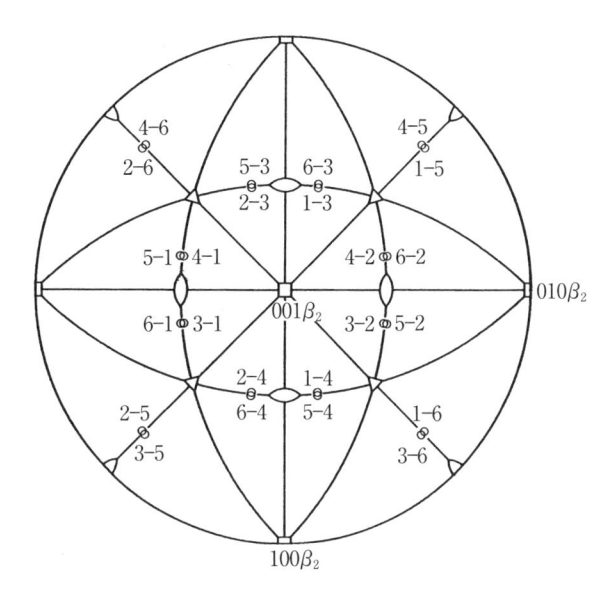

図 9-9 Au-47.5Cd 合金における B2-斜方晶変態の全晶癖面の表示（（＋）の解）．LIS は $\{111\}_{r_2'}$ Type I 双晶．m-n と表された数字は c.v. の番号を表し，先に書いてある方が体積の大きい方の c.v. を，後に書いてある方は体積の小さい方の c.v. を表す（森井[28] p.110 による）．

c.v. についてはすでに説明した．これに対し，格子不変変形としての双晶を含む martensite plate としてのバリアントを晶癖面バリアント（habit plane variant; h. p. variant）と呼び，例えば 6-4（＋）と表す．これは，晶癖面バリアントに関する Saburi らの表示に従ったもので，この場合マルテンサイトの板は c.v. 6 と c.v. 4 とで成り立ち，その（＋）の解に対応する晶癖面バリアントを意味し，体積比の大きい方の c.v. の名前を先に書く習慣である[33]．図 9-9 を見ると，各 $\{110\}_{B2}$ 極の周りに四つの晶癖面がクラスターしているのが認められる．これは多くの β 相合金で見られる特徴であるが，これは変態の型に依存しており，すべての合金系で見られる特徴というわけではない．解の多重性はマルテンサイトの自己調整の機構と関係する．

9.2.11 自己調整

マルテンサイト変態の現象論によれば，母相とマルテンサイト相の界面が不変面となるような変態をし，この考えによってマルテンサイト変態に関わる結晶学的なパラ

メータがすべて矛盾なく導出できることが明らかになった．これを図式的に示せば図 9-5 のように表せる．この機構によって変態に伴う母相-マルテンサイト相界面での歪を大幅に緩和できることは明らかであるが，この図から変態に伴うシアー成分を取り除けないことも明らかである．もし，シアー方向が逆の二つの晶癖面バリアントが隣り合わせに生成すればこのシアー成分を打ち消すことが可能であり，図 3-1 に示した槍型マルテンサイトはまさにこのような例である．すなわちマルテンサイト変態の際の歪緩和機構にはヒエラルキーがあって，まず第一は上述した不変歪の導入，第二は複数の晶癖面バリアントの組み合わせによるシアー成分の緩和である[34]．このような複数の晶癖面バリアントの組み合わせによるシアー成分の緩和は自己調整 (self-accommodation) と呼ばれ，この問題を多くの β 相合金について広範に研究したのが Saburi らのグループ[33, 35, 36]であり，母相{110}$_p$ 極周りの 4 の晶癖面バリアントの組み合わせでシアー歪が解消されることを示したが，ここではその後詳しい解析の行われた Ni-Al 合金の例で述べる[37]．この型の変態は B2-14M(7R) で，図 7-4 (d) に示したものである．14M(7R) という表記は，新しい対称性の正しい取り方を

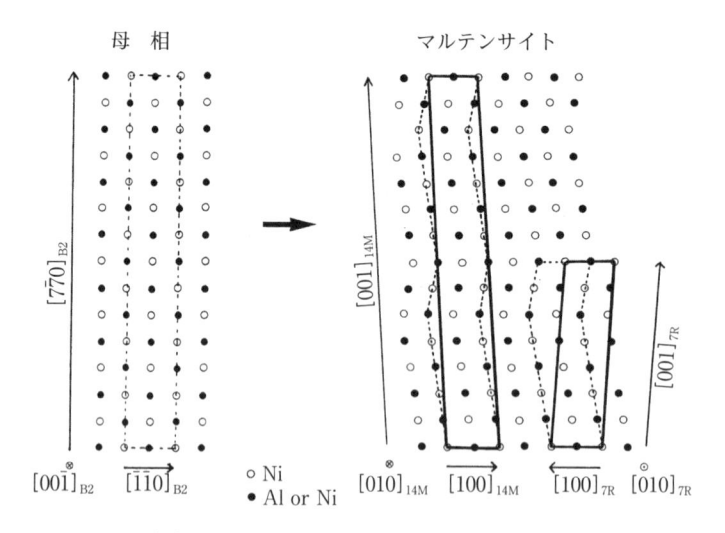

図 9-10 Ni-Al 合金における B2-14M 変態の構造変化を示す図．左側の母相において投影面は $(001)_{B2}$．右側のマルテンサイトの構造に関しては 14M と 7R の両方の表示で示しているが，本書では基本的に 14M で通している．この図は下向きに $[0\bar{1}0]_{14M}$ 方向に見ている（村上ら[37]による）．

表 9-3　B2母相と14Mマルテンサイトの格子対応.

correspondence variant(c.v.)	$[100]_{14M}$	$[010]_{14M}$	$[001]_{14M}$
1	$[0\bar{1}\bar{1}]_{B2}$	$[\bar{1}00]_{B2}$	$[07\bar{7}]_{B2}$
1′	$[011]_{B2}$	$[100]_{B2}$	$[07\bar{7}]_{B2}$
2	$[01\bar{1}]_{B2}$	$[\bar{1}00]_{B2}$	$[077]_{B2}$
2′	$[0\bar{1}1]_{B2}$	$[100]_{B2}$	$[077]_{B2}$
3	$[\bar{1}0\bar{1}]_{B2}$	$[0\bar{1}0]_{B2}$	$[\bar{7}07]_{B2}$
3′	$[101]_{B2}$	$[010]_{B2}$	$[\bar{7}07]_{B2}$
4	$[\bar{1}01]_{B2}$	$[0\bar{1}0]_{B2}$	$[707]_{B2}$
4′	$[10\bar{1}]_{B2}$	$[010]_{B2}$	$[707]_{B2}$
5	$[\bar{1}\bar{1}0]_{B2}$	$[00\bar{1}]_{B2}$	$[7\bar{7}0]_{B2}$
5′	$[110]_{B2}$	$[001]_{B2}$	$[7\bar{7}0]_{B2}$
6	$[1\bar{1}0]_{B2}$	$[00\bar{1}]_{B2}$	$[770]_{B2}$
6′	$[\bar{1}10]_{B2}$	$[001]_{B2}$	$[770]_{B2}$

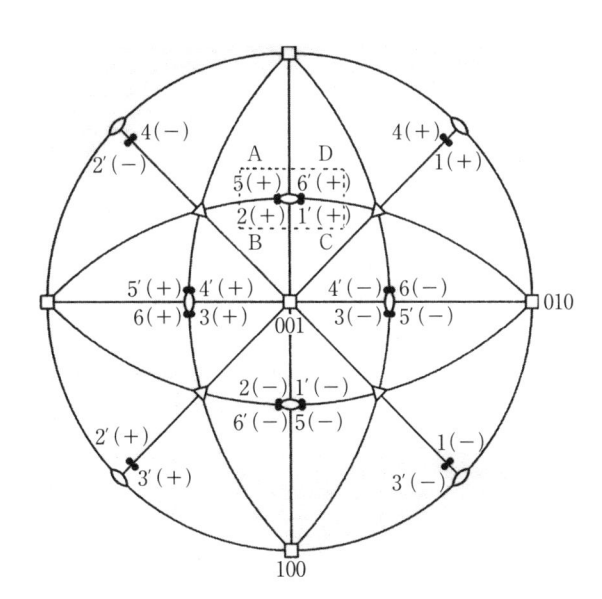

図 9-11　Ni-Al合金のB2-14M変態に対する現象論の計算結果によるすべての晶癖面の表示（村上ら[37]による）.

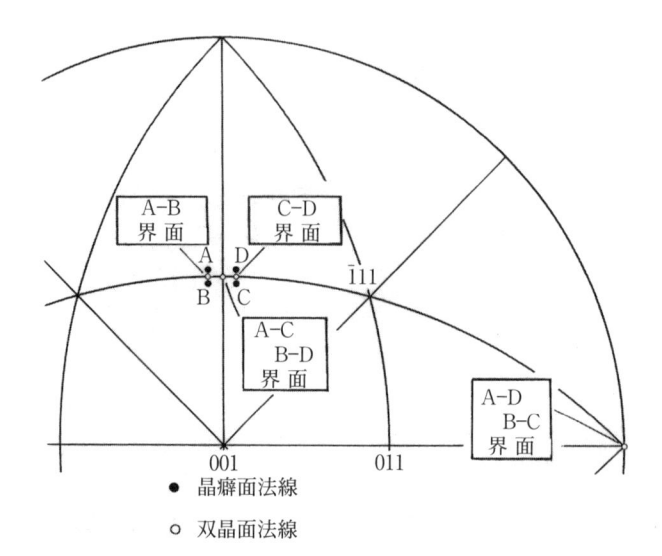

図 9-12 図 9-11 の A, B, C, D の部分を拡大し，合わせて双晶面の位置も書き入れた図（村上ら[37]による）．

すれば 14 層の単斜晶構造，一方，従来の表記法によれば 7R という意味である．図 9-10 にこれらの関係がわかりやすいように詳しく示した．この型の格子対応を表 9-3 に示す．この表の c.v. の同じ番号で，ダッシュの付いたものと付かないものは，底面上のシアーの向きが逆になっている．この変態に現象論の計算を実行すると，図 9-9 と同様 24 通りの解が得られ，その結果を図 9-11 に示す．先のケースと同様 $\{\bar{1}01\}_{B2}$ 極周りに 4 の晶癖面バリアントのクラスターが観察されるので，それらに A, B, C, D の番号を打っている．図 9-12 はこの部分を拡大し，さらに A-B，A-C 等の界面の法線の方位も示した．図 9-13(a) は走査型電子顕微鏡（SEM）による 14M マルテンサイトの典型的組織を示していて，図 9-13(b) はこの組織の 1 面解析並びにマイクロビーム X 線回折によって，図に示されたように各晶癖面バリアントが図 9-11, 9-12 の各 A, B, C, D であることを確認できる．さらに X 線マイクロビーム回折により A-C/B-D が Type I 双晶，A-B/C-D が Type II 双晶[*13]，A-D/B-C が

[*13] A-B/C-D の組み合わせが Type II 双晶関係にあることは先に Cu-Zn-Al 合金でも確認されている[38]．

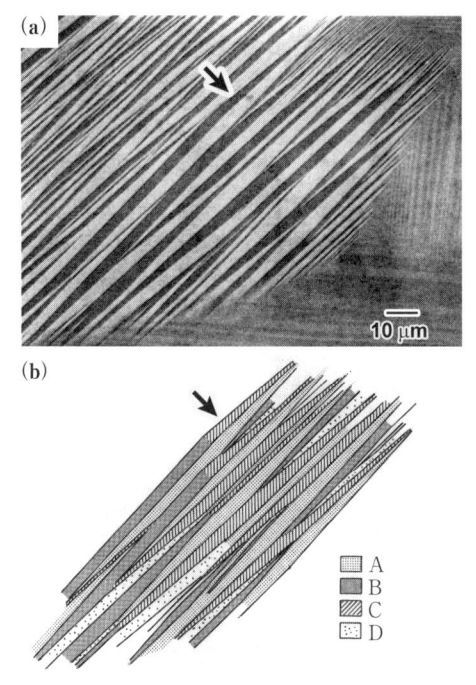

9 マルテンサイト変態の現象論（結晶学的理論） 95

図 9-13 Ni-37.0Al 合金における 14M マルテンサイトの走査型電子顕微鏡写真（a）と 1 面解析による結果（b）．図（b）の A, B, C, D は図 9-12 の A, B, C, D に対応し，この A, B, C, D が自己調整していることを示している（村上ら[37]による）．

compound 双晶の関係にあることも確認されている．
次に，現象論で得られた shape strain 行列を示すと以下のようになる．

$$P_1\{1'(+)\} = \begin{pmatrix} 0.94621 & 0.00633 & 0.05576 \\ -0.00569 & 1.00067 & 0.00590 \\ -0.05012 & 0.00590 & 1.05195 \end{pmatrix} \tag{9.51}$$

$$P_1\{2(+)\} = \begin{pmatrix} 0.94621 & -0.00633 & 0.05576 \\ 0.00569 & 1.00067 & -0.00590 \\ -0.05012 & -0.00590 & 1.05195 \end{pmatrix} \tag{9.52}$$

$$P_1\{5(+)\} = \begin{pmatrix} 1.05195 & 0.00590 & -0.05012 \\ 0.00590 & 1.00067 & -0.00569 \\ 0.05576 & 0.00633 & 0.94621 \end{pmatrix} \tag{9.53}$$

$$P_1\{6'(+)\}=\begin{pmatrix} 1.05195 & -0.00590 & -0.05012 \\ -0.00590 & 1.00067 & 0.00569 \\ 0.05576 & -0.00633 & 0.94621 \end{pmatrix} \tag{9.54}$$

これら shape strain の行列を見るといずれも 5% 以上の歪を伴っていることがわかる．ただし，これら四つの shape strain の平均を取ると，

$$P_1(\text{total})=1/4[P_1\{1'(+)\}+P_1\{2(+)\}+P_1\{5(+)\}+P_1\{6'(+)\}]$$
$$=\begin{pmatrix} 0.99908 & 0 & 0.00282 \\ 0 & 1.00067 & 0 \\ 0.00282 & 0 & 0.99908 \end{pmatrix} \tag{9.55}$$

この行列は対称行列なのでさらに対角化できて以下のようになる．

$$P_1(\text{diagonal})=\begin{pmatrix} 1.00190 & 0 & 0 \\ 0 & 1.00067 & 0 \\ 0 & 0 & 0.99626 \end{pmatrix} \tag{9.56}$$

式(9.56)を見ると歪は 0.4% 以下と非常に小さく，この行列は単位行列に近い．任意の行列に単位行列を掛けても何も変わらないので，これら四つの晶癖面バリアントの組み合わせは剪断歪の緩和を効率よく行っていると考えられる．これが Saburi らの考え方である[33]．

さらに四つの組み合わせではなく，以下のような二つずつの組み合わせについて述べる．先に述べたように A-C(B-D) の組み合わせは Type I 双晶，A-B(C-D) の組み合わせは Type II 双晶，A-D(B-C) の組み合わせは compound 双晶であるので，それぞれについて shape strain の平均を取ると以下のようになる．

（1） Type I 双晶の場合：A-C(B-D)

$$1/2[P_1\{1'(+)\}+P_1\{5(+)\}]=\begin{pmatrix} 0.99908 & 0.00612 & 0.00282 \\ 0.00011 & 1.00067 & 0.00011 \\ 0.00282 & 0.00612 & 0.99908 \end{pmatrix} \tag{9.57}$$

（2） Type II 双晶の場合：A-B(C-D)

$$1/2[P_1\{1'(+)\}+P_1\{6'(+)\}]=\begin{pmatrix} 0.99908 & 0.00022 & 0.00282 \\ -0.00580 & 1.00067 & 0.00580 \\ 0.00282 & -0.00022 & 0.99908 \end{pmatrix} \tag{9.58}$$

（3） compound 双晶の場合：A-D(B-C)

$$1/2[P_1\{1'(+)\}+P_1\{2(+)\}]=\begin{pmatrix} 0.94621 & 0.00000 & 0.05576 \\ 0.00000 & 1.00067 & 0.00000 \\ -0.05012 & 0.00000 & 1.05195 \end{pmatrix} \tag{9.59}$$

これら三つの結果を比較すると，Type I，Type II双晶の場合は，shape strain の平均が単位行列に非常に近く，効果的に歪緩和を行っているのに対し，compound 双晶の場合は，5%以上の歪が依然として残っており，歪緩和はほとんど期待できない．すなわち，$\{\bar{1}01\}_p$極周りの四つの晶癖面バリアントの組み合わせで剪断歪をよく緩和できるが，Type I双晶やType II双晶の場合には，四つでなく，二つでも効率よく緩和できるが，compound双晶は剪断歪の緩和にほとんど寄与しない．このことから自己調整の基本の型は図9-14のような平行四辺形型であり，図9-13の組織もこのモデルによく一致している．

上述した$\{110\}_p$周りの自己調整の機構は多くのβ相合金に当てはまるが，常に成り立つわけではない．合金によっては$\{111\}_{B2}$周りの晶癖面バリアントの組み合わせになる場合もあるし（Ti-Ni-Cu合金[39]），Ti-NiのB2-B19′型変態のように非常に複雑な場合もあり[40]，後者については最近もっと新しい報告がなされた[41-43]．

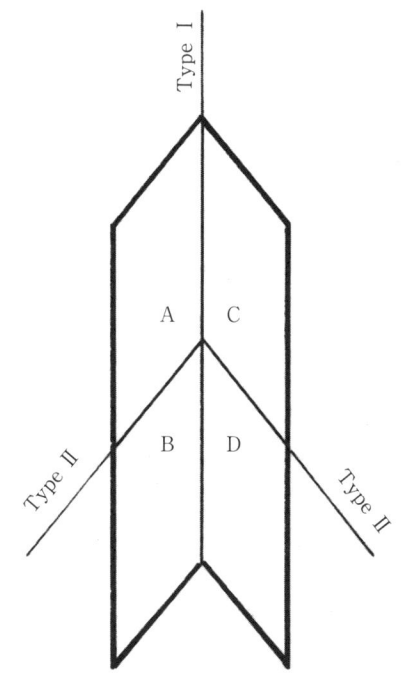

図9-14 自己調整の基本形態を示す図．基本形態はType I双晶とType II双晶からなり，平行四辺形型を取っている（村上ら[37]による）．

9 参考書・参考文献

[1] M. S. Wechsler, D. S. Lieberman and T. A. Read, Trans. AIME, **197** (1953) 1503.
[2] D. S. Lieberman, M. S. Wechsler and T. A. Read, J. Appl. Phys., **26** (1955) 473.
[3] J. S. Bowles and J. K. Mackenzie, Acta Metall., **2** (1954) 129.
[4] J. K. Mackenzie and J. S. Bowles, Acta Metall., **2** (1954) 138.
[5] J. S. Bowles and J. K. Mackenzie, Acta Metall., **2** (1954) 224.
[6] J. K. Mackenzie and J. S. Bowles, Acta Metall., **5** (1957) 137.
[7] D. P. Dunne, Proc. ICOMAT-08, TMS (2009) p. 47.
[8] J. W. Christian, J. Inst. Metals, **84** (1955-6) 386.
[9] G. V. Kurdjumov and G. Sachs, Z. Phys., **64** (1930) 325.
[10] Z. Nishiyama, Sci. Rep. Tohoku Univ., **23** (1934) 637.
[11] E. C. Bain, Trans. AIME, **70** (1924) 25.
[12] J. W. Christian and Morris Cohen, *Displacive Phase Transformations and Their Applications in Materials Engineering,* Champaign-Urbana (ed. K. Inoue et al.), TMS (1998) p. 3.
[13] G. V. Kurdjumov, Bull. de l'Acad. des Sci. USSR (1936) No. 2, 271 (ロシア語).
[14] V. Gavranek, E. Kaminski and G. V. Kurdjumov, Metallwirtschaft., **15** (1936) 370.
[15] I. Isaichev, E. Kaminski and G. V. Kurdjumov, Trans. AIME, **128** (1938) 361.
[16] G. V. Kurdjumov, Trans. AIME, **133** (1939) 222.
[17] A. B. Greninger and V. C. Mooradian, Trans. AIME, **128** (1938) 337.
[18] A. B. Greninger, Trans. AIME, **133** (1939) 204.
[19] A. B. Greninger and A. R. Troiano, Trans. AIME, **140** (1940) 307.
[20] A. B. Greninger and A. R. Troiano, Trans. AIME, **185** (1949) 590.
[21] M. A. Jaswon and J. Wheeler, Acta Cryst., **1** (1948) 216.
[22] C. M. Wayman, *Introduction to the Crystallography of Martensitic Transformations,* Macmillan (1964) p. 36；清水謙一訳,「マルテンサイト変態の結晶学」, 丸善 (1969).
[23] Margenau and Murphy, *The Mathematics of Physics and Chemistry,* D. Van Nostrand Co. New York (1943).
[24] B. A. Bilby and J. W. Christian, Inst. Met. Monograph, No. 18 (1955) 121.

[25] P. Krauklis and J. S. Bowles, Acta Metall., **17**（1969）997.
[26] 大塚和弘，「熱弾性型マルテンサイト変態の結晶学的研究」，工学部博士論文，東京大学（1972）.
[27] K. Morii, T. Ohba, K. Otsuka, H. Sakamoto and K. Shimizu, Acta Metall., **39**（1991）2719.
[28] 森井浩一，「熱弾性型マルテンサイト変態の結晶学的研究」，工学研究科博士論文，筑波大学（1990）.
[29] H. M. Otte, Scripta Metall., **2**（1968）365.
[30] S. Ichinose, Y. Funatsu and K. Otsuka, Acta Metall., **33**（1985）1613.
[31] K. Okamoto, S. Ichinose, K. Morii, K. Otsuka and K. Shimizu, Acta Metall., **34**（1986）2065.
[32] K. Otsuka, Proc. ICOMAT-89, Mater. Sci. Forum, **56-58**（1990）, p. 393.
[33] T. Saburi and S. Nenno, Proc. Int. Conf. on Solid-Solid Phase Transformations, Pittsburg, AIME（1983）p. 1455.
[34] K. Otsuka and K. Shimizu, Trans. Jpn. Inst. Metals, **15**（1974）103.
[35] T. Saburi, C. M. Wayman, K. Takata and S. Nenno, Acta Metall., **28**（1980）15.
[36] T. Saburi and C. M. Wayman, Acta Metall., **27**（1979）979.
[37] Y. Murakami, K. Otsuka, S. Hanada and S. Watanabe, Mater. Sci. & Eng., **A189**（1994）191.
[38] K. Adachi, J. Perkins and C. M. Wayman, Acta Metall., **34**（1986）2471.
[39] 渡辺陽一，佐分利敏雄，中川豊，稔野宗次，日本金属学会誌，**54**（1990）861.
[40] K. Madangopal, Acta Mater., **45**（1997）5347.
[41] M. Nishida, T. Nishiura, H. Kawano and T. Inamura, Phil. Mag. 2012, 1-19, iFirst.
[42] M. Nishida, E. Okunishi, T. Nishiura, H. Kawano, T. Inamura, S. Ii and T. Hara, Phil. Mag. 2012, 1-13, iFirst.
[43] T. Inamura, T. Nishiura, H. Kawano, H. Hosoda and M. Nishida, Phil. Mag. 2012, 1-17, iFirst.

10 マルテンサイト変態の熱力学

　熱力学は普遍的な原理であるから固体中でのマルテンサイト変態にも当然当てはまるはずであるが，前章で述べた結晶学的理論ほどにはよく発達していないので，マルテンサイト変態の熱力学に関するごく基本的な事項とマルテンサイト変態特有の問題に限って簡潔に述べることとしたい．

10.1 自由エネルギー曲線

　Gibbsの自由エネルギーGは以下のようになる．

$$G = U + PV - TS = H - TS \tag{10.1}$$

$$dG = VdP - SdT$$
$$ = -SdT\ （P一定のとき） \tag{10.2}$$

$$G = {}^0G - \int_0^T SdT \tag{10.3}$$

ここに，Uは内部エネルギー，Pは圧力，Vは体積，Tは温度，Sはエントロピー，Hはエンタルピーであり，${}^0G$は$T=0\,\mathrm{K}$でのGの値である．Sは負になることはないから，G-T曲線は母相に対しても，マルテンサイト相に対しても右下がりの曲線となる（図10-1）．

　自由エネルギーを求めるには準静的な過程を考えて以下のようにすればよい．

$$c_\mathrm{p} = \frac{\Delta Q}{dT} = \frac{dH}{dT} \tag{10.4}$$

$$H = {}^0H + \int_0^T c_\mathrm{p} dT \tag{10.5}$$

ここに，c_pは定圧比熱，ΔQは外からの吸熱，${}^0H$は$0\,\mathrm{K}$でのエンタルピーHの値である．

$$dS = \frac{\Delta Q}{T} = \frac{dH}{T} = \frac{c_\mathrm{p} dT}{T} \tag{10.6}$$

10 マルテンサイト変態の熱力学

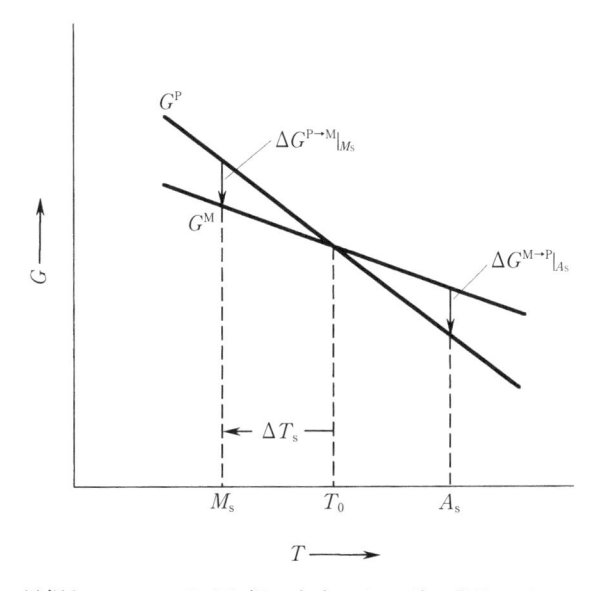

図 10-1 母相とマルテンサイト相の自由エネルギー曲線 G と T_0, M_s, A_s 等を模式的に示す.

$$S = {}^0S + \int_0^T \frac{c_p}{T}dT = \int_0^T \frac{c_p}{T}dT \tag{10.7}$$

式(10.7)の最後では $^0S=0$ の Nernst-Planck の熱定理が使われている. したがって

$$G = H - TS$$

$$G = {}^0H + \int_0^T c_p dT - T\int_0^T \frac{c_p}{T}dT \tag{10.8}$$

したがって, 式(10.8)から比熱 c_p と ^0H がわかれば, 温度の関数としての G が求められる. 実際には c_p の値も母相あるいはマルテンサイトのどちらかでしか測定できない. また, 比熱の測定も精度がよくないので, 簡単ではないのが普通である.

ここで, 図 10-1 のマルテンサイト (G^M) と母相 (G^P) の化学自由エネルギーの図について付言しておこう. T_0 はいうまでもなく両相の化学自由エネルギーが等しくなる温度である. いま母相状態から冷却してきたとき T_0 でマルテンサイト変態が始まるかというと, この温度で変態は開始しないのである. その理由は 10.3 節で詳しく論じるように, マルテンサイトの核形成の際に歪エネルギーや界面エネルギーが生じ, このエネルギー障壁を乗り越えるための過冷却 (ΔT_s) が必要になり, 過冷却され

た M_s で開始するからである．同様に加熱の際には T_0 以上への overheating が必要になり，逆変態は A_s 点で開始することになる．この結果冷却加熱の際に変態のヒステリシスが生ずることになる．この図にある $\Delta G^{P \to M}|_{M_s} (= G^M - G^P)$ は M_s 点での母相からマルテンサイトへの変態の際の化学自由エネルギー変化を表す．同様に $\Delta G^{M \to P}|_{A_s} (= G^P - G^M)$ は A_s 点での逆変態の際の化学自由エネルギー変化を表している．明らかに $M_s < T_0 < A_s$ の関係があるので，T_0 は実験的に求められる M_s と A_s から次式で評価されてきた[1]．

$$T_0 = 1/2(M_s + A_s) \tag{10.9}$$

しかし 10.4 節で後述する熱弾性型の変態においては，変態の際に蓄えられる弾性エネルギーが逆変態に影響を及ぼすため，複雑な状況が生ずる．これについてはその節で再度述べる．

10.2 等温変態 vs. 非等温変態

マルテンサイト変態には一般に athermal（非等温的）な性質を持ったものと，isothermal（等温的）な性質を持ったものがあり，大部分のマルテンサイト変態は一般に非等温的な挙動を示すことは 1 章ですでに述べた．これに反し Fe-Ni-Mn 合金など一部の合金では，一定温度に保持しても変態量が保持時間と共に増加する変態も知られており，TTT 曲線（Temperature Time Transformation diagram）でいわゆる C 曲線を描く変態である．このような変態が等温変態と呼ばれる変態で，非等温変態とは対照的な挙動を示す．マルテンサイト変態を理解するうえでは両者共重要であり，静水圧や外部磁場を加えることにより非等温的から等温的へ，あるいはその逆に変化させることも見出され興味深い[2,3]．後述する形状記憶合金等と関係するのはすべて非等温的な性質を示す合金なので，本書では等温変態にはこれ以上立ち入らない．両者を統一的に理解しようとする掛下らの統計熱力学的なモデルもある[2,3]．

10.3 マルテンサイトの核形成の古典論

マルテンサイト核形成の古典論は Fisher, Hollomon と Turnbull[4] によって提唱され，その後 Kaufman-Cohen[1] によって詳しく検討された．ここでは，後者に従って説明しよう．以下の計算では，母相の中に半径 r で，厚さが $2c$ のレンズ状のマルテンサイトが生成するとしている．この計算ではマルテンサイトが生成したときの歪

エネルギーを求める必要があるが，歪は半径 r の球体の中に存在する弾性エネルギーとして以下のように見積もっている．

$$A\left(\frac{c}{r}\right)\pi r^2 c = \pi r c^2 A \tag{10.10}$$

ここに，c/r is aspect ratio，$\pi r^2 c$ はマルテンサイトの体積，A は定数である．次にマルテンサイト核形成の際の系のエネルギー変化は以下のように表せる．

$$\Delta G = \pi r^2 c \Delta g^{\mathrm{P \to M}} + 2\pi r^2 \sigma + \pi r c^2 A \tag{10.11}$$

ここに，$\Delta g^{\mathrm{P \to M}}$ は母相からマルテンサイトへの変態の際の単位体積当たりの化学的自由エネルギー変化，σ は母相とマルテンサイトとの界面の界面エネルギーである．したがって，第1項は chemical 項，第2項と第3項を併せて non-chemical 項と呼ぶことができる．non-chemical 項は常に正であるのに対し，chemical 項は T_0 以下では負になる．式(10.11)で r や c の形から，核が小さいときは第2項が効き，核が大きくなると第1項の効くのが読み取れる．すなわち，横軸に r, c を取り，縦軸に ΔG の曲線を描いたとすると，核が小さいとき ΔG は立ち上がり，あるところでピークを迎え，その後急激に下がっていくことが期待される．ΔG の saddle point，すなわち極大値は以下の式から求められる．

$$\frac{\partial (\Delta G)}{\partial c} = 0 \tag{10.12}$$

$$\frac{\partial (\Delta G)}{\partial r} = 0 \tag{10.13}$$

この条件から活性化エネルギーを

$$\Delta G_c = \frac{512\pi A^2 \sigma^3}{27 \Delta g^4} \tag{10.14}$$

と導き出し，これに鋼のマルテンサイト変態における Δg や σ などを代入して Kaufman-Cohem は活性化エネルギーとして以下の値を得た．

$$\Delta G_c = 3.2 \times 10^{-8} \mathrm{\ erg/nucleus} = 2 \times 10^4 \mathrm{\ eV/nucleus} \tag{10.15}$$

　以上は均一核形成を仮定しての計算であり，この結果とてつもなく大きな活性化エネルギーが得られたわけで，このことは核形成における古典論の破綻と捉えられている．すなわち，これがマルテンサイトの核形成は格子欠陥等の場所での不均一核形成と考えられる根拠となっている．また次節で述べるマルテンサイト変態の前駆現象が考えられるもう一つの理由にもなっている．その後もマルテンサイトの核形成問題は何度も取り上げられ，非古典的な考えも提唱されているが，十分理解されてはいないように思われる．つまり，先に述べた現象論のようなレベルでは理解されていない．

10.4 熱弾性型変態 vs. 非熱弾性型変態

非等温的なマルテンサイト変態は，熱弾性型（thermoelastic）と非熱弾性型（non-thermoelastic）に大別できることは3章の図3-6を用いてすでに説明した．以下では熱弾性型マルテンサイト変態につきさらに詳しく検討しよう．

図10-2は典型的な熱弾性型変態をするCu-Al-Ni合金を冷却したときのマルテンサイト変態と，それを加熱したときの逆変態を光学顕微鏡で観察した結果を示したものである．M_s点以下で生成したマルテンサイトはさらに冷却すると成長する．逆に加熱に転ずると，マルテンサイト-母相界面は逆方向に移動し，A_f点以上で元の母相

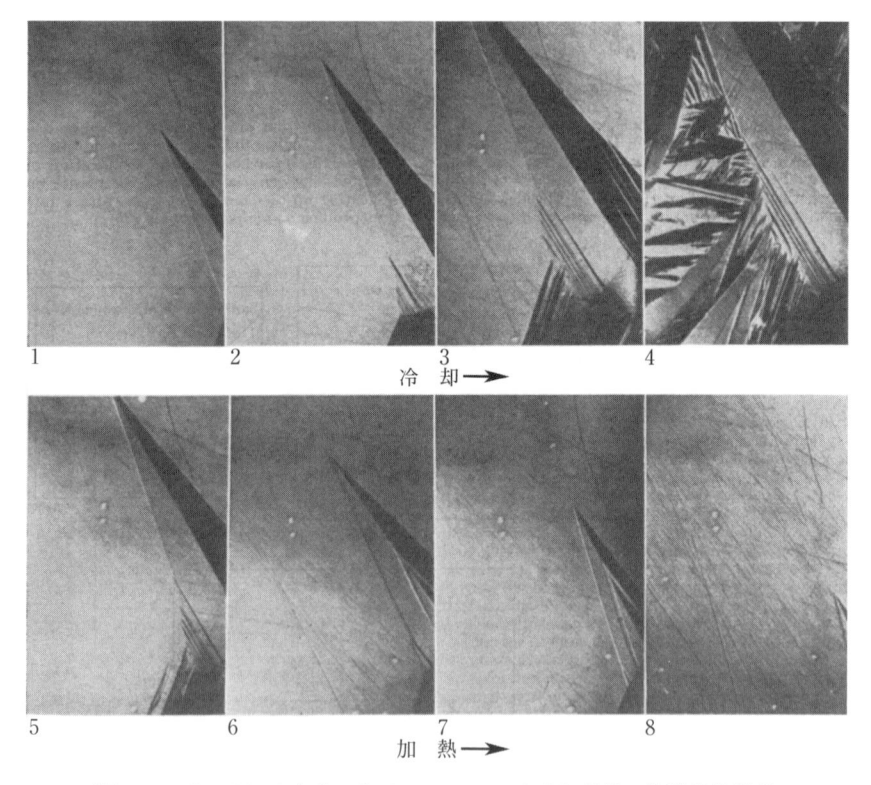

図10-2 Cu-Al-Ni合金におけるマルテンサイト変態の熱弾性的挙動（Kurdjumov[12]による）．

に戻る．明らかにこのような現象は母相-マルテンサイト相の界面がコヒーレントで，動きやすいことから起こることである．このような挙動を Kurdjumov-Khandros[5] は以下のように説明した．前節で述べたように，変態に際しての系の自由エネルギー変化は式(10.11)のように表せる．いうまでもなく第 1 項は chemical な自由エネルギー変化 (ΔG_c) を表し，第 2 項と第 3 項は non-chemical な自由エネルギー変化を表すので，両者をまとめて ΔG_{nc} と表すと，ある温度で ΔG_c と ΔG_{nc} はバランスする．温度を下げると $|\Delta G_c|$ は大きくなってマルテンサイトは成長するが，それに伴ってマルテンサイト変態に抵抗する ΔG_{nc} も大きくなっていくので，ある大きさまで成長すると再び ΔG_c と ΔG_{nc} が平衡を保つことになる．これを彼らは熱弾性的平衡 (thermoelastic equilibrium) と呼んだ．先に述べた熱弾性的変態という言葉はこの考えからきたものであり，一般に変態のヒステリシスが小さく，母相-マルテンサイト相の界面が動きやすく，変態に冷却加熱の際，結晶学的可逆性のある型の変態を熱弾性型のマルテンサイト変態と呼んでいる．

この型の変態は Olson と Cohen[6]によってさらに詳しく分析されたのでその結果を紹介する．一般に，マルテンサイトの成長は最初半径方向に成長し (radial growth)，粒界あるいは他のマルテンサイトと衝突して半径方向の成長が阻止されると，厚さ方向に成長する (thickening)．彼らも系の自由エネルギー変化として式(10.11)からスタートするが，ここでの対象はマルテンサイトの核形成ではなく，マルテンサイトの成長/収縮である．なお彼らはこの取り扱いで式(10.11)の各項の係数を少し変えているので以下のように式(10.11)′とする．

$$\Delta G = 4/3\pi r^2 c \Delta g_c + 4/3\pi r c^2 A + 2\pi r^2 \sigma \qquad (10.11)′$$

彼らは母相結晶中の一枚のマルテンサイト板を考え，例えば粒界で半径方向の成長が止められ，厚さ方向の成長段階を考える．ここでのローカルな熱弾性的な平衡は厚さ方向に働く力をゼロと置くことによって得られる[*1]．すなわち

$$-\frac{\partial \Delta G}{\partial c} = 0 \qquad (10.16)$$

から次式が得られる．

[*1] 系の平衡は系の自由エネルギーの極小化によって得られることはいうまでもないが，マルテンサイト変態の熱力学においては，往々にして簡単のためエネルギーバランス，すなわち式(10.11)′で $\Delta G=0$ として議論されることも少なくなく，読者が注意すべき点である．しかし Olson-Cohen の扱いでは力のバランスで議論しているので，これはエネルギー極小化に対応していることを注意しておく．

$$\Delta g_c + 2(c/r)A = \Delta g_c + 2\Delta g_{el} = 0 \tag{10.17}$$

ここで，$(c/r)A$ は単位体積当たりの弾性エネルギーなので，これを Δg_{el} と表している．式(10.17)は熱弾性型変態において重要な意味を持つ式である．すなわちこの式は化学的な自由エネルギーの半分が弾性的エネルギーとして試料中に蓄えられていることを意味し，加熱に際しての逆変態では，この弾性エネルギーが逆変態を助け得ることを意味する．このことは後で T_0 問題と絡んで議論しよう．

どのような場合に熱弾性的となり，どのような場合に非熱弾性的となるかは興味深い問題で，従来から多くの研究者によって論じられてきたが，Olson-Cohen は，熱弾性型になる必要十分な条件は，変態の際の歪緩和が弾性的にのみ行われ，塑性的な歪の入らないこととしている．このための具体的に有利な条件としては，以下のようなことが挙げられる．

（1）すべりの臨界応力の高いこと
（2）低い弾性定数
（3）マルテンサイトの核形成に必要な駆動力の小さいこと

（1）はいうまでもなくすべりの起こりにくい条件である．（2）も変形が弾性域で起こりやすく，すべりの起こりにくい条件を与える．（3）は駆動力が小さければ，蓄えるべきエネルギーも小さくて済むので（式(10.17)），すべりを導入しなくて済むことを意味する．また駆動力が小さいことは変態の温度ヒステリシスの小さいことにつながる．このことは一般に熱弾性型の変態が温度ヒステリシスの小さな合金で見られることをよく説明する．

この問題に関係して非常に興味深い実験結果がある[7]．図 10-3 は Fe-24 Pt 合金の電気抵抗-温度曲線である．(a)，(b)の結果はどちらも同じ合金であるが，熱処理を変えてあり，(b)は不規則化処理をした場合，(a)は規則化処理をした場合である．この結果，不規則化処理をした場合には Fe-Ni 合金同様温度ヒステリシスが極めて大きい非熱弾性型の変態をするのに，規則化処理をした場合には温度ヒステリシスの極めて小さい熱弾性型の変態をすることが明らかになった．

規則化によって熱弾性型になる理由は興味深い問題であるが，これについてはインバーとの関係，規則化によって歪緩和のため導入される転位密度の減少，マルテンサイトの形態等種々の要因が検討されている．12.3.2 節で再度触れる．

この節を締めくくるに当たり，10.2 節で述べた T_0 問題に再度触れる．T_0 は式(10.9)で評価できることはすでに述べた．このことは温度ヒステリシスの大きな非熱弾性型の変態では依然正しいと考えられているが，熱弾性型の変態においては変態の

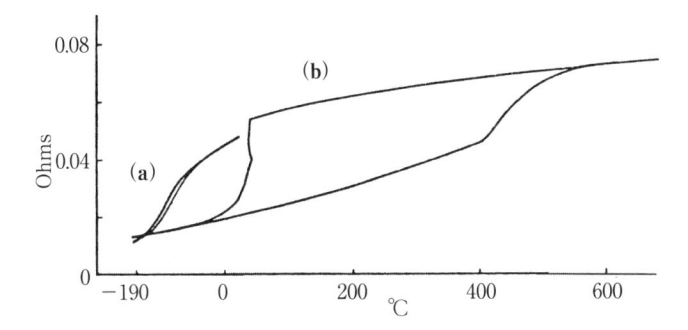

図 10-3 Fe-24Pt 合金の電気抵抗-温度曲線．（a）はマルテンサイト変態前規則化処理をした場合(550℃で1050h規則化処理済み)，これに反し(b)はマルテンサイト変態前不規則なままの試料の場合（904℃から100℃に焼き入れされた試料）(Dunne and Wayman[7]による)．

際に蓄えられた弾性エネルギーがその後の逆変態にも影響を及ぼすため複雑な状況が生ずる．簡単な分析による図10-1によれば，先にも述べたように，$M_s < T_0 < A_s$ となることが期待されるが，Tong-Wayman[8]は，多くの合金について変態温度の測定を行い，彼らが Class II と呼ぶ一群の合金（In-Tl, Cu-Zn, Ag-Cd, Au-Zn, Fe₃Pt, Ni-Al）においては，$A_s < M_s$ となることを見出し，種々の分析の結果，これらの合金に対しては先の評価法とは異なる以下の T_0 評価の仕方を提案し，熱弾性型の変態に対しては，広く使われるようになっている．

$$T_0 = \frac{1}{2}(M_s + A_f) \tag{10.18}$$

これに対し Olson-Cohen は先に述べた理論で frictional force を無視すれば，A_f 点さえ T_0 以下になり得ることを示した．さらに Salzbrenner-Cohen[9]は，同じ組成の Cu-Al-Ni を用いた実験を行い，単結晶試料では式(10.18)に合う結果を得ているが，多結晶試料では，A_f 点が T_0 より下にくるという結果を得ている．このように，同じ試料でも加工熱処理によって結果が変わる．興味のある方は原論文で確認されたい．

10.5 マルテンサイト変態に対する応力の影響

先に述べたように，マルテンサイト変態はシアーに近い不変面歪で記述できる（図

9-5)．したがってマルテンサイト変態は応力と相互作用し，変態温度に影響を与える作用をする．これについては Patel-Cohen の理論[10]があるので，まずそれについて述べる．応力としては一軸応力と静水圧があるが，まず，一軸応力の場合から検討しよう．

外力が系に対してする仕事を ΔG^s とする．図9-5の不変面歪のシアー成分と垂直成分を m_1^p および $m_1^n (= \Delta V/V)$ とし，外力のシアー成分を τ, 垂直成分を σ_n とすれば，

$$\Delta G^s = m_1^p \tau + m_1^n \sigma_n \tag{10.19}$$

$\Delta G^s > 0$ ならば，外力が系に対して仕事をしたことになる．すなわち外力はこの場合変態を助けることになる．逆に $\Delta G^s < 0$ ならば，外力は変態に抗することになる．図10-4 より，

$$\tau = \sigma_a \sin \chi \cos \lambda \tag{10.20}$$
$$\sigma_n = \sigma_a \sin^2 \chi \tag{10.21}$$

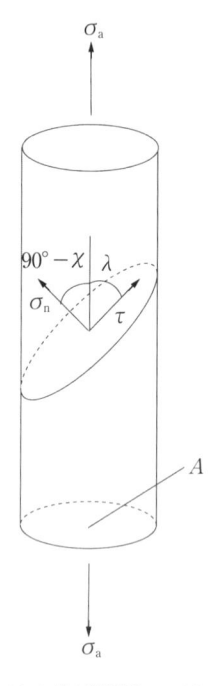

図10-4 1軸引張試験における角度関係．χ はシアー面と引張軸のなす角，λ はシアー方向と引張軸のなす角，σ_a は引張応力，A は断面積．

ここに，χ は引張軸と晶癖面とのなす角，λ は引張軸とシアー成分のなす角であり，σ_a は外力としての 1 軸応力である．そこで $\lambda \fallingdotseq \chi$ と仮定すれば，

$$\Delta G^s = \sigma_a \{ m_1^p \sin \chi \cos \chi + m_1^n \sin^2 \chi \}$$
$$= \sigma_a \{ 1/2 \, m_1^p \sin 2\chi + m_1^n \sin^2 \chi \} \tag{10.22}$$

ここで，$\chi \fallingdotseq 45°$ とすると 1 軸応力のシアー成分が最大になるのは 45° なので，$\sin^2 \chi \fallingdotseq 1/2$ であり，かつ熱弾性型の変態では一般に $m_1^p \gg m_1^n$ なので，m_1^n を無視すると，

$$\Delta G^s = \frac{1}{2} \sigma_a m_1^p \sin 2\chi \tag{10.23}$$

この値は晶癖面バリアントの種類によって ＋ にも − にもなり得るが，このうち ΔG^s が最大のものが最も有効にマルテンサイト変態を助けることになる．現象論の所で述べた 24 通りの晶癖面バリアントの中には，$\Delta G^s > 0$ で，最大のものが必ずある．すなわち 1 軸応力の付加は常に変態を助けることになる．これが応力誘起変態の際，M_s 点が付加応力に比例して上昇する理由である．具体的な例は 12 章で述べる．

一方，付加応力が静水圧 P の場合は，

$$\Delta G^s = -P m_1^n \tag{10.24}$$

となる．負の静水圧はないから，右辺には常にマイナスが付く．したがって ΔG^s の符号は m_1^n の符号で決まる．すなわち Au-Cd 合金のように，変態の際の体積変化がマイナスの場合は M_s 点は静水圧の付加によって上昇するが，Fe-Ni のように変態の際の体積変化が正の場合には M_s 点は低下することが予想され，これは実験的にも確認されている．以上のように，マルテンサイト変態に対する影響は 1 軸応力，静水圧共にあるが，一般に熱弾性型の変態では $m_1^p \gg m_1^n$ の関係があるので，1 軸応力の影響の方が圧倒的に大きい．

マルテンサイト変態に対する応力の影響は，拡張した Gibbs の自由エネルギーを使ってもっと一般的に扱うこともできる．特に後述する Clausius-Clapeyron の式を導いたりするのにはこの方法が便利である．ここでは，1 軸応力を対象とした Wollants ら[11]の理論に従って述べることとする．

彼らの対象とする系のイメージを図 10-5 に示す．断面積 A，長さ l の棒状試料の最初の状態が (a)，これに微小な力 dF のかかった状態が (b)，力 F が働いて Δl だけ伸びた状態が (c) である．まず，普通の熱力学の第一法則を書き下すと以下のようになる．

$$dU = dQ + dw \tag{10.25}$$

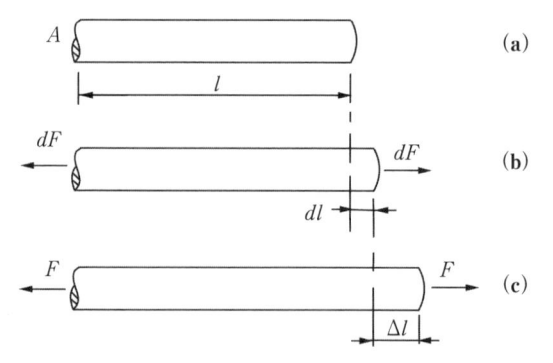

図 10-5 1軸の荷重負荷による試料状態の変化．（a）無荷重，（b）微少荷重(dF)を負荷したときの長さ変化(dl)，（c）有限の荷重(F)を負荷したときの長さ変化(Δl)．

$$dw = -PdV \tag{10.26}$$

ここに，dU は系の内部エネルギーの増加，dQ は系に入る熱量，dw は外部から系になされる仕事である．式(10.26)は一般に用いられる圧力-体積項である．この dw に，図10-5のような荷重 F の仕事を含めると以下のようになる．

$$dw = -PdV + Fdl \tag{10.26}'$$

ここで熱力学の第二法則を書き下すと，

$$dQ \leq TdS \tag{10.27}$$

$$dQ - TdS \leq 0 \tag{10.28}$$

式(10.28)に式(10.25)を代入すると，次式が得られる．

$$dU + PdV - TdS \leq 0 \tag{10.29}$$

同様に，式(10.26)の代わりに式(10.26)′ と(10.25)を式(10.28)に代入すると次式が得られる．

$$dU + PdV - Fdl - TdS \leq 0 \tag{10.29}'$$

P, T, F を一定にしたとき，上式は次式のように書ける．

$$d(U + PV - TS)_{P,T} \leq 0 \tag{10.30}$$

$$d(U + PV - Fl - TS)_{P,F,T} \leq 0 \tag{10.30}'$$

ここで関数 H^*, G^* を次式で定義する．

$$H = U + PV \tag{10.31}$$

$$H^* = U + PV - Fl \tag{10.31}'$$

$$G = H - TS \tag{10.32}$$
$$G^* = H^* - TS \tag{10.32}'$$

H^* および G^* は，荷重（応力）の影響 Fl を取り入れて H および G を拡張した関数になっている．いま可逆的微小変化を考えると，式(10.30)および(10.30)′から次式が得られる．

$$d(H - TS)_{T,P} = 0 \quad \text{すなわち} \quad dG_{T,P} = 0 \tag{10.33}$$
$$d(H^* - TS)_{T,P,F} = 0 \quad \text{すなわち} \quad dG^*_{T,P,F} = 0 \tag{10.33}'$$

この式は，熱力学的平衡が G または G^* を極小化することによって得られることを意味している．すなわち，Gibbs の自由エネルギー G を極小化することによって平衡が得られるが，応力（荷重）を含む場合には，G の代わりに G^* を極小化することによって平衡の得られることを意味している．これは，応力を含む問題においても，拡張した自由エネルギーを用いることによって平衡の問題を容易に論ずることができることを意味している．

次に G^* を用いて，母相とマルテンサイト相の平衡の問題を述べる．

$$G^{*\text{P}} = G^{*\text{M}}$$
$$\Delta G^{*\text{P}\rightarrow\text{M}} = G^{*\text{M}} - G^{*\text{P}} = \Delta H^* - T_0 \Delta S = 0$$
$$\therefore \quad \frac{\Delta H^*}{T_0(F)} = \Delta S \tag{10.34}$$

この式は ΔS が一定で応力依存性を持たなければ，ΔH^* は応力依存性を持つことを示している．

次に G^* を用いた計算の際に非常に便利な全微分の式を与える．

$$G^* = U + PV - Fl - TS$$

の両辺の全微分を取ると，

$$dG^* = dU + PdV + VdP - Fdl - ldF - TdS - SdT$$
$$= VdP - SdT - ldF + \{dU + (PdV - Fdl) - TdS\}$$

となる．

dG^* を表す上式で2行目の式は，その上の式を並べ変えただけであり，以下のように $\{\ \}$ 内はゼロとなる．$(\ )$ 内は $-dw$ であり，$-TdS = -dQ$ だからである．この結果 G^* 関数の応用に際し非常に便利な以下の関係が得られる．

$$dG^* = VdP - SdT - ldF \tag{10.35}$$
$$= -SdT - ldF \quad (P \text{ が一定のとき}) \tag{10.36}$$

この関係から以下の関係が得られる．

$$\left(\frac{\partial G^*}{\partial F}\right)_{T,P} = -l \tag{10.37}$$

$$\left(\frac{\partial G^*}{\partial T}\right)_{F,P} = -S \tag{10.38}$$

$$\left(\frac{\partial G^*}{\partial P}\right)_{T,F} = V \tag{10.39}$$

ついでに，後述の 12.1 節の超弾性を扱うときに重要となる Clausius–Clapeyron の式を拡張した自由エネルギーを用いて導く．図 10-6 の図は，F, T, G^* の空間で，母相 (P) とマルテンサイト相 (M) の自由エネルギーを F, T の関数として模式的に示したものである．両相の自由エネルギー曲面が交わった所が，両相の平衡する荷重と温度を示している．ここで，平衡を保ちながら一方の変数，例えば F を変えたとき，他方の変数はどうなるかというのがここでの問題である．ここで，G^* を使ってこの問題を考えると以下のように容易に解ける．

両相の平衡を考えているので，

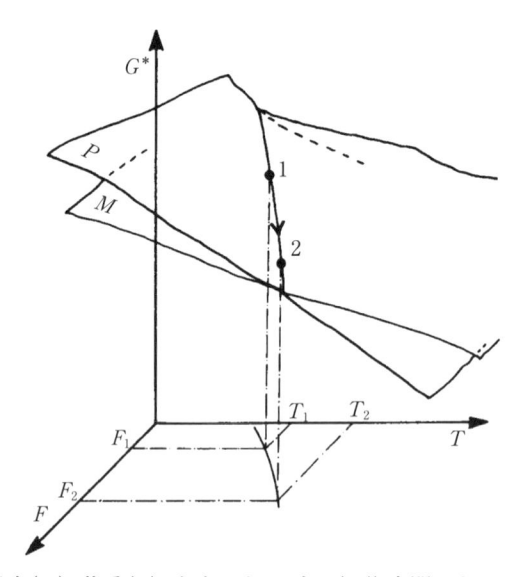

図 10-6 温度 (T)–荷重 (F)–自由エネルギー (G^*) 空間における母相とマルテンサイト相の間の平衡を模式的に表す図（Wollants ら[11]による）．

$$G^{*P} = G^{*M}$$
$$dG^{*P} = dG^{*M} \tag{10.40}$$

であり，ここで式(10.36)を使うと，

$$-S^P dT - l^P dF = -S^M dT - l^M dF$$

$$\frac{dF}{dT} = -\frac{\Delta S^{P \to M}}{\Delta l^{P \to M}} \tag{10.41}$$

$$\frac{dF}{dT} = -\frac{\Delta H^{*P \to M}}{T_0(F) \cdot \Delta l^{P \to M}} = \frac{-\Delta Q(F)}{T_0(F) \cdot \Delta l^{P \to M}} \tag{10.42}$$

となる．さらに，荷重を応力に変換し，伸びを歪に変換すると，

$$\frac{d(F/A)}{dT} = -\frac{\Delta H^{*P \to M}}{T_0(F) \cdot A \cdot l(\Delta l/l)^{P \to M}} = -\frac{\Delta H^{*P \to M}/V}{T_0(F) \cdot \varepsilon^{P \to M}}$$

が得られる．ここに，$V = A \cdot l$ は試料の体積であり，ε は変態による歪である．ここで $F/A = \sigma$（応力）に直せば，以下の式が得られる．

$$\frac{d\sigma}{dT} = -\frac{\Delta H^{*P \to M}}{T_0(F) \cdot \varepsilon^{P \to M}} \tag{10.43}$$

これが Clausius-Clapeyron の式であり，12 章で具体的に議論される．なお式(10.43)における ΔH^* は単位体積当たりの表現になっている．

10 参考書・参考文献

[1] L. Kaufman and M. Cohen, The Thermodynamics and Kinetics of Martensitic Transformations, Prog. Metal Phys., **7** (1958) 165.

[2] 掛下知行，山岸照雄，遠藤将一，日本金属学会会報，**32** (1993) 591.

[3] 掛下知行，佐分利敏雄，金道浩一，遠藤将一，日本物理学会誌，**51** (1996) 498.

[4] J. C. Fisher, J. H. Hollomon and D. Turnbull, Trans. AIME, **135** (1949) 691.

[5] G. V. Kurdjumov and L. G. Khandros, Dokl. Akad. NaukSSSR, **66** (1949) 211 （ロシア語）；文献［1］に英文で引用されている．

[6] G. B. Olson and M. Cohen, Scripta Metall., **9** (1975) 1247.

[7] D. P. Dunne and C. M. Wayman, Met. Trans., **4** (1972) 137.

[8] H. G. Tong and C. M. Wayman, Acta Metall., **22** (1974) 887.

[9] R. J. Salzbrenner and M. Cohen, Acta Metall., **27** (1979) 739.

[10] J. R. Patel and M. Cohen, Acta Metall., **1** (1953) 531.

[11] P. Wollants, M. de Bonte and J. R. Roos, Z. Metalkde, **70** (1979) 113.
[12] G. V. Kurdjumov, J. Iron and Steel Inst., **195** (1960, May) 26.

11

マルテンサイト変態の前駆現象

　マルテンサイト変態の前駆現象（precursor phenomena）とは，変態前の母相状態が変態温度に近づくと，母相の中にマルテンサイト変態を助けるような変化が現れるという考え方である．先に述べたマルテンサイト変態の古典論は破綻しているので，前駆現象待望論が根強くあり，それだけに反対論も少なくなく，これまで前駆現象の擁護論，反対論が何度となく繰り返されてきたが，最近は前駆現象の存在を認める考えが一般的になってきた．ただ，すべての合金系でこの現象が見られるわけではなく，観察されるのは主に熱弾性型の変態をする合金においてである．前駆現象は多くの場合，弾性定数 c' やフォノン（格子振動）のソフト化を通して現れる（系によってそれ以外の現れ方ももちろんあり得るが）．弾性定数は電気抵抗等に比べると鈍感な物理量であるにも関わらず，なぜ弾性定数やフォノンの変化として現れるかというと，マルテンサイト変態が協力現象だからである．つまり原子同志の協力的な変位によって引き起こされる現象だからである．まず本題に入る前に弾性定数について簡単におさらいする．応力および歪は基本的にテンソル量なので，弾性論に出てくる程度のテンソルを前提に話を進める．テンソルは一般的に二つの物理量（例えば，ここの例でいえば応力と歪）の間の線型な関係を簡潔に表現する数学であるが，それ自身が1冊の本になる対象なので，詳しく知りたい方は Nye の教科書[1]を参照されたい．応力および歪は添え字を二つ持つ2階のテンソルであるので，両者の比例係数である弾性定数は添え字を四つ持つ4階のテンソルになり，テンソルを使うと応力と歪の関係は以下のように書くことができる．

$$\sigma_{ij} = c_{ijkl} \varepsilon_{kl} \tag{11.1}$$

ここに，σ_{ij} は応力テンソル，ε_{kl} は歪テンソルであり，c_{ijkl} が弾性定数を表す4階のテンソルである．ただしこのテンソルは $(3)^4 = 81$ の要素を持ち扱いにくいので，応力と歪の添え字を6個ずつにまとめると，c_{ijkl} は6行，6列の行列にまとめることができ便利である．さらに対称性を考慮して整理すると，立方晶の母相の場合最終的に以下の形になる．

$$\begin{pmatrix} c_{11} & c_{12} & c_{12} & 0 & 0 & 0 \\ c_{12} & c_{11} & c_{12} & 0 & 0 & 0 \\ c_{12} & c_{12} & c_{11} & 0 & 0 & 0 \\ 0 & 0 & 0 & c_{44} & 0 & 0 \\ 0 & 0 & 0 & 0 & c_{44} & 0 \\ 0 & 0 & 0 & 0 & 0 & c_{44} \end{pmatrix} \tag{11.2}$$

ここで大事な点は立方晶に対する行列の独立な要素は三つ (c_{11}, c_{44}, c_{12}) しかないということである．これらの弾性定数でマルテンサイト変態との関係で重要なのは c_{44} と $c'=(c_{11}-c_{12})/2$ である．c' はこの定義式からわかるように独立要素ではないが，c_{11} と c_{12} の線型1次結合で表される量である．これらの物理的意味を説明する．c' は $\langle 1\bar{1}0 \rangle \{110\}$ シアーに対する抵抗を表す弾性定数であり，c_{44} は $\langle 100 \rangle \{001\}$ シアーに対する抵抗を表す弾性定数である．すでに7章で説明したように，高温でB2/DO$_3$構造を取るいわゆる β 相合金で，（長周期）積層構造を取る際に必要なシアーがまさにこの $\langle 1\bar{1}0 \rangle \{110\}$ シアーである．したがって温度の低下に伴って c' がソフト化すれば，このような変態にとって有利であることは容易に理解できよう．c' や c_{44} と並んでよく引き合いに出される物理量に弾性異方性（elastic anisotropy）と呼ばれる量がある．$A=c_{44}/c'$ で定義される量であり，$A=1$ であれば弾性的に完全な等方体になる．β 相合金においては異方性が大きいのが普通であり，$A>10$ 以上になるのも珍しくない．これに対し，Ti-Ni 合金に対しては A はほぼ2に近く，e/a の値は1.5の値から大きく離れているので，筆者は，Ti-Ni 合金を β 相合金の範疇に入れるのは適当でないと考えている[2]．

ここで，再度弾性定数のソフト化の問題に戻る．B2-2H（斜方晶）変態をする Au-47.5Cd 合金に対しては，すでに Zirinsky[3] によって M_s 点より上の広い温度範囲にわたって c' のソフト化が見出されている．図11-1は Zirinsky の論文のデータを使って c', c_{44}, A の値の温度依存性を示したものである[*1]．c_{44} の値は温度の低下に伴って上昇しているが，これは以下の理由で弾性定数の温度依存性として一般的な挙動である．つまり，温度が低下すると熱膨張の逆の現象として格子は収縮する．その結果イオン間の相互作用が強くなって弾性定数は上昇する．実際相変態を起こさない合金では温度の低下に伴って弾性定数は上昇するのが一般的挙動である．ところが図

[*1] 同様の図はすでに中西[4]によって図表化されているが，多分 c' の単位に誤りがある（c' の単位を1桁間違えている）と思われるので，Zirinsky のデータから再度作成し直した．

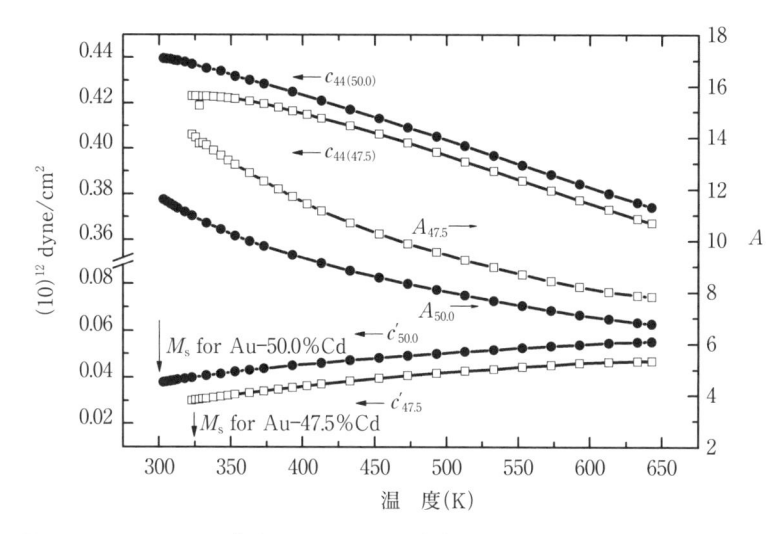

図 11-1 Au-47.5Cd 合金と Au-50.0Cd 合金におけるマルテンサイト変態前の弾性定数の変化. c', c_{44} および弾性異方性 (A) が示されている (Zirinsky[3]による).

11-1 では温度の低下に伴い c' の値は M_s 点に向かって低下している．これは明らかに弾性的に異常な現象である．この合金ではマルテンサイト変態前の母相状態で変態に都合の良い格子軟化が起こり変態の準備をしていると理解することができる[*2]．先に述べたように c' は長周期積層構造のマルテンサイトを作るのに必要なシアー$\langle 1\bar{1}0\rangle\{110\}$ に対応する弾性定数だからである．このような温度低下に伴う c' のソフト化は，Au-Cd の他，Ag-Cd，Cu-Al-Ni，Cu-Zn-Al，Au-Cu-Zn，Ni-Al 等多くの β 相合金で観察されている[4]．なおこの図では，c' のソフト化に伴って弾性異方性 A も温度低下に伴って顕著に上昇しているのが認められ，十分低温では 14 という高い値になっている．

続いてマルテンサイト変態の前駆現象のもう一つの側面として熱中性子の非弾性散乱による結晶中での変位波（フォノン）の情報について紹介する．図 11-1 では Au-Cd 合金の二つの組成に対して弾性定数の温度依存性を示したが，実はこの合金では

[*2] この図には B2-三方晶変態をする Au-50.0Cd 合金に対する類似の結果も示されているが，こちらは次の段落のフォノンの説明と併せて見ていただきたい．

組成によって生ずるマルテンサイトの構造が異なる．前述の通り Au-47.5Cd では B2-斜方晶変態が，Au-49.5Cd では B2-三方晶変態が起こるが，ここでは後者の例を紹介する．図 11-2 はフォノン分散関係と呼ばれるもので，TA$_2$ (Transverse Acoustic ; TA) と呼ばれる branch の横波変位波のエネルギーを$\langle\zeta\zeta 0\rangle$逆格子ベクトルの関数として表したものである．もしこの合金が相変態を起こさないものであるなら E は ζ の関数として正弦的な挙動を示すはずであるが（固体物理の教科書[6]参照），図 11-2 の曲線は $\zeta=1/3$ の近傍で明らかに dip を生じており，この dip は変態点に向かっての温度の低下に伴って顕著に深くなっている．つまり，温度の低下に伴ってこのフォノンが顕著にソフト化しているのが認められる．なお，Au-Cd 中の Cd は中性子の吸収係数が極めて大きいので（このことは原子炉の制御棒に Cd が使われていることからも明らかである），普通はこのように微弱なフォノンの測定は不可能であるが，この実験では吸収係数の小さい ^{114}Cd 同位体で Au-Cd 単結晶を作製してこの実験が可能になった．この B2-三方晶変態では，この変態が次の横波変位波によって記述できることが示されている[7]．

$$1/3[011][0\bar{1}1]+1/3[\bar{1}01][101]+1/3[110][1\bar{1}0]+ 高調波 \tag{11.3}$$

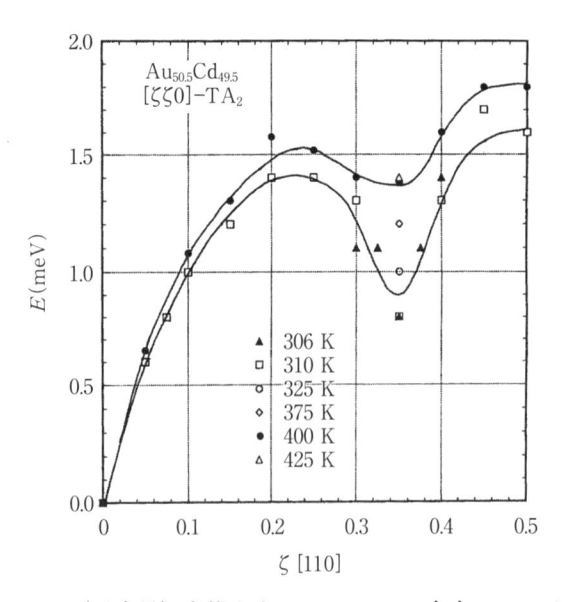

図 11-2 B2-ζ_2'（三方晶）変態をする Au-49.5Cd 合金のフォノン分散関係；TA$_2$ branch（大庭ら[5]による）．

ここで，例えば第一項は，波数ベクトルが 1/3[011] で，変位ベクトルが $[0\bar{1}1]$ 方向の波という意味であり，最初の 1/3 は波数ベクトルが [011] の 3 倍の周期を持った波という意味である．したがって，図 11-2 の $\zeta=1/3$ での顕著なフォノンのソフト化は見事な前駆現象といってよいであろう．先に述べたように，現象論では原子の不均一な微小な変位，すなわちシャッフルは無視されていたが，中性子非弾性散乱による実験ではこれらも測定でき，上記の結果は相補的である．ここにもマルテンサイト変態研究での種々のアプローチの面白さがある．

Au-47.5Cd 合金の場合に対してもこのようなフォノン分散関係の測定が行われており[8]，この場合には B2-斜方晶（2H）変態が起こるので，フォノンのソフト化は Brillouin zone 境界の $1/2\langle\zeta\zeta 0\rangle$ でフォノンのソフト化が起こることが期待される．実際このフォノンのソフト化は予想通り観察されているが，この場合にはもう少し複雑な事情があるので，フォノンのソフト化については B2-三方晶変態のケースで紹介した．

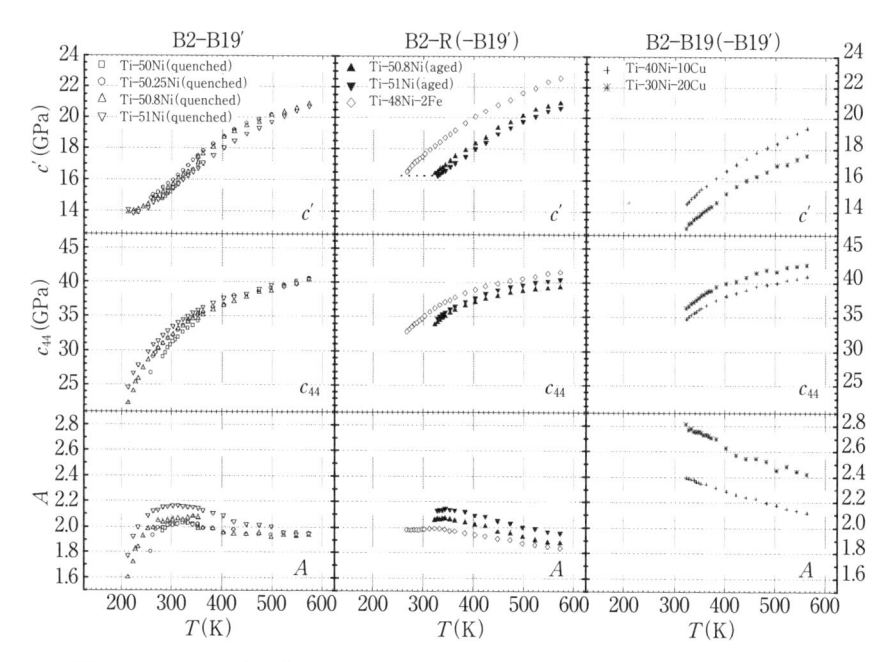

図 11-3 Ti-Ni 系合金におけるマルテンサイト変態前弾性定数の温度依存性．A は弾性異方性を表す（任ら[9]による）．

マルテンサイト変態の前駆現象に関してもう一つの興味深い Ti-Ni 系合金の例を紹介する．この合金系では，合金組成によって 3 種類の変態が起こり得ることは 7.5 節並びに図 7-14 ですでに述べた（B2-B19′，B2-R，B2-B19）．図 11-3 は，これら 3 種の合金の M_s 点以上の温度での弾性定数（c', c_{44}）および弾性異方性（A）を温度の関数として示したものである．この図から直ちに見て取れるのは c' も c_{44} も温度の低下に伴って低下していることである．先に述べたように，c' のソフト化は多くの β 相合金で観察される所であるが，c_{44} のソフト化はいわば例外であって，一見奇妙であ

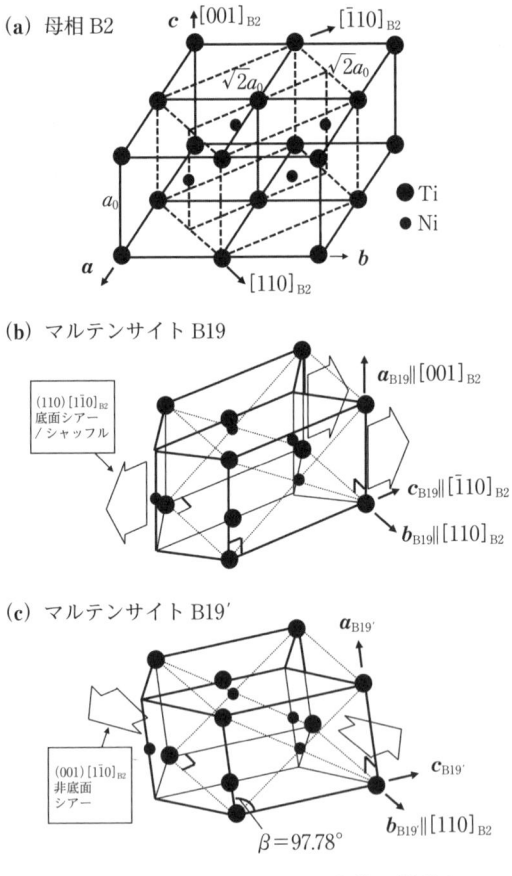

図 11-4 Ti-Ni 系合金における B2-B19-B19′ 変態の機構と c', c_{44} ソフト化の必要性を示す説明図．詳しくは本文参照（任と大塚[10]による）．

るが，これが B2-B19′ 変態の前駆現象であることを以下に述べる[10]．

図 11-4 は B2-B19′ 変態の結晶学的な構造変化を示したものであるが，この変化は図に示す通り B2→B19→B19′ と 2 段階に示すことができる．まず，1 段目の変化を図(a)(b)に示した．すなわち(a)の B2 母相で点線で表した部分が(b)で示したように，$(110)_{B2}$ 面上で$[1\bar{1}0]_{B2}$ 方向に 1 層おきに shuffle を起こし B19 構造となる．この際図 7-3 で説明したように，$[\bar{1}10]_{B2}$ 方向の伸びと $[001]_{B2}$ 方向の縮みが起きて，B19 の格子定数になるような変化も同時に起きている．こうしてできた B19 格子が続いて(c)では$(001)_{B2}$ 面上で，$[1\bar{1}0]_{B2}$ 方向に β 角が 90° から 97.78° までシアーすることにより単斜晶の B19′ 構造が形成される．1 段目の $(110)[1\bar{1}0]_{B2}$ shuffle は弾性定数 c' に対応する．一方，c_{44} は $(001)[100]_{B2}$ シアーに対応する弾性定数と定義されているが，これは同時に $(001)[1\bar{1}0]_{B2}$ シアーに対応する弾性定数でもある[6]．したがって，c_{44} のソフト化が単斜晶の β 角を 90° からずらすのに有効である．

以上を念頭において図 11-3 をもう一度眺めてみよう．この図は c', c_{44} および弾性異方性 A の温度依存性を，変態の型ごとに比較して示したものである．すなわち一番左の列には B2-B19′ 変態をする合金の場合，真ん中の列には B2-R(-B19′)変態の場合，一番右の列には B2-B19(-B19′)変態の場合を示していて，各型の合金の名前は各列の一番上に示されている．これらの弾性定数や弾性異方性は母相状態での値のみが示されている．まず全体を眺めると温度の低下に伴って c' も c_{44} も共に軟化しているのがわかるが，それらの軟化の仕方は変態の型ごとに異なっている．すなわち B2-B19′ 型においては c_{44} は変態点近傍で急速に軟化しており，その結果 A も温度低下に伴って減少している．このことは c_{44} の軟化が c' の軟化よりも急速に起きていることを意味しており，B2 から B19′ の変態において c_{44} の軟化の重要性をよく反映している．一方，B2-B19 の場合には，c_{44} の軟化はゆっくりで，A は温度の低下に伴ってむしろ増加している．この場合には B2-B19 変態にとって c' の軟化が重要だからである．それにもかかわらず c_{44} もゆっくりではあるが軟化しているのは，この合金が最終的には B19′ マルテンサイトになろうとする傾向を持っていることを反映しているためと解釈できる．同様に B2-R 変態の場合にも，温度低下に伴って A は緩やかに増加しておりこの変態に対し c' の軟化の方が重要であることを示している．以上のように，この合金系では変態の型に応じた前駆現象が観察できるのは非常に興味深いし，これらが変態前駆現象の強い証左になっていると思われる．

以上の他フォノン分散関係の測定は変態前駆現象に強いサポートを与える．その一例を図 11-5 に示す．図 11-5(a)は，$Ti_{50}Ni_{30}Cu_{20}$ 合金に対するもので，1 段目の B2-

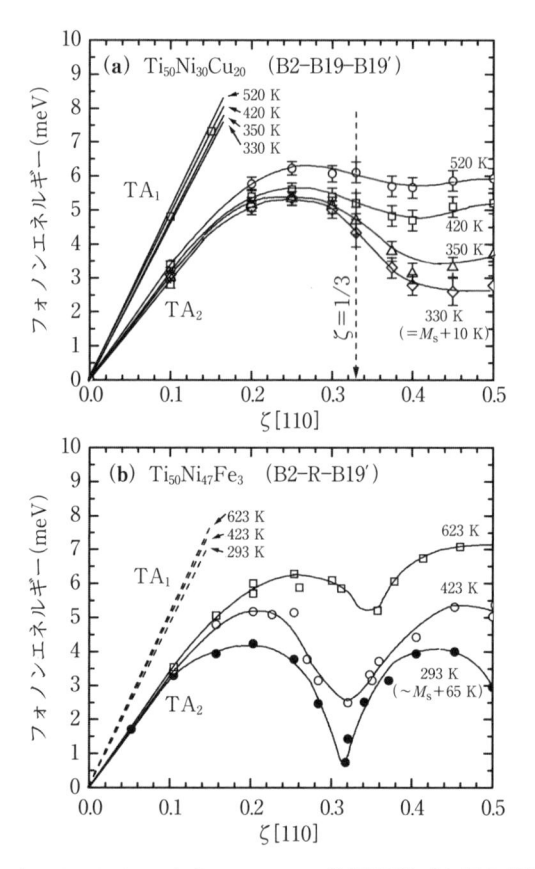

図 11-5 （a）Ti$_{50}$Ni$_{30}$Cu$_{20}$ 合金のフォノン分散関係（大塚と任[2] p. 576），
（b）Ti$_{50}$Ni$_{47}$Fe$_3$ 合金のフォノン分散関係（Moine ら[12]による）.

B19 変態に対応して TA$_2$ モードの⟨ζζ0⟩ branch のゾーン境界で顕著なフォノンのソフト化が観察され，予想通りの結果となっている．一方，図 11-5(b)では，1 段目の B2-R 変態に対応して 1/3⟨ζζ0⟩で顕著なフォノンのソフト化が見られる．この 1 段目の変態は Au-49.5Cd における B2-三方晶変態と同じなので，図 11-2 に示したフォノンの挙動と同様な結果である．この図には 2 段目の変態に対応するゾーン境界 1/2 ⟨ζζ0⟩でのフォノンのソフト化も観察される．図 11-5 には弾性定数の測定から外挿された c_{44} に対応する⟨ζζ0⟩⟨ζζ0⟩TA$_1$ branch フォノン分散関係（ζ→0 近傍のみ）も示

されているが，顕著なソフト化は見られない．

　変態前駆現象としては以上の他，tweed の問題や Ti-Ni 系等の電子線回折図形に現れる incommensurate spots の問題等非常に興味深い問題がある．興味のある方は関連する文献[11]を参照していただきたい．

11　参考書・参考文献

[1]　J. F. Nye, *Physical Properties of Crystals*, Oxford at the Clarendon Press (1957).
[2]　K. Otsuka and X. Ren, Prog. Mater. Sci., Vol. **50**, Issue 5 (2005) 532.
[3]　S. Zirinsky, Acta Metall., **4** (1956) 164.
[4]　N. Nakanishi, Prog. Mater. Sci., Vol. **24**, No. 3/4 (1979) 143.
[5]　T. Ohba, S. M. Shapiro, S. Aoki and K. Otsuka, Jpn. J. Appl. Phys., **33** (1994) L1631.
[6]　C. Kittel, *Introduction to Solid State Physics*, 4th Edition, John Wiley and Sons, Inc. (1971) p. 144.
[7]　T. Ohba, Y. Emura and K. Otsuka, Mater. Trans. JIM, **33** (1992) 29.
[8]　T. Ohba, S. Raymond, S. M. Shapiro and K. Otsuka, Jpn. J. Appl. Phys., **37** (1998) L64.
[9]　X. Ren, N. Miura, J. Zhang, K. Otsuka, K. Tanaka, M. Koiwa, T. Suzuki, Yu. I. Chumlyakov and M. Asai, Mater. Sci. & Eng., **A312** (2001) 196.
[10]　X. Ren and K. Otsuka, Scripta Mater., **38** (1998) 1669.
[11]　D. Shindo, Y. Murakami and T. Ohba, MRS Bull., **27**, No. 2 (2002) p. 121.
[12]　P. Moine, J. Allain and B. Renker, J. Phys. F : Met. Phys., **14** (1984) 2517.

12

形状記憶効果，超弾性とマルテンサイトからマルテンサイトへの変態

　マルテンサイト変態に付随して起こる独特の興味深い機械的性質について本章で述べる．一例を図12-1に示す．これはNASAが開発した宇宙船用のアンテナである．材料はすでに述べたマルテンサイト変態をするTi-Ni合金のワイヤーでできている．まず(d)に示したように，母相状態でアンテナの形に成型する．これをM_s点以下に冷却すると，マルテンサイト状態は柔らかいので容易に小さな形（高価なロケットの空間に適した形）に変形できる(a)．これを宇宙空間に出て太陽光で暖めれば元の形に戻ってアンテナとして作用する(a)〜(d)．つまりマルテンサイトの状態で変形しても，これを加熱して母相状態に戻せば，元の形に戻る形状記憶効果（shape memory effect）と呼ばれる現象である．同様に母相状態で変形しても，応力を外すだけで元の形に戻る超弾性（superelasticity）という現象もあるが，これについては後で述べる．

　形状記憶効果が最初に見出されたのは以外に古く，1951年Au-Cd合金でChangとReadによって見出されたとされている[1]．その後In-Tl[2,3]，Cu-Zn[4]，Cu-Al-Ni[5]などでも見出された．そのAu-CdについてのChangとReadによるAu-Cdの形状記憶効果についての記述は以下の一文だけで，それ以外データも示されていない[1]．

　"This permanent set is recoverable, however, for it disappears as the specimen is transformed back to the cubic phase."

　ここで，"permanent set"というのは，マルテンサイト状態で与えられた見かけ上の永久歪という意味である．この一文は普通ならば読み飛ばされてしまいそうな簡単な記述であるが，彼らがこの現象を観察していたのは間違いないであろう．では，なぜこんな簡単な記述になってしまったかであるが，それは多分Au-Cd合金ではゴム弾性的挙動（rubber-like behavior）（12.5節参照）という非常に奇妙な現象がすでに1932年に見出されていて，彼らの関心がそちらに向っていたためと思われる．一方，超弾性も少し遅れてIn-Tl[2,3]，Cu-Zn[6]，Cu-Al-Ni[7]などで見出されていたが，これらの現象はそれほどの関心を呼ぶにいたらなかった．その後，1963年になって

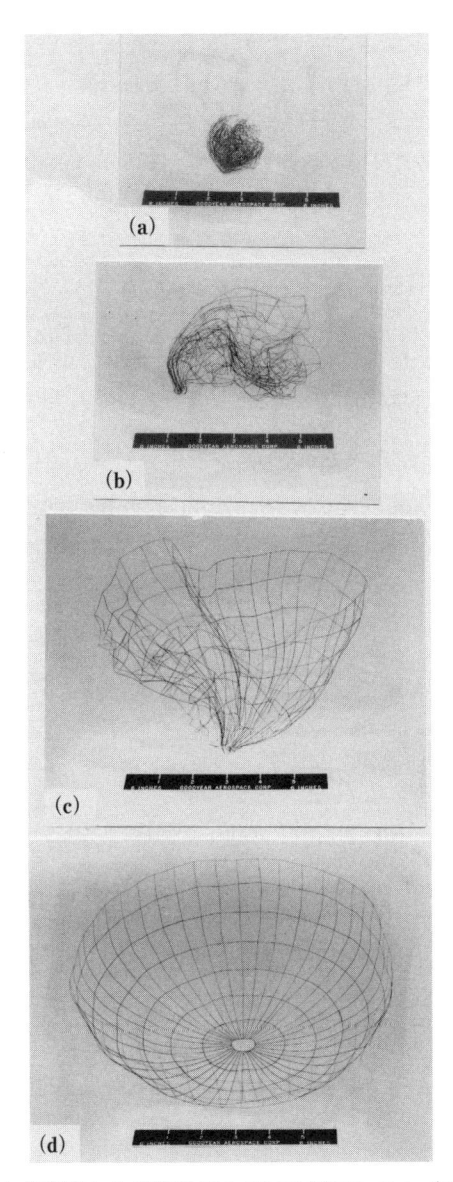

12 形状記憶効果，超弾性とマルテンサイトからマルテンサイトへの変態　　125

図 12-1 NASA が開発した宇宙船用の Ti-Ni 製アンテナ（Good Year Aerospace Corp. 提供）．

Ti-Ni合金における形状記憶効果が米国海軍研究所 Naval Ordinance Laboratory の Buehler ら[8]によって見出され，活発な宣伝活動も相俟って，衆目の関心を集めるようになった[*1]．この結果，電子顕微鏡観察（TEM），X線回折，引張試験機等を用いた定量的で，結晶学的な理論に基づいた本格的な研究活動の始まったのはほぼ 1970 年前後からといってよいであろう．歴史的な記述はこれまでとし，以下本題に戻ろう（歴史的な記述については文献[10]を参照されたい）．

形状記憶効果や超弾性は後述するように，多くの合金系で見出されているが，ここでは典型的な Cu-Al-Ni 合金単結晶で行われた研究結果を用いて述べる．単結晶なら現象は単純になるし，結晶学的な解析も可能だからである．図 12-2 は Cu-14.5 wt%Al-4.4 wt%Ni 合金単結晶をインストロン試験機で引張試験したときの応力-歪

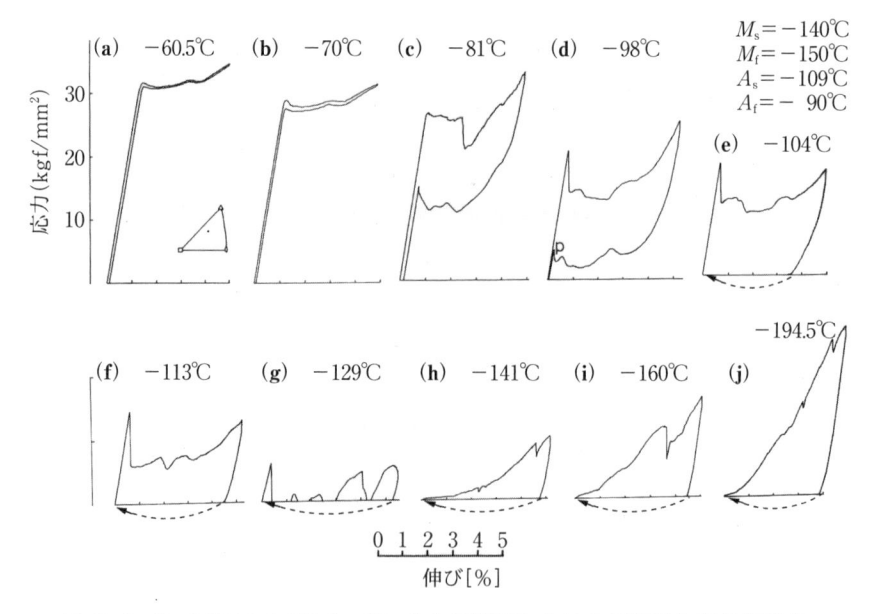

図 12-2 Cu-14.5Al-4.4Ni（wt%）合金単結晶における超弾性と形状記憶効果．(e)〜(j)における破線の矢印は A_f 点以上への加熱による歪の回復を示す．詳しくは本文参照（大塚ら[11]による）．

[*1] Ti-Ni 合金における形状記憶効果発見のようすは最近小岩によって興味深く紹介されている[9]．

(stress-strain；S-S) 曲線を試験温度の関数として示したものである．この合金の変態温度は図の右上に示す．まず，この一連の図をざっと眺めると，二つに大別できることがわかる．すなわち(a)〜(d)間での温度域($T \geqq -98°C$，すなわちほぼA_f点以上)では，応力下で生じた歪は応力除荷するだけで回復する．すなわち数%にも及ぶ非線形の歪が応力除荷で回復している．これに反し(e)〜(j)間の温度域($T \leqq -104°C$すなわちほぼA_s点以下)では，除荷後歪は残留するが，これを除荷後A_f点以上に加熱すると矢印で示したように，この歪は完全に回復する．(a)〜(d)で見られる挙動が超弾性であり，(e)〜(j)で見られる現象が形状記憶効果である．それがなぜ，どのように起こるかを以下に説明する．

12.1 超 弾 性

図 12-2 の超弾性の S-S 曲線も温度域によって二つに大別できることが容易にわかる．すなわち，(a)〜(b)の温度域では，応力ヒステリシスが極めて小さく，S-S 曲線もなめらかであるのに対し，(c)〜(d)では，応力ヒステリシスが極めて大きく，降伏点で大きなピークを伴っている(特に(d))．実はいずれの場合も応力負荷時の応力誘起マルテンサイト変態と，応力除荷時の逆変態によって超弾性が現れているのだが，生ずるマルテンサイトの構造が二つの温度域で異なるために，温度域によって異なった超弾性が現れている．それを以下に示す．図 12-2 の試料では変態温度が低過ぎて組織観察や X 線回折に不適なので，Al の組成を少し変えて実験した結果が図 12-3 である．左上に添付した S-S 曲線から容易にわかるように，これは図 12-2(a)(b)に対応するケースである．この S-S 曲線の a, b, c…とカメラで捉えた組織写真の a, b, c…は 1：1 に対応している．この写真から，降伏点 b で板状のマルテンサイトが現れ，歪の増加に伴ってマルテンサイトの量は増加し，f 点でほぼマルテンサイトの単結晶になっている．この状態でマイクロビームのラウエ写真を撮り，β_1'(18R：図 7-6(b)))マルテンサイトであることを確認している．なお(b)〜(f)で生成したマルテンサイトがいずれも同じ晶癖面を持っているのが注目される．これは試料が単結晶であるため，引張応力に対し最も有利なバリアントが選ばれているからであり，最終段階(f点)でマルテンサイトの単結晶になれるのもこのためである[*2]．またこのマルテンサイトの晶癖面がβ_1'マルテンサイトの晶癖面に一致することも確認している．S-S 曲線の f-g 間の直線は生成したβ_1'マルテンサイトの弾性変形を表している．今度は逆に g 点から除荷していくと，最初の直線領域(h 点の少し前まで)はβ_1'マ

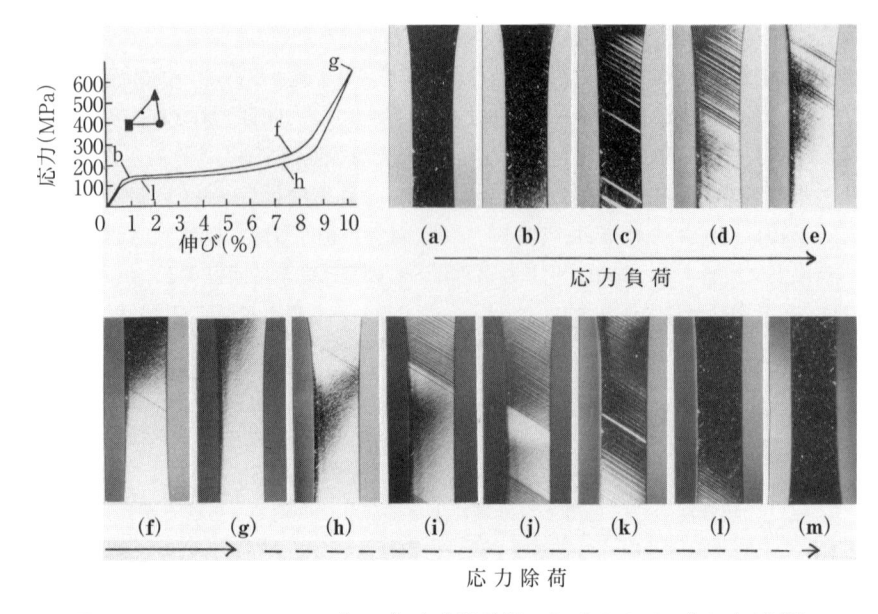

図 12-3 Cu-14.1Al-4.2Ni（wt%）合金単結晶における β_1-β_1'（18R）変態に伴う超弾性と組織変化（大塚ら[11]による）．

ルテンサイトの弾性域での除荷である．本当に弾性域なら図のような応力ヒステリシスは生じないはずであるが，それが生じているのは試料両端のグリップの影響が出ているためである．伸び計を使った精密な測定では応力ヒステリシスがなくなることを後に示す（図 12-6）．h 点の少し前の屈曲点を過ぎると母相への逆変態が始まる．その際晶癖面が応力負荷時と同じであるのも興味深い．これは元と同じ方位の母相が生成し，これにより歪が回復するからである．

続いて S-S 曲線がシャープなピークを持つ場合の応力下での組織変化を図 12-4 に示す．この場合には実験の都合上，応力除荷後に歪が残留する条件で調べている．前

---

*2 母相が単結晶でも M_f 点以下の温度への冷却によって生成するマルテンサイトは自己調整のため単結晶にはならない．しかしこの実験は応力誘起変態の手法を用いればマルテンサイト単結晶を作製できることを示唆している．著者らはこの方法によりマルテンサイトの単結晶を作製し，マルテンサイト単結晶の物性を調べる研究も行った．

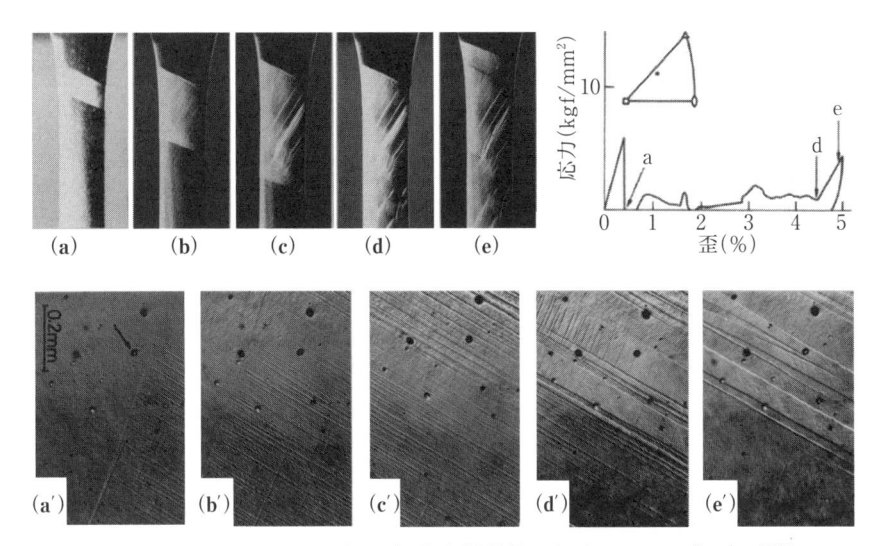

12 形状記憶効果，超弾性とマルテンサイトからマルテンサイトへの変態   129

図 12-4 Cu-14.1Al-4.2Ni（wt%）合金単結晶における β_1-γ_1'（2H）変態に伴う組織変化とそれに対応する応力-歪曲線（大塚ら[11]による）．

回同様 S-S 曲線上の a, b, c…と写真の a, b, c…は 1：1 に対応している．両者の比較からシャープなピークの出現直後大きなバンド状マルテンサイトが生成しているのがわかる．しかも，このマルテンサイトは内部組織としての双晶を伴っているのが，下の光顕写真からもわかる．この後，歪を増加させると，新たな晶癖面バリアントは生ぜず，元の晶癖面バリアントの成長という形で変態は進行しており，先の β_1' マルテンサイトの場合と挙動は大いに異なる．なおこの場合にはマイクロビームによるラウエ回折により，生成したマルテンサイトが γ_1'（2H：図 7-6(a)）マルテンサイトであることが確認されている．先のケースと大きな相違ができた理由については後で議論する．

以上から応力ヒステリシスの極めて小さい超弾性ループ（図 12-2(a)(b)）は応力負荷時の $\beta_1 \to \beta_1'$ 変態と応力除荷時の $\beta_1' \to \beta_1$ 逆変態によって引き起こされ，シャープなピークと大きな応力ヒステリシスを伴う超弾性ループ（図 12-2(c)(d)）は，応力負荷時の $\beta_1 \to \gamma_1'$ 応力誘起変態と応力除荷時の $\gamma_1' \to \beta_1$ 逆変態によって引き起こされたものであることが明らかになった[*3]．このことは以下のような整理によってさらにサポートされる．図 12-2 の降伏応力を温度に対してプロットすると，図 12-5 が得られるが，傾きの異なる二つの直線にのっているのが明瞭に認められる．このことは

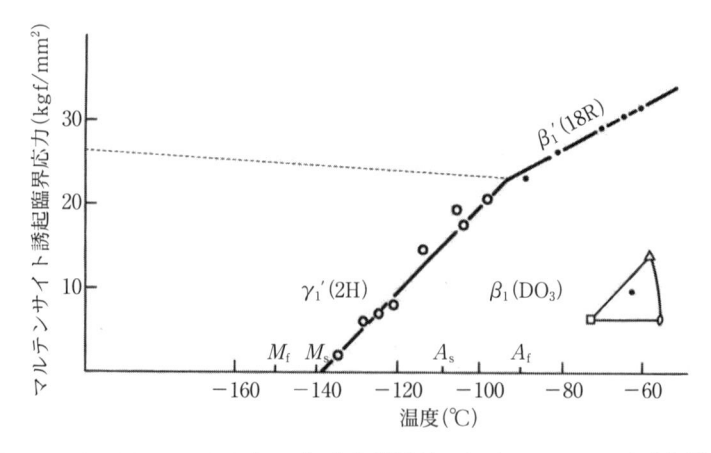

図 12-5 Cu-14.5Al-4.4Ni（wt%）合金単結晶におけるマルテンサイト誘起応力の温度依存性（図 12-2 から plot）. 臨界応力の異なった傾きは異なった応力誘起変態を表す. 破線は γ_1' マルテンサイトと β_1' マルテンサイトの相境界を示唆するが，これについては後述する（大塚ら[11]による）.

10.5 節で述べた Clausius-Clapeyron の式（式(10.43)）からよく理解できる. すなわち，二つの直線の傾きは，Clausius-Clapeyron の式の左辺に該当し，傾きの値は変態のエンタルピー（ΔH），変態歪（ε）や平衡温度（T_0）に依存するから，変態の型が異なれば，直線の傾きも変わる. 逆に Clausius-Clapeyron の式において，測定値として ε, T_0 および $d\sigma/dT$ を代入すれば，変態のエンタルピー ΔH を求めることもできる. そのような計算の一例を以下に示す. この計算は，図 12-2 とは別の試料で測定されたものである. 詳しくは原論文[11]を参照されたい. $\beta_1 \to \beta_1'$ 変態に対しては，$d\sigma/dT=0.2 \text{ kg/mm}^2\text{K}$, $\varepsilon_0=0.066$, $T=300 \text{ K}$ で，$\Delta H=-73.8 \text{ cal/mol}$ となる. 一方，β_1-γ_1' 変態に対しては，$d\sigma/dT=0.4 \text{ kg/mm}^2\text{K}$, $\varepsilon_0=0.041$, $T=300 \text{ K}$ で，$\Delta H=-86.2 \text{ cal/mol}$ と求まる. このことから変態のエンタルピーは両変態とも大きな差異はないことがわかる.

図 12-5 を眺めると，傾きの異なる直線の左側で，温度域によって生成するマルテンサイトの構造が異なることが示されている. したがってこの左側の空間では，状態

[*3] 図 12-2(c)ではシャープなピークが現れていないのは，最初 $\beta_1 \to \beta_1'$ 変態で進行し，途中から（急激な応力降下のあるところ）$\beta_1 \to \gamma_1'$ 変態に変化したためと考えられる.

図的に考えると両者の間に相境界があってもよさそうである．実際両者の間には相境界のあることが後に見出された（12.2 節で後述）．普通，マルテンサイト変態というと，母相とマルテンサイト相の間の変態であるが，上に述べたことは，マルテンサイトからマルテンサイトへの変態もあり得ることを示すものである．これについては 12.2 節で詳しく述べる．

12.1.1 超弾性歪

超弾性は応力付加時の応力誘起マルテンサイト変態とその除荷時の逆変態によって得られるものであるから，超弾性歪（superelastic strain）は変態の結晶学的パラメータから計算でき，現象論で求められる shape strain を用いた以下の式によって与えられる[11]．

$$\varepsilon_c = \sqrt{(m_1^p \sin \chi)^2 + 2m_1^p \sin \chi \cos \lambda + 1} - 1 + m_1^n \sin^2 \chi \tag{12.1}$$

ここに，m_1^p は shape strain のシアー成分，m_1^n は shape strain の垂直成分（$=\Delta V/V$）である（図 9-5 参照）．第 1 と 2 項はシアー成分からの寄与を表し，すべりや双晶変形の際のシアーと伸びの関係を表す Schmid-Boas の関係[13]を表す式と同様である．第 3 項は垂直成分の寄与を表している．元々この式は大塚らによって提唱されたものであるが（元の式では第 3 項の m_1^n の 2 乗の指数が落ちている），後に Christian[14]によってやや不正確であると批判を受けた．Christian の式はもう少し複雑な式であるが，熱弾性型の変態における m_1^n は 0.003 程度と非常に小さいので，本書では m_1^n の 2 乗の項は無視した形になっている．いずれにしても，式(12.1)において，垂直成分の寄与はシアー成分の寄与に比べてずっと小さいので，従来の報告での数値的修正はほとんど必要ない．

一方，佐分利ら[9;33]は超弾性歪の計算に shape strain ではなく，格子変形行列を用いた計算の仕方を提唱している．それについては次節の形状記憶効果の項で述べるが，両者の違いは，格子変形による計算の場合は格子不変変形としての双晶を考慮に入れていないので，回復歪の上限を与えるのに対し，shape strain による計算の場合は双晶も考慮に入っているので，応力誘起変態直後の状態に対応することになる．

続いて図 12-6 に Cu-Al-Ni 単結晶の β_1-β_1' 変態による超弾性の方位依存性の測定例を示す．一般に，引張試験による伸びの測定ではグリップの影響等があり，精度が問題になるが，ここでは伸び計を用いた精密な測定をしている．この超弾性ループには二，三の興味深い特徴が見られる．まず，β_1-β_1' 応力誘起変態による plateau 領域が非常にフラットである．これは図 12-3 ですでに見たように生成するマルテンサイ

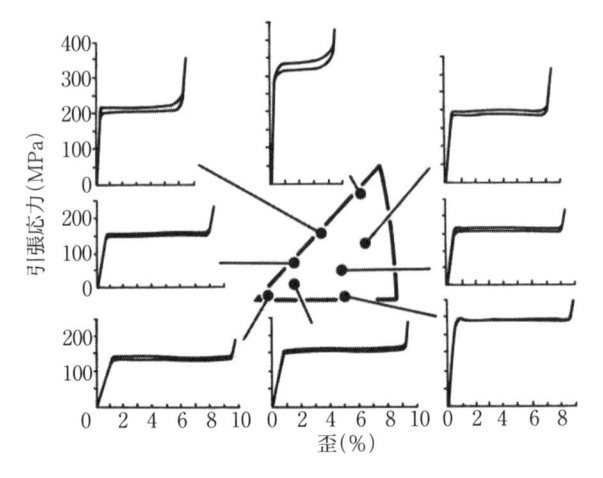

図 12-6 Cu-14.1Al-4.0Ni（wt%）合金単結晶におけるβ_1-β_1'超弾性の方位依存性．伸び計により測定（堀川ら[15]による）．

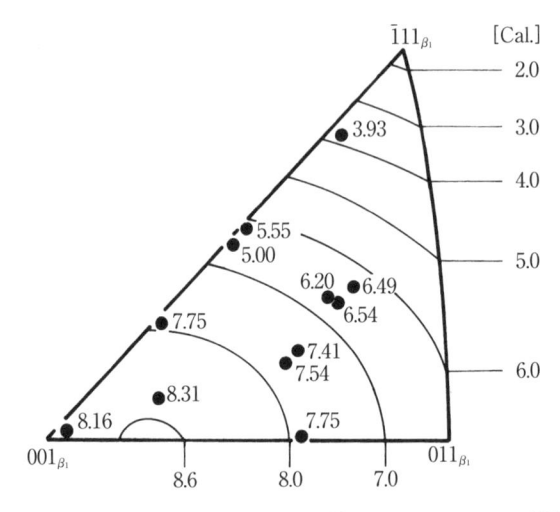

図 12-7 Cu-14.1Al-4.0Ni（wt%）合金単結晶におけるβ_1-β_1'超弾性伸びの理論値（実践）と実験値（黒丸）の比較（堀川ら[15]による）．

トのバリアントがすべて同じで，核形成に余分な応力を必要としないからである．次に，この図から超弾性歪が方位によって大きく異なることがよくわかる．すなわち，$\langle 001 \rangle_{\beta_1}$ 近傍では伸びは大きく，$\langle 111 \rangle_{\beta_1}$ 近傍での伸びは非常に小さい．これを定量的に比較したのが図 12-7 のステレオ三角形による表示である．実線は式 (12.1) の shape strain による超弾性歪の計算値であり，黒丸で示したのは，伸び計による精密な測定結果である．両者はよく一致しており，shape strain による計算が超弾性歪をよく予測しているのが理解できる．格子変形を用いた計算も行っているが，このケースでは shape strain による計算の方が実験とのよい一致を与えるとの結果であった．

12.1.2 応力下でのマルテンサイトバリアントの選択

母相単結晶に 1 軸応力を付加した場合，24 通りの晶癖面バリアントの内どのバリアントが選ばれるかは応力誘起変態を考える上での大事な問題である．先に述べたように，マルテンサイト変態は不変面歪で記述できる現象であり，垂直成分はシアー成分に比べ圧倒的に小さいので，外部応力と相互作用するのは shape strain のシアー成分と考えるのが普通であり，一般的と思われる．すなわち，シアー成分に対する Schmid 因子を最大にする晶癖面バリアントが選ばれると考えるのが合理的に思われる．事実筆者の経験では，Cu-Al-Ni 合金での β_1-β_1' 変態ではすべてのケースがこの criterion に合致していた[15]．これに反し β_1-γ_1' 変態する Cu-Al-Ni 合金の場合には，Schmid 因子最大のものは選ばれず，2 番目に大きなものが選ばれていた．ただし，この場合 1 番目と 2 番目の Schmid 因子の差は極めて小さなものであった[16]．一方 Ti-Ni 合金の B2-B19′ 変態では，1 番目か 2 番目に大きな Schmid 因子のものが選ばれていた[17]．上に述べたことからバリアント選択についての上記 criterion はほぼ成り立つと考えてよい[*4].

12.1.3 有効応力と超弾性ループの歪速度依存性

超弾性ループが歪速度によってどう変わるかを二つの型の変態に対して示したのが図 12-8 と図 12-9 である．どちらの場合にも応力ヒステリシスは歪速度と共に大きくなっている．このような問題に対しては，以下のように有効応力（effective stress）

[*4] Fe-Cr-Ni 合金の fcc-bcc 変態では Bogers-Burgers 機構との関係で，応力と相互作用するのは，shape strain ではなく，第 1 シアーの $\{111\}\langle 2\bar{1}\bar{1}\rangle$ であると報告されている[18]．これは多分熱弾性的でない，例外的なケースと思われる．

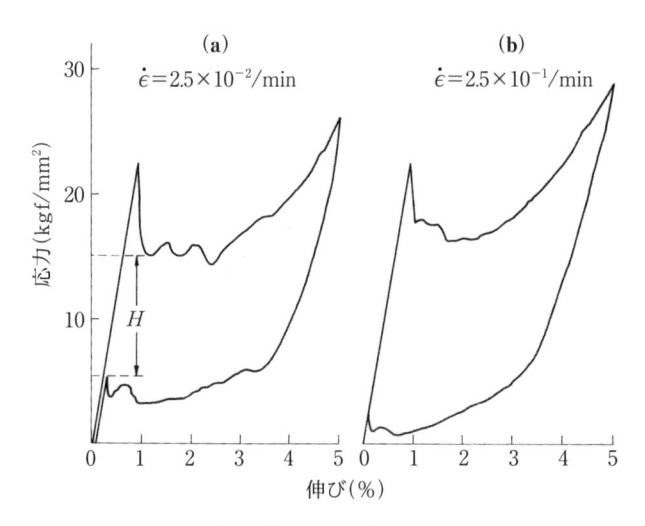

図 12-8 Cu-14.5Al-4.4Ni (wt%) 合金単結晶における β_1-γ_1' 超弾性の歪速度依存性(大塚ら[11]による).

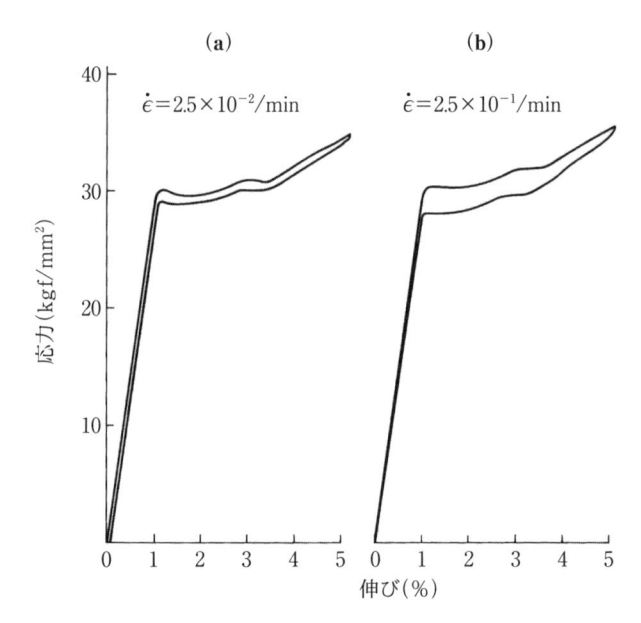

図 12-9 Cu-14.5Al-4.4Ni (wt%) 合金単結晶における β_1-β_1' 超弾性の歪速度依存性(大塚ら[11]による).

の概念を導入して考えるのが便利である[11].

　先に述べたように，超弾性は一般に A_f 点以上の温度で起こる現象であるので，熱弾性型マルテンサイト変態を引き起こすような試料に外力を働かせたとき，試料には二つの駆動力（driving force）が働く．一つはマルテンサイト変態を助ける機械的な外力であり，もう一つは母相とマルテンサイト相の自由エネルギーの差からくる駆動力である．したがって，以下のように化学的応力（chemical stress）を定義し，化学的応力と外部応力（external stress）の和を有効応力と定義すれば，両者を統一的な一つの応力として記述することができる．母相とマルテンサイト相の自由エネルギーの差（ΔF）は変態が起こるとき仕事をする．したがって，化学的駆動力は化学的応力と以下のように関係付けられる．

$$\Delta F^{m \to p} = F_p - F_m = \tau_{chem} m_1^p + \sigma_{chem} m_1^n \cong \tau_{chem} m_1^p \tag{12.2}$$

ここに，τ_{chem} は shape strain のシアー成分に対応する化学的応力，σ_{chem} は shape strain の垂直成分に対応する化学的応力を表す．

　マルテンサイト変態の際の自由エネルギー変化を考えるときは $(F_m - F_p)$ で表す方が自然であるが，Kaufman-Cohen[10:1]以来駆動力は正になるような取り方にするので，本書でもこれに従った．式(12.2)で $(F_m - F_p)$ の順序が一見逆になっているように見えるのはこのためである．上式の最後の近似で垂直成分の $(\sigma_{chem} m_1^n)$ の項が省かれているのは，先にも述べたように，熱弾性型変態では一般に変態の際の体積変化は非常に小さく $m_1^n \ll m_1^p$ の関係が成り立つからである．この式は駆動力の存在が化学的応力の存在に等しいことを意味しており，このことから有効応力は以下のように表せる．

$$\tau_{eff} = \tau_{chem} + \tau_{ext} \tag{12.3}$$

これら三つの応力の関係を示すと図12-10のようになる（図(a)と(b)では先に示した二つの型の変態に対しそれぞれ示した）．τ_{eff} を決めるには τ_{chem} を評価しなければならない．超弾性領域で ΔF は変態に抗するわけだから，$\tau_{eff}^{p \to m}$ と τ_{chem} の符号は相反する．$\tau_{eff}^{p \to m}$ の符号と $\tau_{eff}^{m \to p}$ の符号の逆なのもまた明らかである．したがって，τ_{chem} の始点は超弾性ループの上の曲線（応力付加時）と下の曲線（応力除下時）の間にくるはずである．第一近似としては，図に示したように両者の中点に取るのが自然である．このような次第で変態の定常状態での $\tau_{eff}^{p \to m}$ と $\tau_{eff}^{m \to p}$ を図12-10に示した．

　一般的にマルテンサイト変態は核形成と母相-マルテンサイト相界面の伝搬による成長の過程を経て進行する．直感的に言えば，核形成率 $\dot{N}(\tau_{eff})$ と界面の伝播速度 $V_i(\tau_{eff})$ は共に τ_{eff} の関数で，τ_{eff} の増加に伴って増加する．しかし，インストロンのよ

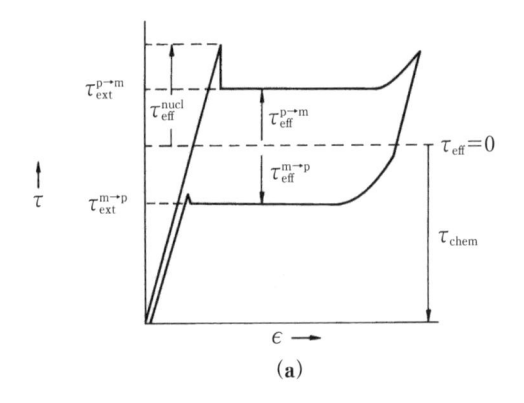

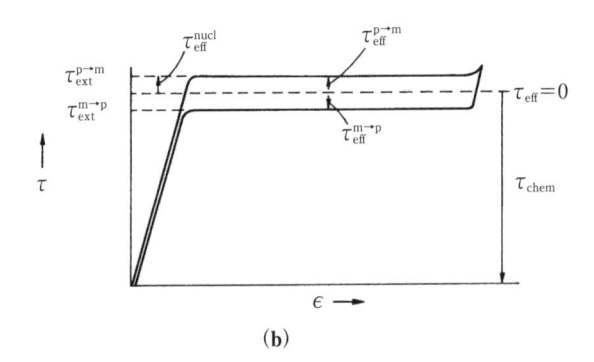

図 12-10 超弾性解析のため τ_{chem} と τ_{eff} の導入. 詳しくは本文参照（大塚ら[11]による）.

うな "hard" な引張試験機では，歪速度は一定になるように設定されているので，マルテンサイト変態はこの歪速度とバランスするような変態の仕方を強いられる．このため超弾性の特徴は核形成のための臨界応力（τ_{eff}^{nucl}），界面の伝播速度 $V_i(\tau_{eff})$ 並びに歪速度（$\dot{\varepsilon}$）によって決まることを以下に示す．

（I） τ_{eff}^{nucl} が大きく，$\dot{\varepsilon}$ はあまり大きくない場合（図 12-10(a)）

この場合，τ_{eff}^{nucl} は大きく，したがって $V_i(\tau_{eff}^{nucl})$ も大きい．もし $V_i(\tau_{eff}^{nucl})$ がクロスヘッド速度よりずっと速いなら，τ_{eff} は $V_i(\tau_{eff}^{nucl})$ とクロスヘッド速度のバランスする定常状態に至るまで急速に減少しなければならない．この場合の超弾性曲線は鋭いピークで特徴付けられることになり，図 12-2(d) はこの場合に相当する．この定常

状態で τ_eff は $\tau_\text{eff}^\text{nucl}$ より低いので，これ以後マルテンサイトの核形成がなされることはなく，以後変態は図12-4で見た通り界面の伝播のみで進行することになり，生ずるマルテンサイトのバリアントは一つだけである．続いて応力ヒステリシスの歪速度依存性について述べる．定常状態ではクロスヘッド速度（V_c）と界面伝播速度の間には以下の式が成り立つ．

$$V_\text{c} = 2\varepsilon_0 V_\text{i} \cos \phi = L\dot{\varepsilon} \tag{12.4}$$

ここに，ε_0 は変態に伴う引張歪，ϕ は晶癖面法線と引張軸のなす角，L はゲージ長である．今，$\dot{\varepsilon}$ を増加させたとすれば，V_i は増加しなければならない．なぜなら他の項は一定だからである．この結果，τ_eff の値は図12-8に示したように高くなる．こうして図12-8の歪速度依存性は矛盾なく説明できる．実は応力ヒステリシスの逆数と歪速度の間には負の勾配を持つ定量的な直線関係があって，τ_eff を界面転位に関する角野理論[19]に適用すると，この直線関係も説明できる[20]．

（Ⅱ） $\tau_\text{eff}^\text{nucl}$ が非常に小さい場合（図12-10(b)）

$\tau_\text{eff}^\text{nucl}$ が非常に小さい場合には $V_\text{i}(\tau_\text{eff}^\text{nucl})$ も非常に小さい．先の場合のように鋭いピークの現れる条件は，

$$2\varepsilon_0 V_\text{i} \cos \phi \gg L\dot{\varepsilon} \tag{12.5}$$

で表せるが，$\tau_\text{eff}^\text{nucl}$ が非常に小さい場合には $\dot{\varepsilon}$ の普通の値に対してこの条件が満たされることはない．したがって仮に一つのバリアントが核形成したとしても，その界面伝播だけでクロスヘッド速度に見合うことはできない．このためクロスヘッド速度とバランスするために，多数のマルテンサイトのプレートが核形成する必要がある．図12-3で多数の β_1' マルテンサイトのプレートが観察されたのはこのためで，このことから，この場合の超弾性ループは応力ヒステリシスの小さい，なめらかな曲線になる．

以上で超弾性の特徴は臨界応力（$\tau_\text{eff}^\text{nucl}$），界面の伝播速度 $V_\text{i}(\tau_\text{eff})$ 並びに歪速度（$\dot{\varepsilon}$）の三つのパラメータでよく記述できる．

12.1.4　引張応力 vs. 圧縮応力の比較

応力誘起変態を引き起こすための応力を引張から圧縮に変えたらどうなるかは興味深い問題である．典型的な例を Cu-Al-Ni 合金単結晶に対して調べた例を図12-11に示す[21]．明らかに引張側と圧縮側で挙動は非対称的である．先に述べたように，小さな応力ヒステリシスを伴っているのは β_1-β_1' 変態であり，大きな応力ヒステリシスを伴っているのは β_1-γ_1' 変態である．つまり，この場合，試験温度は同じでありなが

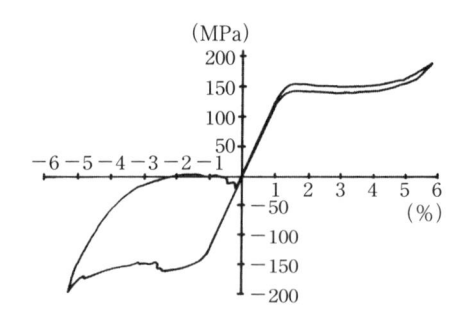

図 12-11 Cu-14.3Al-4.2Ni（wt%）合金単結晶における超弾性の引張応力 vs. 圧縮応力依存性（坂本ら[21]による）.

ら，引張と圧縮で誘起するマルテンサイトの構造まで異なり，応力誘起変態の挙動は大きく異なっている．

マルテンサイト変態の熱力学の項で，応力は変態を助けるので熱力学的に試料の冷却と類似の効果のあることを述べたが，厳密には両者には明確な相違がある．すなわち温度は等方的であるが，応力には方向性があり，マルテンサイト変態に対する影響には相違があるということである．類似の効果は Au-Cd 合金でも見られている[22]．なお超弾性全般については初期の頃発表されたかなり詳しいレビューがある[12]．

12.2　多段階超弾性：マルテンサイトからマルテンサイトへの変態

前述した Cu-Al-Ni 合金単結晶では，引張試験の試験温度に応じて β_1-β_1' 変態が誘起したり，β_1-γ_1' 変態が誘起したりした（図 12-5 参照）．この図を状態図的に考えると点線で模式的に示したように γ_1' マルテンサイトと β_1' の間にマルテンサイトの相境界の存在することが期待される．後に具体的に示すようにこのような相境界は実際に存在するが，それを実際に観察するのは簡単ではない．なぜかというと図 12-5 のような試料方位の場合，$\gamma_1' \to \beta_1'$ 変態を起こすのに必要な応力が非常に高く，試料の破断応力を超えてしまうからである[12]．しかしながら，$\langle 001 \rangle_{\beta_1}$ 方位の試料を用いれば，$\gamma_1' \to \beta_1'$ 変態に必要な応力が低くなり，このような変態を実際に観察できることを以下に示そう[20]．この結果はマルテンサイト変態がマルテンサイト相間でも起こり得ることを示すものとして大変重要である．マルテンサイト変態は立方晶の母相か

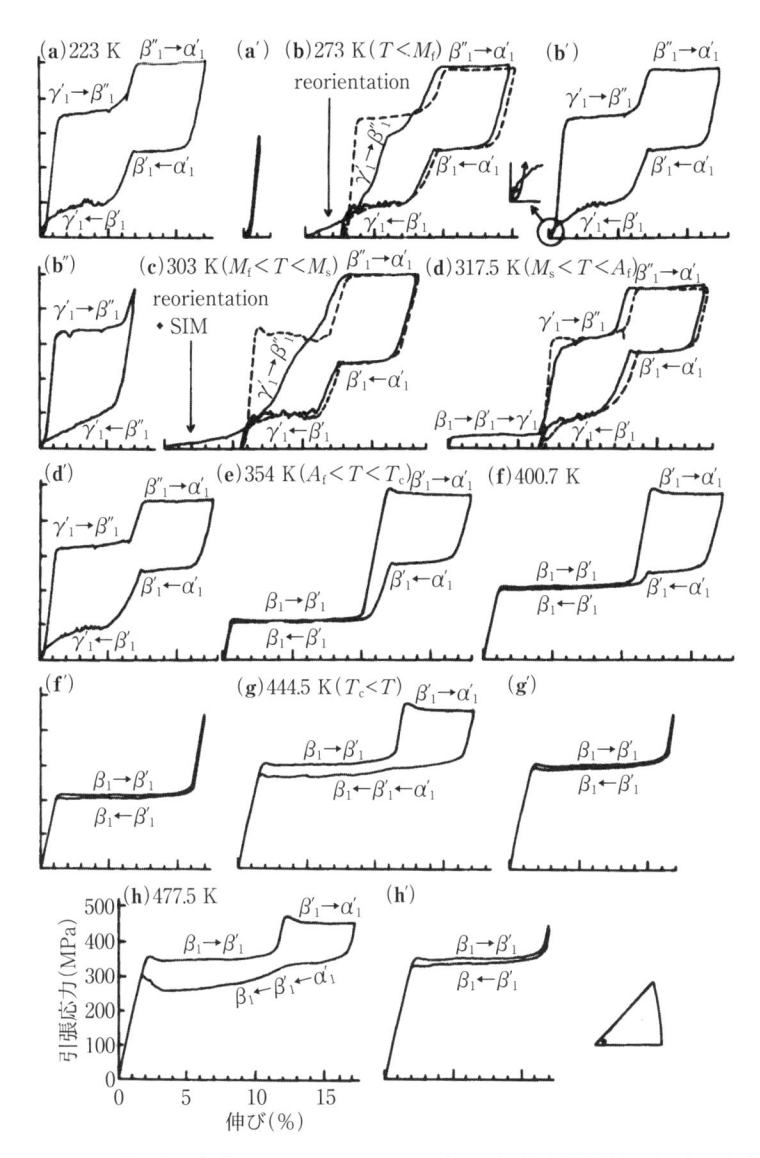

図 12-12 $\langle 001 \rangle_{\beta_1}$ 方位の Cu-14.0Al-4.2Ni (wt%) 合金単結晶における多段階超弾性を試験温度の関数として示す．伸び計による測定（大塚ら[20]による）．

ら対称性の低い相への変態であると従来考えられていたのに，対称性の低い構造の間でもマルテンサイト変態が起こり得るのは非常に興味深い．しかし，マルテンサイト変態の本質が「無拡散」という変態の仕方にあることを考えればごく自然に理解できることでもある．このため，この型の変態は多段階超弾性，あるいはマルテンサイトからマルテンサイトへの変態（martensite-to-martensite transformation）と呼ばれている．

図12-12 は $\langle 001 \rangle_{\beta_1}$ 方位の Cu-14.0Al-4.2Ni（wt%）合金単結晶を種々の温度で引張試験したときの応力-歪曲線を試験温度の関数として示したものである．一見して多段階の超弾性が観察されるが，各ステージに記された記号は応力下の中性子回折で確認されたものである[23]．例えば γ_1'-β_1'' は γ_1'-β_1'' 変態を示し，β_1''-α_1' は β_1''-α_1' 変態を表す．図示されたような超弾性状態では，応力を除荷すると応力下で生じたマルテンサイトは消滅してしまうため，構造解析は応力下で行わなければならない．中性子は物質との相互作用が極めて小さいため大きなバルク試料での実験が可能でこのためゴニオメータも大きい．これが応力下の構造解析に中性子回折が用いられた理由である．この図では 18% にも及ぶ歪が回復している（例えば(e)や(f)）．全く驚異的

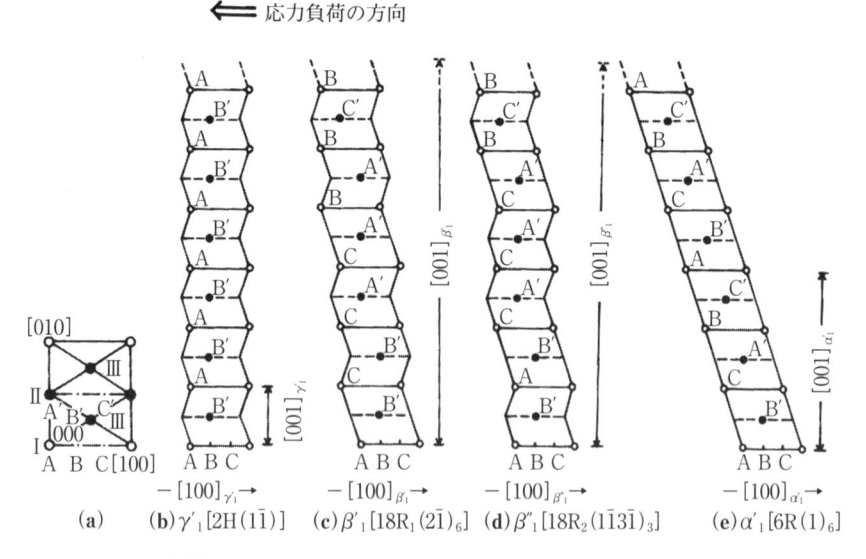

図 12-13 中性子回折で確認された図 12-12 で現れるマルテンサイトの構造をまとめて示す（大塚ら[20,23]による）．

である.実際2段目のステージ（つまりβ_1'-α_1'変態）では，理論上は現在の倍くらいの伸びを得ることが可能なのであるが，これ以上引張ると試料が破断する恐れがあるので，ここまでしか引張っていない.

図12-13に中性子回折で確認された応力下で現れる各種マルテンサイトの構造をまとめて示した.いずれも(a)で示した共通の底面を持ち，その積層が変わった長周期積層構造であることがわかる.つまり，この図の(b)(c)(e)は図7-6の(a)(b)(c)に対応している.ただし図12-13(d)のβ_1''は図7-6には現れていない.β_1''とβ_1'は似た構造で，マクロ的には同じシアーを与える構造であるが，積層は異なっている.この研究によって母相β_1から応力誘起するときはβ_1'になるが，マルテンサイトγ_1'から誘起するときは常にβ_1''になり，さらに二段目の応力誘起でα_1'まで変態後の除荷では常にβ_1'になる.つまりγ_1'から応力誘起するときはミクロ的な機構上の理由からβ_1'ではなく，β_1''になる.

図12-12の各ステージの臨界応力を温度の関数としてプロットすると図12-14が得られる.各ステージの応力負荷時と除荷時では大きな応力ヒステリシスがあるので図はややこしいが，応力負荷時と除荷時の中点を平衡応力と考えて，温度-応力空間で

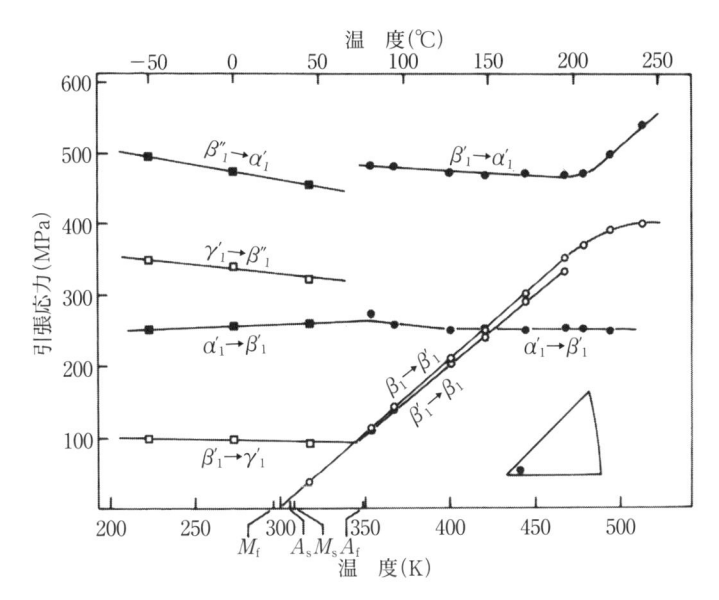

図 12-14 図12-12における応力負荷時と応力除荷時の臨界応力を応力と温度の関数としてplotした図（大塚ら[20]による）.

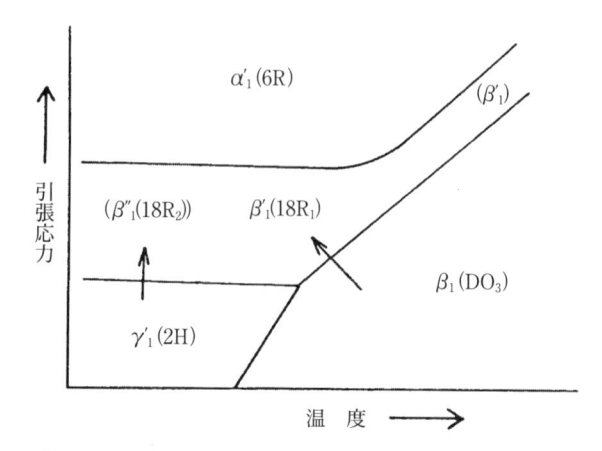

図 12-15 前図における応力ヒステリシスの存在を考慮して描いたこの合金の温度-応力空間での状態図（大塚ら[20]による）.

模式的な状態図を描くと図 12-15 が得られる．この状態図を用いると図 12-12 に示した多段階超弾性が容易に理解できる．この図で矢印が二つ示されているが，これは先に述べたように，β_1 から応力誘起変態したときは β_1' マルテンサイトに，γ_1' から変態したときは β_1'' マルテンサイトになることを示したものである．

この状態図から期待される応力誘起変態と除荷時のその逆変態を実験と比較した例を以下に示す．つまり，十分低温で γ_1' マルテンサイト相からスタートし，応力負荷したとき図 12-15 から期待される相変態は以下の通りである．

応力負荷時：$\gamma_1' \to \beta_1' \to \alpha_1'$

応力除荷時：$\alpha_1' \to \beta_1' \to \gamma_1'$

この条件で引張試験を行ったときの応力-歪曲線は図 12-16 に示す通りである．この引張試験を行いながら試料表面を観察したときの光学顕微鏡組織を図 12-17 に示す．以下この写真の a, b, c… は図 12-16 の応力-歪曲線の a, b, c… と 1：1 に対応している．まず，最初の状態（a）では残留した $(\bar{1}01)_{\gamma_1'}$ 双晶がわずかに残っているが，これに応力を付加すると双晶は消え，γ_1' マルテンサイトの単結晶となる（b）．さらに応力を付加すると $(1,0,10)_{\beta_1'}$ 双晶を伴って β_1'' マルテンサイトが誘起し，そのステージの終わりには β_1'' マルテンサイトの単結晶となる（d）．この際場所によっては（1）に示したように，双晶を伴わないで共通底面である $(001)_{\gamma_1'}$ を晶癖面としながら変態する場合もある．この型の方が次のステージでの変態と同様機構的には考えやすい．この

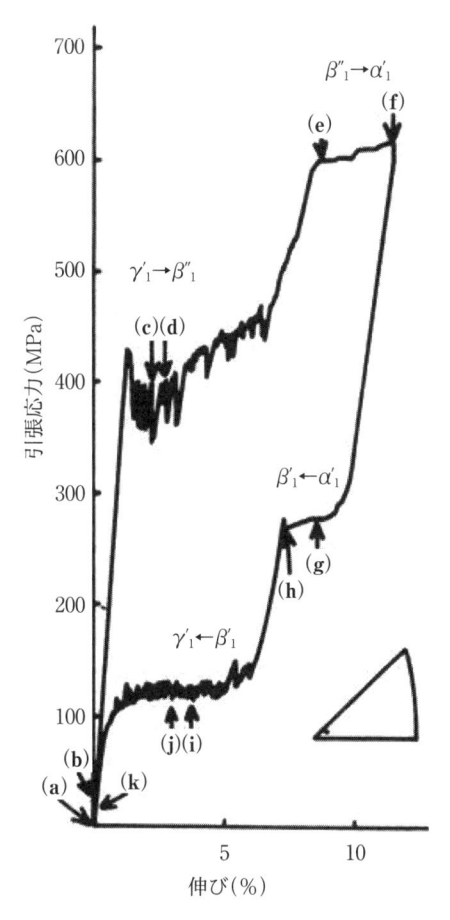

図 12-16 Cu-13.8Al-4.0Ni（wt%）合金の γ_1' マルテンサイト状態からスタートした γ_1'-β_1''-α_1'-β_1'-γ_1' の多段階超弾性を示す応力-歪曲線（大塚と清水[24]による）．

β_1'' マルテンサイト単結晶にさらに応力を付加していくと，共通底面である $(001)_{\beta_1'}$ 面を晶癖面として β_1''-α_1' 変態が誘起し，ついには α_1' 単結晶となる（f）．今度はこの α_1' 単結晶の状態から除荷していくと，$(001)_{\alpha_1'}$ を晶癖面として逆変態が進み（g）〜（h），ついには β_1' マルテンサイトの単結晶となる（h）．このマルテンサイトが β_1'' ではなく，β_1' であることは先述したように中性子回折で確認されている．この状態からさらに除荷すると，今度は $(\bar{1}01)_{\gamma_1'}$ 双晶を伴って γ_1' マルテンサイトへと変態す

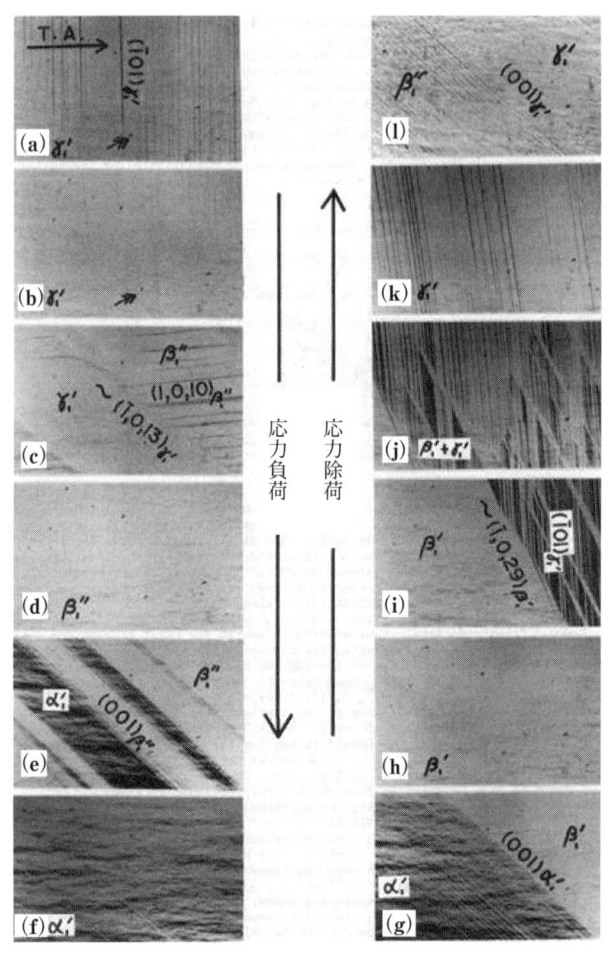

図 12-17 図 12-16 の多段階超弾性に対応する相変化を示す光学顕微鏡写真．この図の(a)(b)(c)…は図 12-16 の応力-歪曲線の同じ記号に対応する．ただし(l)は(c)の状態での別の場所を示したものである．本文参照（大塚と清水[24]による）．

る．以上から(c)と(i)における双晶を除けば，いずれも共通底面である $(001)_{\beta_1''}$，$(001)_{\alpha_1'}$ 等を晶癖面とするマルテンサイトからマルテンサイトへの変態をよく理解できる．簡単にするため双晶の挙動についての説明を割愛した．これらの双晶は試料のグリップとの関係で導入されたものと考えているが，興味のある方は原著

論文[24]を参照されたい．なお，上記マルテンサイトからマルテンサイトへの変態がこの順序で起こることは熱力学的にもよく説明できるのだが，これについても興味のある方は原著論文を参照されたい．なお，上記マルテンサイトからマルテンサイトへの変態の様子はビデオでも記録されており[140]，シドニーの ICOMAT-89 でも紹介された．

図 12-15 の状態図に戻って，高温，高応力の領域を見ると，右上がりで，幅を持って（β_1'）と示された領域がある．状態図的に考えれば，ここは一本の直線で表した方が自然であるが，そうしないで幅を持った領域にしている理由は β_1 から α_1' マルテンサイトへの直接の変態が観察されていないからである．直接の変態がない理由は，β_1-β_1' 変態では不変面歪の条件を満たす解が存在するのに，β_1-α_1' への直接の変態では不変面歪の条件を満たす解が存在しないためと考えられる．

以上のようなマルテンサイトからマルテンサイトへの変態に伴う多段階超弾性は，Cu-Zn 合金[29]，Cu-Zn-Al 合金[30]，並びに Au-Ag-Cd 合金[31]，Au-47.5Cd[32]，Au-49.5Cd[33,34]でも観察されており，2 段目で試料破断が起こらなければ他の合金系でも起こり得る現象と言ってよい．なお，Ti-47Ni-3Fe 合金における B2-R-B19′ 変態も多段階マルテンサイト変態であるが，この場合には R 相と B19′ マルテンサイトは稠密な共通底面を持たず，上で述べたケースとは少し異なり，2 段目も超弾性は観察されていない[35]．

12.3 （1方向）形状記憶効果[*5]

12.3.1 形状記憶効果の機構

形状記憶がどのような現象であるかは図 12-1 ですでに述べた．また，図 12-2 の Cu-Al-Ni 合金における応力-歪曲線でもすでに示した．すなわち図 12-2(e)～(j) においては応力除荷後歪は残留するが，その後 A_f 点以上に加熱すれば，点線の矢印で示したように加熱の際の逆変態によって歪は回復してしまうのである．つまり先に

[*5] 形状記憶効果というとここで述べる現象を指し，記憶されるのは母相の形状のみであるが，合金の処理の仕方によってはマルテンサイト相の形状を記憶させることも可能になり，後述するようにこちらは 2 方向形状記憶効果と呼ばれるので，前者を 1 方向形状記憶効果（1-way shape memory effect）と呼んで区別することがあるので，括弧で（1方向）と示した．

述べた超弾性と以下に述べる形状記憶効果は相互に関連した現象であって，一方が現れれば他方も現れるものであって，どちらが現れるかは変形をする試験温度に依存する．

このため両者の関係を図 12-18 の温度-応力空間で示す．この図で右肩上がりの直線で示したのは，マルテンサイトを誘起するのに必要な応力の温度依存性を示したもので，図 12-5 でも示した．この直線は M_s 点からスタートし，温度が上昇するに従って母相はますます安定化するので，より高い応力が必要になることを示した．一方，右肩下がりの緩い直線はすべりの臨界応力を示しており，(a)と(b)二つの場合が模式的に示してある．つまり，(a)はすべりの臨界応力が低い場合で，(b)は高い場合であるが，(a)のように低いとすべりが低応力で容易に起こってしまい形状記憶効果が失われてしまうので，ここでは(a)の場合は無視し，当面(b)のように高いとして話を進めることとしよう．そこで変形を与える試験温度によって何が起こるかを述べる．まず，A_f 点以上の温度で応力を付加していき，右上がりの臨界応力を超えるとマルテンサイトが応力誘起される．しかし，この後応力を除荷すれば A_f 点以上の温度ではマルテンサイトは完全に不安定になるので逆変態が起こらざるを得ず，もし変態が可逆的であれば歪が回復することになる．これが先に述べた超弾性であった（超弾性領域が図示されている）．次に，試験温度が A_s 点以下になると生成したマル

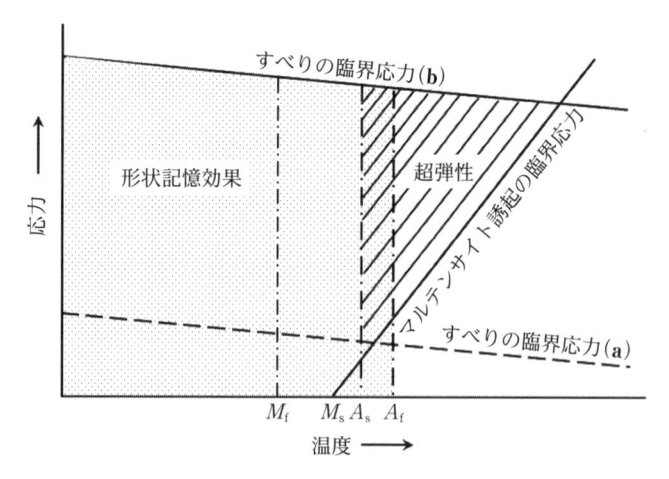

図 12-18 温度-応力空間において形状記憶効果や超弾性が観察される領域の表示．この図にはすべりの臨界応力が高い場合(b)と低い場合(a)が描いてある（大塚と清水[134]による）．

テンサイトは安定なので（A_s点は定義により逆変態開始温度であるからこの温度以下で生成したマルテンサイトは安定である），図12-2で見たように歪は残留する．この後，A_f点以上に加熱すればマルテンサイトは完全に不安定になるので逆変態が起こらざるを得ない．この逆変態が可逆的に起これば歪は回復し，形状記憶効果が現れることになる．以上から，超弾性の場合も形状記憶効果の場合も，母相とマルテンサイト相の自由エネルギー差，つまり逆変態の存在が駆動力になっていることは明らかであり，形状記憶効果が現れる変形の温度域はA_s点以下の図示した温度域となる．A_s点とA_f点の間では，部分的に超弾性も現れ，部分的に形状記憶効果も現れる．つまり，純粋に形状記憶効果の現れるのはA_s点以下であり，この温度域で変形してもA_f点以上に加熱すれば歪の回復してしまうのが形状記憶効果である．もう少しこの温度域を細かく見ると，A_s点とM_f点の間では応力誘起変態とマルテンサイトの変形が起こり，M_f点以下ではマルテンサイトの変形のみとなる．応力誘起変態についてはすでに述べたので形状記憶効果に関する以下では，マルテンサイトを変形したとき，すなわち，変形をM_f点以下で与えたとして議論する．マルテンサイトの変形を考えるときすべりが許されないことはいうまでもない．すべりは不可逆過程で歪の回復はあり得ないからである．すべりを排除し，結晶構造を変えない変形機構としては双晶変形しかなく，双晶変形が重要な鍵を与えることはこの問題の初期段階から認識されていたが[36, 37]，すべての双晶変形が許されるかどうかについては後で厳密に議論する（12.3.2節）．

形状記憶効果の機構に関しては佐分利-Schroeder-Wayman-稲野ら[25-28]によって詳しい研究がなされたので，DO_3-18R変態をするCu-Zn-Ga合金に関する彼らの研究の例を以下に述べる[28]．彼らの考えは，高温で溶体化処理した後，冷却してマルテンサイト変態させると自己調整したマルテンサイトの組織を取る，というところから出発する．9.2.11節で述べたように自己調整形態はマルテンサイト変態によって生じた変態歪を相互に緩和したエネルギー的に有利な形態と考えられる．この型の構造変化については図7-6で説明したが，ここでの議論では格子対応バリアントを具体的に示す必要があるので，それを含め図12-19に示す．ここで(a)は底面の原子配列を$[0\bar{1}1]_p$方向から示したものであり，(b)は変態前の原子配列を$[\bar{1}00]_p$方向から示す．このような原子配列が底面上で(a)のように伸縮して稠密面になり，$(2\bar{1})_6$のshuffleを起こすと(c)のようになる．ここでマルテンサイトのc軸を図(c)のように左に少し傾いた取り方をすれば話は簡単であるが，先の7.1節で説明したように，図12-19(c)の$\overrightarrow{OP'}$のように取ると，マルテンサイトの単位胞が斜方晶になるため（先に説

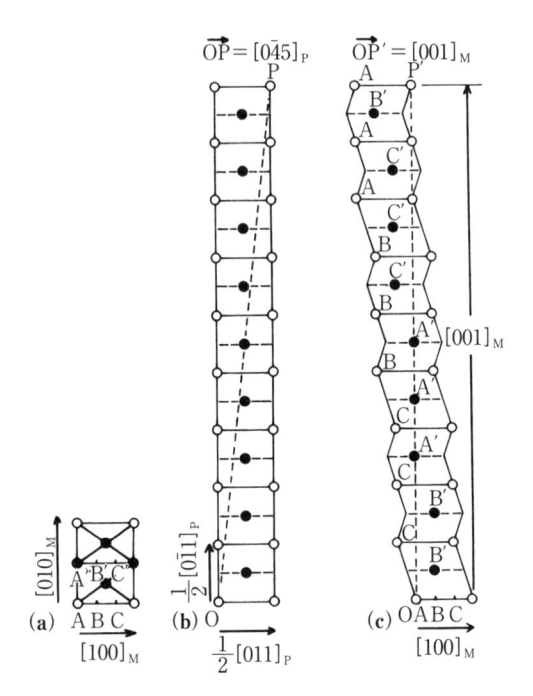

図 12-19 DO$_3$-18R 変態における格子対応の取り方を示す図. 母相の $\overrightarrow{OP}$ ベクトル(b)は変態後 $\overrightarrow{OP'}$ に変わる(c).

明したようにこのような取り方をしても，厳密には単斜晶になってしまうのであるが，その後も習慣で $\overrightarrow{OP'}$ のように取る) c 軸は普通図(c)の $\overrightarrow{OP'}$ のように取ることに注意する必要がある．ここで図(c)と図(b)を比較すると，マルテンサイトの $\overrightarrow{OP'}$ になる母相状態のベクトルが $\overrightarrow{OP}$ であることが容易にわかる．この $\overrightarrow{OP}$ をミラー指数で表すと，$[0\bar{4}5]_p$ である．したがって DO$_3$ 母相と 18R マルテンサイトの格子対応は以下のようになる．

$$\begin{pmatrix} x \\ y \\ z \end{pmatrix} = \begin{pmatrix} 0 & -1 & 0 \\ 1/2 & 0 & -4 \\ 1/2 & 0 & 5 \end{pmatrix} \begin{pmatrix} X \\ Y \\ Z \end{pmatrix} \tag{12.6}$$

$$\begin{pmatrix} H \\ K \\ L \end{pmatrix} = \begin{pmatrix} 0 & 1/2 & 1/2 \\ -1 & 0 & 0 \\ 0 & -4 & 5 \end{pmatrix} \begin{pmatrix} h \\ k \\ l \end{pmatrix} \tag{12.7}$$

12 形状記憶効果，超弾性とマルテンサイトからマルテンサイトへの変態

表 12-1 18R マルテンサイトの c. variant.

c. variant	$[100]_m$	$[010]_m$	$[001]_m$
1	$\frac{1}{2}[011]_p$	$[\bar{1}00]_p$	$[0\bar{4}5]_p$
1′	$\frac{1}{2}[0\bar{1}\bar{1}]_p$	$[\bar{1}00]_p$	$[0\bar{5}4]_p$
2	$\frac{1}{2}[0\bar{1}1]_p$	$[\bar{1}00]_p$	$[05\bar{4}]_p$
2′	$\frac{1}{2}[0\bar{1}1]_p$	$[\bar{1}00]_p$	$[045]_p$
3	$\frac{1}{2}[101]_p$	$[0\bar{1}0]_p$	$[50\bar{4}]_p$
3′	$\frac{1}{2}[\bar{1}0\bar{1}]_p$	$[0\bar{1}0]_p$	$[40\bar{5}]_p$
4	$\frac{1}{2}[10\bar{1}]_p$	$[0\bar{1}0]_p$	$[\bar{4}05]_p$
4′	$\frac{1}{2}[10\bar{1}]_p$	$[010]_p$	$[504]_p$
5	$\frac{1}{2}[110]_p$	$[00\bar{1}]_p$	$[\bar{4}50]_p$
5′	$\frac{1}{2}[\bar{1}\bar{1}0]_p$	$[00\bar{1}]_p$	$[\bar{5}40]_p$
6	$\frac{1}{2}[\bar{1}10]_p$	$[00\bar{1}]_p$	$[\bar{5}40]_p$
6′	$\frac{1}{2}[\bar{1}10]_p$	$[00\bar{1}]_p$	$[450]_p$

このような格子対応の取り方は 12 通りあり，それを表 12-1 に示す．図 12-19 の取り方はこの表の c.v.1 に対応している．

次にこれらの格子対応バリアントに対し，格子不変変形を導入して現象論の計算を実行する．この型の変態における格子不変変形は底面上の積層不整（つまり図 12-19 で説明した shuffle と同じタイプのシアー）であることがわかっている．つまりこの場合の格子不変変形は双晶ではない．このような現象論の計算をすべての組み合わせに対して実行すると 24 通りの晶癖面バリアントが得られ，それらの一部を図 12-20 に示した．この図より各 $\{\bar{1}01\}_p$ 法線の周りには四つの晶癖面バリアントがクラスターし，これらが自己調整していることがわかった（例えば $(\bar{1}01)_p$ の周りには A, B, C, D で表した四つの晶癖面バリアントがある）．実際に自己調整しているかどうかは，9.2.10 節で説明したように各晶癖面バリアントの shape strain の平均をとって単

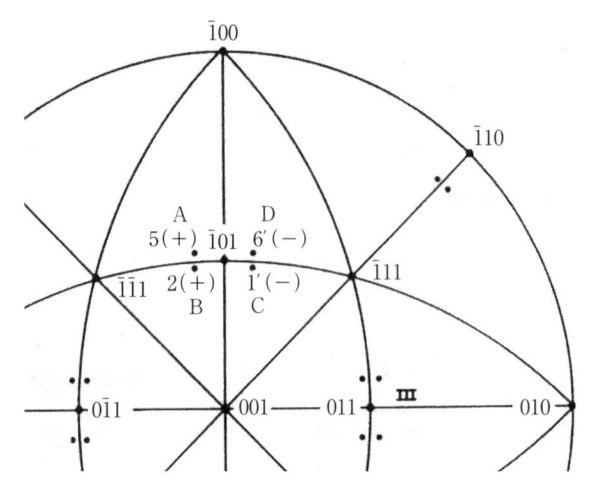

図 12-20 DO$_3$-18R 変態をする Cu-20.4Zn-12.5Ga 合金の自己調整を示すステレオ投影図（佐分利ら[28]による）．

位行列に十分近くなっているかどうかで確認できる．さらに A, C や B, D のバリアントは Type I 双晶の関係があり[9:33]，A, D や B, C は複合双晶の関係があり[9:33]，さらに A, B や C, D が Type II 双晶の関係にある[9:38]．

図 12-21 は Cu-Zn-Ga 合金単結晶の組織を光学顕微鏡で観察し，引張応力を付加していくと，組織がどのように変わっていくかを一面解析を併用して調べたものである．(a) は溶体化処理後の試料が 2, 5, 6′, 1′ の四つのバリアントからなることを一面解析の結果として示す．これらのバリアントの間には上で述べた双晶関係があるので，これらの双晶界面の移動によって，バリアントの変換が起こり，6′ や 5 のバリアントは次第に消滅し，最後は 1′ のバリアントだけに変換したことを示しており，以下でこの 1′ のバリアントがこの引張応力下で最も有利なバリアントであることを示している．つまり彼らの考え方は，最初自己調整した組織を取っているが，応力を付加するとその引張応力に貢献するバリアント（つまりその方向に一番大きな伸びを与えるバリアント）が他のバリアントを食って成長し，ほぼ単一の方位になる．この後 A_f 点以上に加熱すると格子対応によって元の方位の母相に戻るので，試料全体としても元の形に戻ると考えるわけである．以上格子不変変形としての双晶を含まない DO$_3$-18R 変態のマルテンサイトに対して形状記憶効果の機構を説明した．これに対し，B2-2O(2H) 変態のように格子不変変形としての双晶を含む場合には，図 12-20

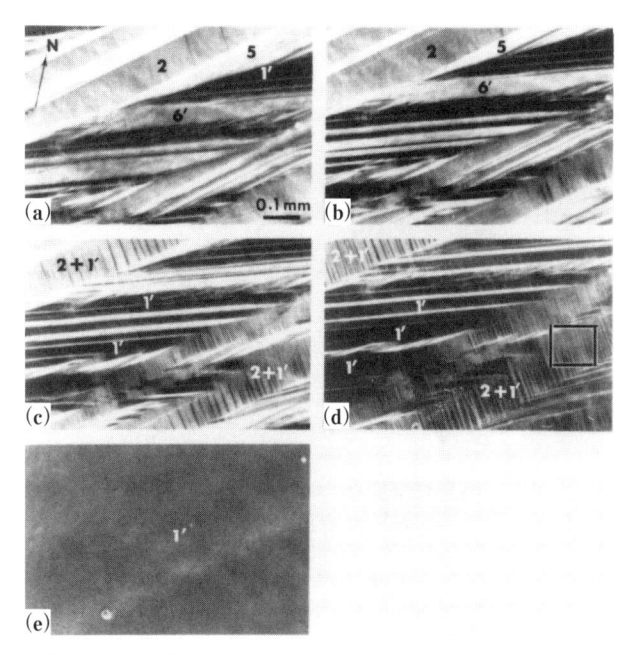

図 12-21 DO$_3$-18R 変態をする Cu-20.4Zn-12.5Ga 合金における自己調整形態が応力下でどのように変わるかを示す光学顕微鏡写真．詳しくは本文参照（佐分利ら[28]による）．

のような $\{110\}_p$ 周りの四つの晶癖面バリアントのおのおのが格子不変変形としての双晶を含むためもう少し複雑になるが，同様に理解できる．詳しく知りたい方は文献[27]を参照されたい．ただし，自己調整形態はいつも $\{110\}_p$ 周りで起こるわけではなく，Ti-Ni 系の合金がその例である．

　形状記憶効果によって回復される歪について佐分利らは，格子変形によって与えられると考えた．つまり，格子変形を表す行列を B とすると，試料方位が $[uvw]$ の結晶の方位は格子変形により $[UVW]$ へと変換される．

$$\begin{pmatrix} U \\ V \\ W \end{pmatrix} = B \begin{pmatrix} u \\ v \\ w \end{pmatrix} \tag{12.8}$$

したがってこれに伴う歪は次式で与えられる．

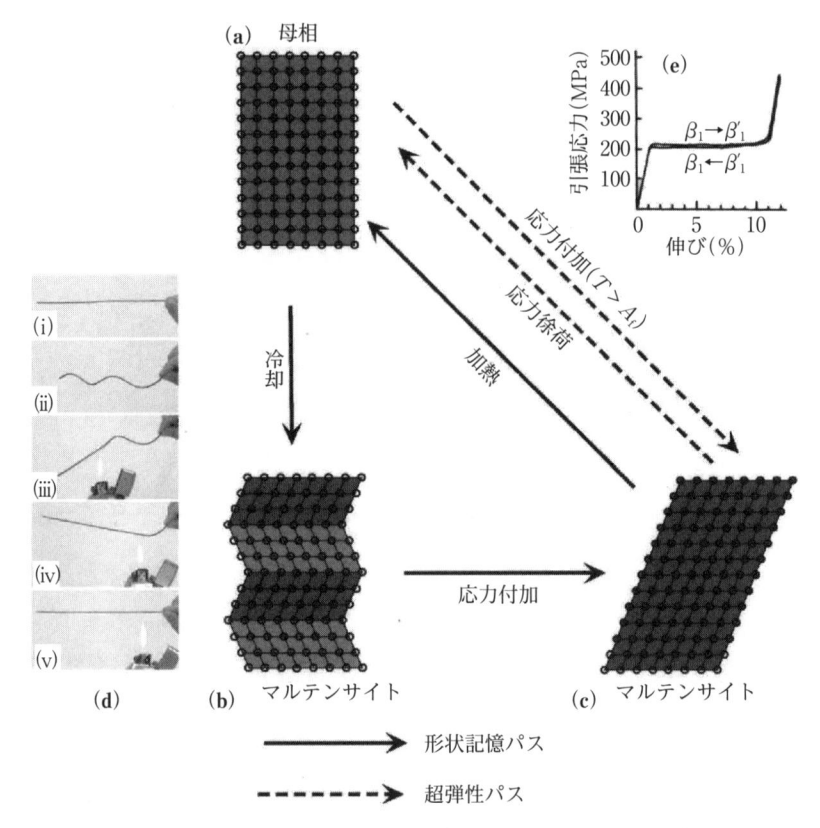

図 12-22 形状記憶合金における形状記憶効果と超弾性の関係を模式的に示す図(大塚と掛下[136]による).

$$\varepsilon_c = \sqrt{\frac{U^2+V^2+W^2}{u^2+v^2+w^2}} - 1 \tag{12.9}$$

これは図 12-21 で述べたように,単結晶を引張,圧縮したときに最も有利な方位の単一バリアントになると考えてのことであるので,この式は形状記憶効果の最大値を与える式である.

以上,超弾性と形状記憶効果について述べたが,両者は関連している.それを図 12-22 に示す.これは超弾性も形状記憶効果も簡略化して示した概念図であるが,両者の関連の本質を理解するのに有益である.

12.3.2 形状記憶効果の起源/条件

　形状記憶効果の駆動力が母相とマルテンサイト相の自由エネルギー差にあることはすでに述べた．すなわち逆変態が存在するから形状記憶効果という誠に奇妙な性質が現れるのも間違いない．しかし，なぜ完全に元の形に回復できるのだろうか？　そもそもマルテンサイトには加熱したら逆変態するのだから，マルテンサイト変態する合金には本来形状記憶効果を示す特徴があるのだという考え方は以前からないわけではないが，それは正しくない．なぜなら，普通の鉄鋼材料の大部分は形状記憶効果を示さないからである．これまで形状記憶効果を示す条件は，熱弾性型のマルテンサイト変態をすることであることが一般的に認められてきた[27,36-38]．この型の変態は加熱冷却に際し，動きやすい母相-マルテンサイト相界面を持って現象的に可逆的な変態挙動を示す．ただ，この型の変態の定義はやや曖昧で，例えばどのような合金がこの型の変態をするかを予測するのが難しい．前節で形状記憶効果の機構について述べたが，以下ではこの問題をもう少し厳密に考えてみよう．

　このため最近 Bhattacharya ら[39]は，この考えを破棄し，変態が可逆的になるための条件は母相とマルテンサイト相の間にグループ-サブグループ（group-subgroup；G-subG）の関係の存在することが必要条件であるという理論を出している．この理論に従うと，変態が可逆的になるかどうかは両相の対称性だけの問題になるので，変態の可逆性の判断が容易につくことになる．Group-subgroup の関係というのは群論的な考えで，厳密な定義は割とややこしいが以下のことだけ述べておこう．母相とマルテンサイトの構造における対称操作（例えば2回軸とか鏡映面とか）を考えたとき，subgroup における対称操作はすべて group における対称操作に含まれているということである．多くの場合対称操作としては点群だけで話がつくが，点群が同じ場合には並進対称性も考慮する必要がある（つまり空間群）．例えば Fe-Ni 合金で代表される fcc-bcc 変態の母相とマルテンサイトは G-subG の関係にないので，形状記憶効果を示さないことになるが，これは実験事実ともよく合致している．fcc と bcc が G-subG の関係にない理由は，どちらの点群も m$\bar{3}$m で，両者には並進対称性に相違があるからである（fcc の並進ベクトルは 1/2⟨110⟩であるのに，bcc の並進ベクトルは 1/2⟨111⟩である）．

　マルテンサイト変態をする合金の中でこのような観点から見て興味深いのは，Fe 系合金で見られる fcc-bct 変態をする合金である．先に述べたように，fcc-bcc 変態は G-subG の関係を満たさないが，fcc-bct 変態は G-subG の関係を満たす．つまり，

純粋な Fe 合金や Fe-Ni 合金には tetragonality は現れないが，これにわずかでも侵入原子である C や N が添加されると，tetragonality が現れ，G-subG 関係が満たされるので，原理的には歪の回復が期待されるようになる．また，侵入型原子を添加しないでも，Fe_3Pt 組成近傍の Fe-Pt 合金では，不規則状態のマルテンサイトは bcc であるのに，規則状態になると bct になり，変態も熱弾性型に変わることを述べた．これは上述の G-subG の関係を考慮するとよくわかる．また，Fe 系マルテンサイトの形態はレンズ状で一般に複雑であるが，ある条件を満たしたときにのみ現れる Fe-Ni-C 合金の理想的な板状マルテンサイト（双晶が試料を貫通していて，熱弾性型の変態をする[43]）も C 原子を含んでいて tetragonality が生じ，このため G-subG 関係を満たすことに注目すると，この型の変態挙動もよく理解できよう．

それでは fcc-bct 変態をする Fe 系形状記憶合金は本当に良好な形状記憶特性を示すのであろうか？　例えば規則化した Fe-Pt 合金が形状記憶効果を示すという報告は Wayman[44] によってなされているが，データは示されていない．その後の Foos ら[45] の実験結果では形状記憶特性はあまりよくない．規則相の析出物を含む Fe-Ni-Co-Ti 合金の場合は，100% 近い回復率が示されているが[46]，この場合もマルテンサイト状態での変形は曲げ変形で，典型的な Ti-Ni 合金の場合のような引張試験機による試験はなされていない．このような次第でこの問題にきちんとした判断をするためには，引張試験機によるきちんとした判定が必要だが，現状で判断すると fcc-bct 変態をする Fe 系形状記憶合金の形状記憶特性はむしろあまりよくないと考えた方が適切な認識に近いと考えられる．ではこの変態が G-subG の関係を満たしているのに，記憶特性がよくないのはなぜかということになるが，それは G-subG の関係は必要条件ではあるが，十分条件にはなっていないことに原因がある．形状記憶のプロセスには先に述べたようにマルテンサイトの変形という過程があり，任意の変形を与えても，この変形は逆変態の際回復可能なものでなければならない．このことからもう一つの条件が出てくる．それを以下に述べよう．

逆変態で回復可能な歪であるためにすべり変形は許されず，変形は双晶変形によらなければならないことはすでに述べた．それでは双晶変形であれば，すべて許されるかというとそうではないことを以下に示す．マルテンサイト変態の現象論が発表された段階で，マルテンサイト中の双晶はマルテンサイトの格子対応バリアントであるという認識のあったことはすでに触れた．つまりこれらが母相から見たときに等価な格子対応バリアントになるためには，格子不変変形としての双晶が Type I 双晶の場合，双晶面は母相の鏡映面でなければならないことが証明されている[6:4]．同様に

12 形状記憶効果，超弾性とマルテンサイトからマルテンサイトへの変態　　155

表 12-2 Ti-Ni 合金の B19' マルテンサイトにおける可逆的双晶モード．

No.	K_1/p	K_1/m	η_1/p	η_1/m	K_2/p	K_2/m	η_2/p	η_2/m	s	mode
1	$(0\bar{1}1)_p$	$(001)_m$		$[100]_m$		$(100)_m$	$[0\bar{1}1]_p$	$[001]_m$	0.23849	compound
2	$(101)_p$	$(111)_m$		$[1.51174\ 0.51174\ 1]_m$		$(\overline{0.66876}\ 0.33751\ 1)_m$	$[101]_p$	$[2\bar{1}1]_m$	0.14222	Type I
3	$(10\bar{1})_p$	$(11\bar{1})_m$		$[0.54043\ 0.45957\ 1]_m$		$(\overline{0.24694}\ 0.50611\ 1)_m$	$[10\bar{1}]_p$	$[2\bar{1}\bar{1}]_m$	0.30961	Type I
4	$(110)_p$	$(11\bar{1})_m$		$[0.54043\ 0.45957\ 1]_m$		$(0.24694\ 0.50611\ 1)_m$	$[110]_p$	$[2\bar{1}\bar{1}]_m$	0.30961	Type I
5	$(1\bar{1}0)_p$	$(1\bar{1}\bar{1})_m$		$[1.51174\ \bar{1}\ 1]_m$		$(0.66876\ \bar{0.33751}\ 1)_m$	$[1\bar{1}0]_p$	$[2\bar{1}\bar{1}]_m$	0.14222	Type I
6		$(\overline{0.66876}\ 0.33751\ 1)_m$	$[101]_p$	$[2\bar{1}1]_m$	$(101)_p$	$(111)_m$		$[1.51174\ 0.51174\ 1]_m$	0.14222	Type II
7		$(\overline{0.24694}\ 0.50611\ 1)_m$	$[10\bar{1}]_p$	$[2\bar{1}\bar{1}]_m$	$(10\bar{1})_p$	$(11\bar{1})_m$		$[0.54043\ 0.45957\ 1]_m$	0.30961	Type II
8		$(0.24694\ 0.50611\ 1)_m$	$[110]_p$	$[2\bar{1}\bar{1}]_m$	$(110)_p$	$(11\bar{1})_m$		$[0.54043\ 0.45957\ 1]_m$	0.30961	Type II
9		$(0.66876\ \bar{0.33751}\ 1)_m$	$[1\bar{1}0]_p$	$[2\bar{1}\bar{1}]_m$	$(1\bar{1}0)_p$	$(1\bar{1}\bar{1})_m$		$[1.51174\ 0.51174\ 1]_m$	0.14222	Type II
10	$(100)_p$	$(100)_m$		$[001]_m$		$(001)_m$	$[100]_p$	$[100]_m$	0.23849	compound
11	$(010)_p$	$(0\bar{1}1)_m$		$[1.57274\ 1\ 1]_m$		$(\overline{0.72054}\ 1\ 1)_m$	$[010]_p$	$[0\bar{1}1]_m$	0.28040	Type I
12	$(001)_p$	$(011)_m$		$[1.57274\ \bar{1}\ 1]_m$		$(0.72054\ \bar{1}\ 1)_m$	$[001]_p$	$[011]_m$	0.28040	Type I
13		$(\overline{0.72054}\ 1\ 1)_m$	$[010]_p$	$[0\bar{1}1]_m$	$(010)_p$	$(0\bar{1}1)_m$		$[1.57274\ 1\ 1]_m$	0.28040	Type II
14		$(0.72054\ \bar{1}\ 1)_m$	$[001]_p$	$[011]_m$	$(001)_p$	$(011)_m$		$[1.57274\ \bar{1}\ 1]_m$	0.28040	Type II

Type II双晶の場合には，双晶のη_1方向は母相の2回軸でなければならないことも証明されている[6:5]．これらの定理と双晶変形についてのBilby-Crockerの理論を使うと，逆変態の際回復可能な双晶変形モードを計算することが可能である．そのような計算を典型的な形状記憶合金Ti-Ni合金のB2-B19′変態と，Fe系形状記憶合金のfcc-bct変態に対して計算し，両者の形状記憶特性の比較を以下で行ってみよう（実は先に示した表6-2の双晶要素もそのような計算で求めたものである）．

まずTi-Ni合金のB2-B19′変態に対する計算を先に行う．この変態に対する格子の変化は図11-4で説明したが，以下の計算での格子対応は以下のような取り方をしているので注意されたい．

c. v.	$[100]_m$	$[010]_m$	$[001]_m$
1	$[100]_p$	$[011]_p$	$[0\bar{1}1]_p$

Bilby-Crockerの理論ではType I双晶の場合，K_1面とη_2方向の指数を与えれば，他の双晶要素はすべて求まる．同様にType II双晶ではK_2面とη_1方向の指数を与えれば他の双晶要素はすべて求まる．そこで上記格子対応を使ってすべての鏡映面$\{110\}_p$と$\{100\}_p$面につきマルテンサイトのK_1面を求める．η_2方向はK_1面法線方向，すなわちそれぞれ$\langle 110 \rangle_p$と$\langle 100 \rangle_p$方向となる（証明については，後述の論文[47]参照）．Type II双晶の場合にも面と方向の関係を逆にすれば同様に計算できる．こうしたK_i, η_iに対する計算の仕方は本書の付録に示したので参照されたい．なお具体的な計算に用いたTi-Ni合金のマルテンサイト相の格子定数は以下の通りである（$a = 0.2889$ nm, $b = 0.4120$ nm, $c = 0.4622$ nm, $\beta = 96.8°$）[48]．この計算結果をまとめて示すと表12-2のようになる[47]．これらの双晶モードはいずれも逆変態の際格子対応の存在によって歪の回復可能な双晶モードである．これらの双晶モードの双晶シアーはいずれも0.14-0.3程度と小さいので動きやすい双晶モードである．つまりTi-Ni合金の場合には，逆変態の際回復可能で，動きやすい双晶モードが多数存在しており，これがTi-Ni合金が優れた実用形状記憶合金になっている大きな原因の一つである．では，なぜこの合金で多数の回復可能な双晶モードが存在するかというと，これらのモードのほとんどが複合双晶ではなく，Type IやType II双晶だからである．Bilby-Crockerの理論によると，K_2やη_1の指数が無理数で表されるType I双晶が存在するとき，K_1とK_2，η_2とη_1を同時に入れ替えたType II双晶が常に存在可能なことが数学的に証明されている．このため，この系では，ここに示されたように14個にも及ぶ双晶要素が可能になる．このことを平たくいうと，単斜晶のように

対称性が低くなると双晶が作りやすくなるということである．以上で逆変態の際歪が回復するためには，特定の双晶モードでなければならないことは理解されたと思う．Ti-Ni 合金にも非常に大きな歪を与えたときに現れる $\{20\bar{1}\}_m$ 双晶モードが存在することが知られているが，$\{20\bar{1}\}_m$ 面に対応する母相の面指数は $\{41\bar{1}\}_p$ 面なので，この双晶モードが働いたときには記憶効果が現れることはない[49,50]．

次に，fcc-bct 変態における回復可能な双晶モードの計算を示す．ここで，マルテンサイトの地の格子対応を以下のように取る．

c.v.	$[100]_m$	$[010]_m$	$[001]_m$
1	$[1/2\ \bar{1}/2\ 0]_p$	$[1/2\ 1/2\ 0]_p$	$[0\ 0\ 1]_p$

このマルテンサイトの地に対して回復可能な双晶モードをすべて計算するのであるが，双晶シアーは軸比 c/a に依存するので最初 $c/a=1$ として計算することとする．その結果を表 12-3 に示す．この計算においては母相の六つの $\{110\}_p$ 面と三つの $\{100\}_p$ 面に対応する双晶面を上記格子対応を使って計算する．まず六つの $\{110\}_p$ 面から四つの $\{112\}_m$ 面が得られるが，$\{110\}_p$ 面の内の二つにおいてはそれらがマルテンサイトの鏡映面になるので，双晶面にはなり得ない．また三つの $\{100\}_p$ 面もすべてマルテンサイトの鏡映面になるので双晶面とはなり得ない．このような理由で最終的に回復可能な双晶面は表 12-3 に示したように四つしかないということになるのである．しかも，これらはいずれも複合双晶（compound twin）である．もし，これらの一部にでも Type I 双晶が含まれていれば，その K_1 と K_2，η_1 と η_2 を同時に入れ替えて Type II 双晶を得ることも可能であるが，複合双晶であってはその可能性もない．したがって，この型の変態においては回復可能な双晶モードはこの四つしかなく，しかも，双晶シアーは 0.707 と極めて大きい．双晶シアーに付随するエネルギー

表 12-3 bct(fcc-bct)変態に対する可逆的双晶モード．

No.	K_1/p	K_1/m	η_1/p	η_1/m	K_2/p	K_2/m	η_2/p	η_2/m	s^*	mode
1	$(011)_p$	$(\bar{1}12)_m$		$[1\bar{1}1]_m$		$(1\bar{1}2)_m$	$[011]_p$	$[\bar{1}11]_m$	0.707	compound
2	$(101)_p$	$(112)_m$		$[\bar{1}\bar{1}1]_m$		$(\bar{1}\bar{1}2)_m$	$[101]_p$	$[111]_m$	0.707	compound
3	$(0\bar{1}1)_p$	$(1\bar{1}2)_m$		$[\bar{1}11]_m$		$(\bar{1}12)_m$	$[0\bar{1}1]_p$	$[1\bar{1}1]_m$	0.707	compound
4	$(\bar{1}01)_p$	$(\bar{1}\bar{1}2)_m$		$[111]_m$		$(112)_m$	$[\bar{1}01]_p$	$[\bar{1}\bar{1}1]_m$	0.707	compound

* 双晶シアー s は $c/a=1$ のときの値である．

は双晶シアーの2乗に比例するので，Ti-Ni 合金の場合と比べると極めて大きいといわざるを得ない．また可能な双晶モードの数も Ti-Ni 合金の 14 モードに比べ四つしかない．一般に，多結晶体における変形に関する Taylor の条件[51]によれば，粒界での歪の連続性を保つためには，少なくとも五つの変形モードが必要とされており，この型の変態においては Taylor の条件も満たしていない．したがってこの型の変態では Taylor の条件を満たすために不可逆な変形モードも入らざるを得ないのである．このような観点から著者は，fcc-bct 変態に付随する形状記憶特性が優れない理由は回復可能な双晶モードが十分得られず，かつ双晶シアーが異常に大きいためであると考えている．なお以上では双晶シアーは $c/a=1$ として話を進めてきたが，実際には双晶シアーは以下のように c/a （$=\gamma$）の関数になる[*6]．

$$s = \frac{2-\gamma^2}{\sqrt{2}\gamma}$$

s と γ の関係はほぼ直線的で，$c/a=\gamma=1$ から c/a を増加させると s は低下していく（$c/a=1.12$ で $s=0.47$）．つまり，c/a を大きくすることは双晶シアーの低下に有効であるが，Ti-Ni の場合ほど小さくはならない．

上述の形状記憶効果の起源，あるいは完全な記憶効果を示すための条件を図 12-23 にまとめて示す．母相とマルテンサイト相に G-subG の関係がないと熱的なマル

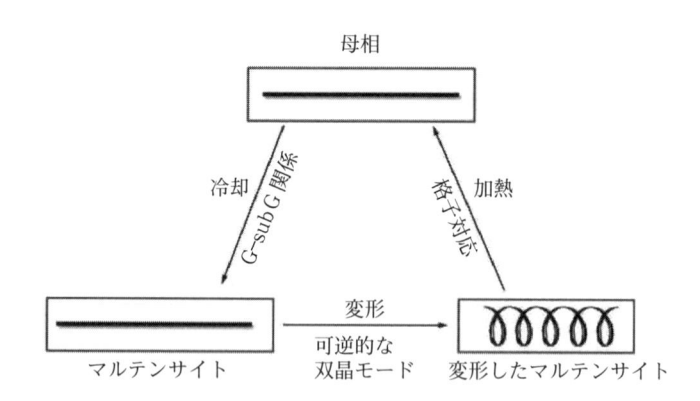

図 12-23 厳密な意味で形状記憶効果が現れる条件を示す模式図．本文参照（大塚ら[47]による）．

[*6] これと類似の式は Christian-Mahajan のレビュー[52]に記されているが，ミスプリントがあるのでここでは Bilby-Crocker の理論で確認しておいた．

テンサイト変態も可逆的にならないので，まず，この関係を満たすことが必要である．しかし，記憶効果のプロセスではマルテンサイトが変形されるので，その変形が可逆的な双晶モードで行われなければならない．もし，そのように行われれば，母相とマルテンサイトのバリアントの間に格子対応があるので，記憶効果が現れると考えるわけである．この問題についてもっと詳しく知りたい方は文献[47]を参照されたい．

G-subG の関係にない変態としては Fe-Mn 合金に代表される fcc-hcp 変態がある．定義により G は subG の持つすべての対称性を持たなければならないが，母相 fcc はマルテンサイト（hcp）の 6 回対称軸を持たないからである．したがって，この理論に従えば，fcc-hcp 変態をする合金は形状記憶効果を示さないことになる．この型の変態が可逆的な変態を示さないことは，例えば(111)面内に三つの Shockley partial の方向があり，そのいずれの Shockley partial をたどってもいずれも同じ方位の母相に戻れることからも明らかである[40]．しかしながら，Fe-30Mn-1Si 合金単結晶では，M_s 点以上の応力誘起変態の温度域で母相から変態させれば，小さい歪範囲ではほぼ完全な歪回復が起こると報告されている[112]．このことをどう理解するかであるが，まず $T<M_f$ で変形しても上述の可逆的な双晶境界の移動による形状回復のないことはハッキリしていて Bhattacharya の理論通りである．ではなぜ応力誘起の温度域だったら形状回復が起こるかだが，その前にこの形状回復の特徴を見ておきたい．fcc-hcp 変態に伴う変態のシアー歪は 0.353（7.4 節参照）と極めて大きいにも関わらず，実際の回復歪量は理論値のほんの一部である．一方，G-subG 関係を満たす Cu-Al-Ni や Ti-Ni 合金の例では，図 12-6 に示したように，ほぼ理論値通りの形状回復が得られており，理論値に対する回復歪量という点で大きな差がある．それでは G-subG の関係がなくても形状回復が起こる理由を著者は母相とマルテンサイト相が接している場合には母相-マルテンサイト相界面に coherency back stress が働くためであると考えているが，現在もこれは議論の対象になっている問題なのでこれ以上立ち入らないこととしたい．なおこの合金系の多結晶体ではそのままでは良い形状記憶特性は現れないが，トレーニングや析出物を利用することによって改善できることが示されている[41,42]．

形状記憶効果に絡む根本問題は以上述べた通りであるが，形状記憶特性の向上に間接的に絡む因子は他にもある．その重要な因子の一つは合金の規則化である[40]．合金が規則構造を取っていれば，逆変態の際もし正変態と異なるパスを取ると母相の構造が変わってしまい，エネルギーの高い状態になるので，この意味でも可逆的な変態をせざるを得ないからである．規則化にはもう一つの大きな寄与もある．規則構造を

表 12-4 形状記憶合金一覧表.

G-subG	変態の型	名前 (p)	名前 (m)	点群 (p)	点群 (m)	合金名	組成	温度ヒステリシス	規則/不規則	文献 (構造)	文献 (結晶学, SME/SE)
G-subG	B2-2O	B2	2O/2H, B19	m3̄m	mmm	γ'_2 Au-Cd	46.5–48.0Cd	~15K	規則	[55, 56]	[57, 58, 22]
						Ag-Cd	44–49Cd	~15K	規則	[59]	[60, 61]
						Ti-(50-x)Ni-xCu	5<x<20	17~4K	規則	[62]	[63]
						Ti-(50-x)Ni-xPd	10<x<50	17~40K	規則	[64, 65]	[66, 68]
	DO$_3$-2O	DO$_3$	2O/2H	m3̄m	mmm	γ'_1 Cu-Al-Ni	28–29Al, 3.0–4.5Ni	~35K	規則	[69, 70]	[11, 71–73]
						Cu-Sn	14.8Sn		規則	[74, 75]	[76]
	B2-L1$_0$	B2	L10/3R	m3̄m	4/mmm	Ni-Al	37–38Al	~10K	規則	[77]	[78]
	B2-6M	B2	6M/9R	m3̄m	2/m	B_2^* Cu-Zn	38.5–41.5Zn	~10K	規則	[79]	[30]
						Cu-Zn-X (X=Si, Sn, Al, Ga)	数%x	~10K	規則	[79]	[30, 29]
	DO$_3$-6M	DO$_3$	6M/18R	m3̄m	2/m	B_1' Cu-Al-Ni	25.6Al, 7.1Ni	—	規則	[20, 23]	[11, 20]
	L2$_1$-6M	L2$_1$	6M/18R	m3̄m	2/m	Cu-Au-Zn	23–28Au, 45–47Zn	~6K	規則	[80]	[81]
	B2-14M	B2	14M/7R	m3̄m	2/m	Ni-Al	36.9Al	~10K	規則	[82]	[83–85]
	B2-B19'	B2	B19'	m3̄m	2/m	Ni-Ti	48–51Ni	~30K	規則	[86]	[17, 67, 87, 88]
	B2-ζ'_2	B2	ζ'_2(P3)	m3̄m	3̄	ζ'_2 Au-Cd	49–50Cd	~2K	規則	[89, 90]	[22, 91]
	B2-P3	B2	P3	m3̄m	3̄	Ti-(50-x)Ni-xFe	2–4Fe	~1K	規則	[92–94]	[95–97]
	fcc-fct	fcc	fct/bct	m3̄m	4/mmm	In-Tl	18–23Tl	~4K	不規則	[98]	[2, 3, 99]
						In-Cd	4–5Cd	~3K	不規則	[100]	[100]
						Mn-Cu	5–35Cu	—	規則	[101]	[102]
						Fe-Pt	24.9Pt	—	規則	[103]	[103]
						Fe-Pd	~30Pd	—	不規則	[104]	[104]
	fcc-fct	L1$_2$	bct	m3̄m	4/mmm	(ordered)Fe$_3$Pt	24Pt	~4K	規則	[105]	[45]
	fcc-bct	fcc	bct	m3̄m	4/mmm	Fe-Ni-Co-Ti	33Ni, 10Co, 4Ti	73K	不規則+L1$_2$型析出物(規則)	[106]	[106]
						Fe-Ni-Co-Al-Ti-B	28Ni, 17Co, 11.5Al, 2.5Ta, 0.05B	24K	不規則+L1$_2$型析出物(規則)	[107]	[107]
	bcc-8M?	bcc	8M?	m3̄m	?	Fe-Mn-Al-Ni	34Mn, 15Al, 7.5Ni	~0K	不規則+B2析出物(規則)	[108]	[108]
	bcc-ortho	bcc	ortho	m3̄m	mmm	Ti-Nb	15–25Nb	—	不規則	[109]	[109]
						Ti-Ta	7.3–23Ta	—	不規則	[110]	[111]
non-G-subG	fcc-hcp	fcc	hcp	m3̄m	6/mmm	Fe-Mn-Si	28–33Mn, 4–6Si	—	不規則	[112]	[112, 41, 42, 114]

取ると一般にすべりの Burgers ベクトルも大きくなって superdislocation になるので，すべりの臨界応力が高くなり，変形に際してすべりが入りにくくなる．すべりと可逆的双晶変形は競合しているので，すべりの臨界応力が高まれば，その分不可逆過程の入り込む余地は小さくなる．こういうわけで形状記憶合金のほとんどは規則合金であるし，材料設計を用いた形状記憶合金の設計にあたっても，ほとんどの場合規則合金が選ばれている[53]．すべりの臨界応力を高める効果にはこの他，（1）加工硬化（cold-work hardening），（2）固溶体硬化（solid solution hardening），（3）析出硬化（precipitation hardening）もあり，記憶特性向上に実際に利用されているが[54]，これについては 14 章で再度触れる．

以上，形状記憶効果の機構について詳しく述べてきたが，そこでは典型的な合金を例に説明してきたので，この節を閉じるにあたって形状記憶合金（shape memory alloy；SMA）の一覧表を表 12-4 に示す．著者はこのような表を何度か作成し掲載したことがあるが[134, 135]，表 12-4 は以前のものと少し趣を変えてあり，新しい合金も付加し，アップデートした形にしてある．どのような点で新しいかというと，変態の可逆性を保証する G-subG の関係がわかるよう点群も示してあり，それらを変態の型

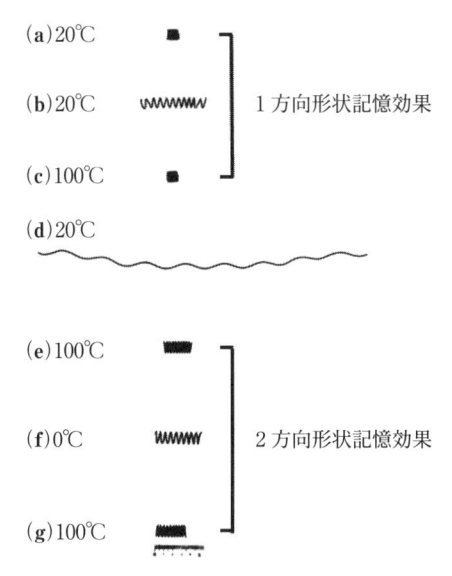

図 12-24 1 方向形状記憶効果 vs. 2 方向形状記憶効果（大塚と清水[134]による）．

ごとにまとめた形にしてある．このようにした方が原理的な観点から見たときには見やすいと考えたからである．また G-subG の関係は満たさないが，応力誘起変態の温度域では形状回復を示す fcc-hcp 変態の Fe-Mn-Si 合金の例も示した．安価な Fe 系の形状記憶合金としてクレーン用レール継ぎ手として実用化されつつある[114]．

12.4　2方向形状記憶効果

　先に述べた形状記憶効果で記憶されるのは母相の形状のみであった．マルテンサイトの形状も記憶させることも可能であるが，1方向形状記憶効果のように変態の可逆性に基づくものではないので，1方向記憶の場合のように強い効果ではない．まず図12-24 にその例を示す．この図は Ti-Ni 合金コイルの形状記憶挙動を示したものである．(a)の試料を(b)のように，回復可能歪の範囲で少し変形し，これを(c)のように A_f 点以上に加熱すると，(c)のように元の形に戻る．これが先に述べた1方向形状記憶効果である．次に(c)の状態から室温まで冷却し，(d)のように回復可能な範囲を超えて強加工する．強加工後 A_f 点以上に加熱したのが(e)である．このように，完全な元の形には戻らず歪が残留している．この試料を 0℃ まで冷却すると，(f)のように(b)のマルテンサイト状態で変形した形に戻ろうとする傾向が見られる．この後 100℃ と 0℃ の間で加熱冷却を繰り返すと，(e)(f)(g)の形状変化を繰り返すようになる．つまり冷却するだけで(f)の形状になるので，2方向形状記憶効果（2-way shape memory effect）と呼ばれる．これは可逆的形状記憶効果と呼ばれることもある（reversible shape memory effect）．なぜこのような現象が起こるかは次のパラグラフで説明するが，冷却によってマルテンサイトが同じ形状を得るのは，冷却によって生ずるマルテンサイトの格子対応バリアントが同じになるからである．このためには特定の格子対応バリアントが生ずるような歪場を試料に与える必要がある．このことを念頭において，図 12-24 の2方向形状記憶効果を説明する．

　図 12-24 において，(a)で示す室温の状態でこの試料はマルテンサイト状態にあり，多数の格子対応バリアントは自己調整した形態をとっている．これを回復可能な歪の範囲内で変形すると，先に説明したように双晶境界の移動によって変形は進行する．しかしこの際(d)で示したように大変形を与えると，双晶境界の移動による変形だけではまかないきれなくなるので，転位が導入されることになる．このとき導入される転位は，このとき存在する双晶境界を安定化するように入る．この後 A_f 点以上に加熱すると逆変態で双晶は消滅するが，転位はそのまま残る．これを再び 0℃ に冷

12 形状記憶効果，超弾性とマルテンサイトからマルテンサイトへの変態　　163

(a)

(b)

(c)

(d)

(e)

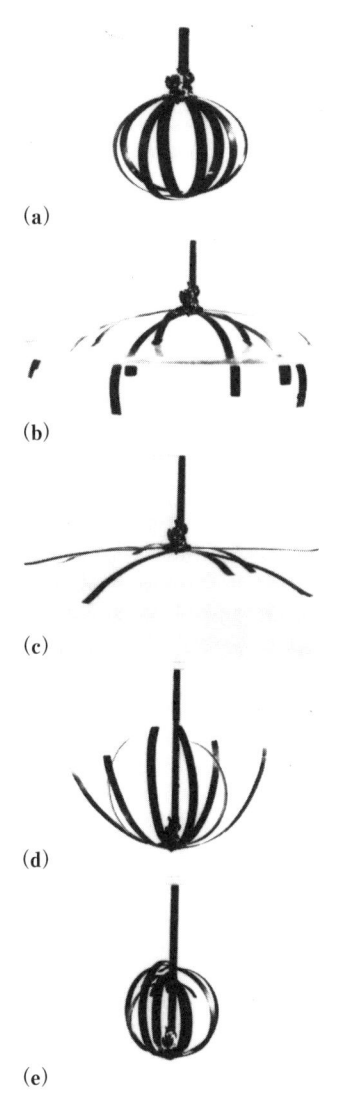

図 12-25 Ti_3Ni_4 の析出を利用した 2 方向形状記憶効果の導出．詳しくは本文参照（西田と本間[115]による）．

却するとマルテンサイト変態が起こるが，その際導入されるマルテンサイトの格子対応バリアントは以前と同じものが選ばれる．同じ格子対応バリアントであれば残存している転位の歪場を最も効率よく緩和できるからである．

西田と本間によるもう一つの2方向形状記憶効果の例を，図12-25で紹介する[115]．これもTi-51Ni合金の例であるが，この合金では高温（例えば400℃）で時効するとTi$_3$Ni$_4$相がB2相の{111}$_{B2}$面に沿って析出する．B2構造とTi$_3$Ni$_4$相の構造は⟨111⟩$_{B2}$方向に沿って眺めると似た構造になっている．つまり，B2構造はこの方向にはTi面とNi面が交互に並んだ構造になっている．これに反しTi$_3$Ni$_4$構造でもTi面とNi面が交互に並んでいるが，組成が1：1からずれているのでTi面には過剰のNiが含まれている．このため後者の{111}$_{B2}$面は⟨111⟩$_{B2}$方向に2.3%収縮しており，その周りに引張応力を生ずる．その際の歪場を利用するのであるが，以下にまず熱処理法と現象を述べる[116]．

短冊状の試料をまっすぐな状態で1000℃×1hの溶体化処理をする．続いて，（a）のように拘束した状態で400℃×50hの時効処理をする．短冊は円弧状に拘束されているので，短冊の内側には圧縮応力が働き，外側には引張応力が働く．この結果，Ti$_3$Ni$_4$相は整合的に配列した形で析出する．つまり，析出物は円弧の内側では短冊試料面に垂直に析出し，円弧の外側では短冊試料面と平行に析出する．この後冷却していくとB2-R相変態が起こるが，そのR相の格子対応バリアントは析出物による歪を緩和するような格子対応バリアントが選ばれることになる（b）（c）．さらに冷却すると，R相からB19'マルテンサイトへの変態が起こり（d）（e），形状的には逆の反り返りをしている．この形状変化はR相とB19'相の方位関係で決まる．

先に述べたように，2方向形状記憶効果はマルテンサイト変態の際のバリアント選択を支配する歪場の存在によって生ずるものであるから，以上述べた二つの方法（強加工法と析出物の利用）の他，以下で述べる歪場の与えかたによって他の方法で実現することもできる．

（1）拘束加熱法

Cu-Zn-Alでは2段変態（β_1-β_1'-α_1'）で生ずるα_1'相が安定で，逆変態を生じにくいため，この相を利用した方法がある[117]．

（2）トレーニング法[118]

試料に超弾性サイクルまたは形状記憶サイクルを繰り返すと，マルテンサイトの特定のバリアントの芽が残されて，2方向形状記憶効果が現れるようになる．これをトレーニング法という．

12　形状記憶効果，超弾性とマルテンサイトからマルテンサイトへの変態　　165

12.5　マルテンサイト変態と点欠陥の相互作用：ゴム弾性的挙動

　Au-47.5Cd 合金のマルテンサイトには「ゴム弾性的挙動」と呼ばれる非常に奇妙な現象がある．これは Ölander[120] によって 1932 年に見出されながら 60 年以上にわたって未解決だった．これは後述するようにマルテンサイト変態と点欠陥の相互作用

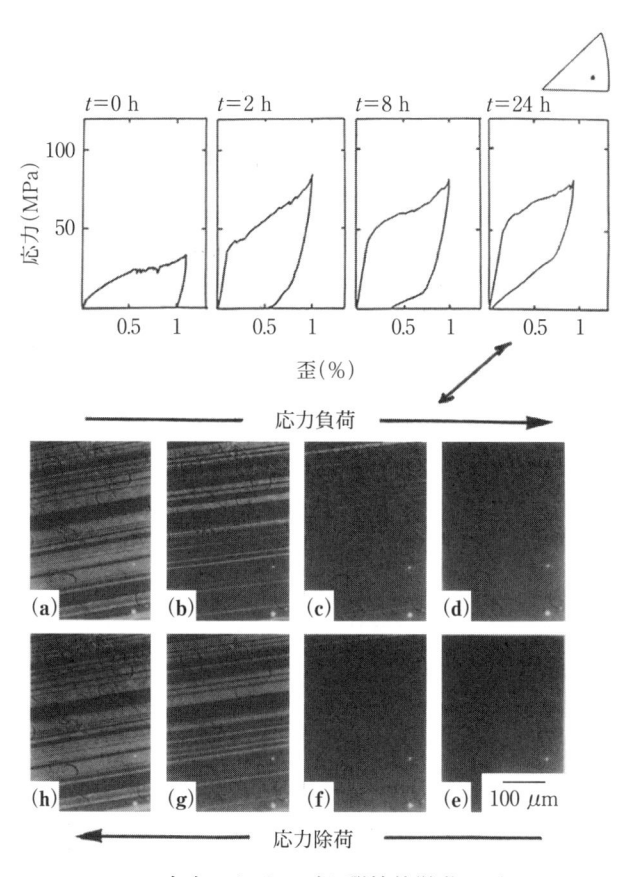

図 12-26　Au-47.5Cd 合金におけるゴム弾性的挙動のデモンストレーション．上の応力-歪曲線はマルテンサイト時効によって除荷時に歪が回復するようになっていくことを示し，下の偏光顕微鏡写真は，マルテンサイトの時効時間が 24 h のときの応力負荷時と除荷時の組織変化を示す（村上と大塚[137]による）．

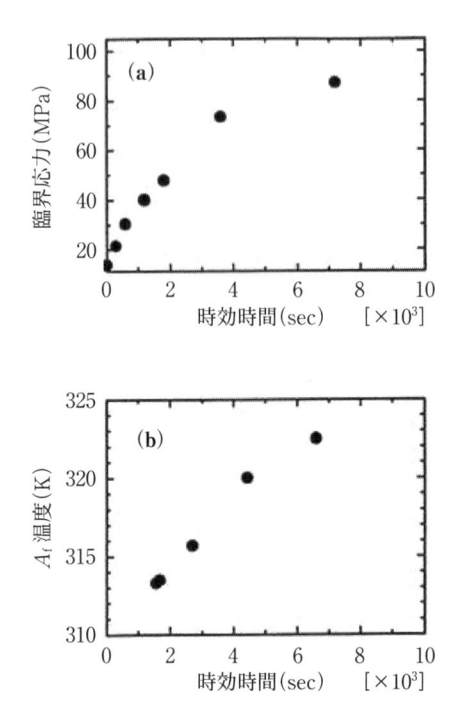

図 12-27 Au-49.5Cd 合金の ζ_2' マルテンサイト時効による臨界応力と A_f 点の時効時間依存性（村上ら[138]による）．

に起因するものである．まず，現象を具体的に述べる．

　この合金をマルテンサイトの状態で時効する．これをマルテンサイト時効（martensite aging）と呼ぶ．未時効状態では塑性変形するのに（歪は残留する），マルテンサイトの状態である時間以上時効した後変形すると，応力除荷に伴って歪が回復するようになる．この状況を図 12-26 を使って説明する．この図の上側にマルテンサイト状態での時効時間 t を変えて引張試験をしたときの応力-歪曲線を示す．$t=0$ のときは除荷後歪は残留し，普通のマルテンサイトの挙動を示す．時効時間を増やすと，降伏応力が上昇するとともに，除荷後の歪も回復するようになり，$t=24\,\mathrm{h}$ では除荷後完全に歪が回復している．下の光学顕微鏡写真は $t=24\,\mathrm{h}$ のときの応力負荷時と除荷時の組織変化を示す．（a）のバンドは $\{111\}_{\gamma_2'}$ 双晶である．応力負荷に伴って双晶境界は移動し，変形が双晶境界の移動によって引き起こされている．次に除荷に転ずると双晶境界は可逆的に移動し，（h）では双晶境界が元の配列に戻っている．以上が

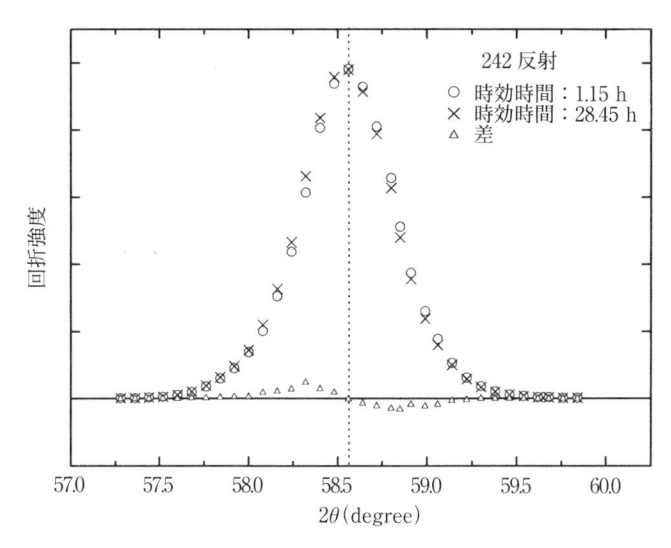

図 12-28 Au-47.5Cd 合金における γ_2' マルテンサイト時効による $(242)_{\gamma_2'}$ 回折線プロファイルの変化．放射光を利用．詳しくは本文参照（大庭ら[126,128]による）．

ゴム弾性的挙動（rubber-like behavior；RLB）と呼ばれる現象である．つまり，変態直後に変形すれば，上の S-S 曲線の一番左のように歪は回復しないが，マルテンサイト状態で時効すると，双晶境界の可逆的移動によって歪が回復する．

ゴム弾性的挙動と平行してよく観察されるのは図 12-27(b) に示したように，時効に伴って A_f 点が上昇する挙動であり，マルテンサイトの安定化（martensite stabilization；M 安定化）と呼ばれる．RLB と M 安定化は一緒に現れるので，起源は一緒と考えられる．これらを理解するためにこの現象に特徴的なことを以下にまとめる[119]．

(1) 図 12-26 で示されたように，M 時効は時間に依存する過程であり，拡散が絡む現象であることを示唆する．

(2) M 時効はピニングのような境界効果ではなく，体積効果である．

(3) ゴム弾性的効果は（したがって M 安定化効果も）Au-47.5Cd（B2-2H）[120]のみでなく，Au-49.5Cd（B2-三方晶）[121]，Au-Cu-Zn（L21-M18R）[122]，In-Tl（fcc-fct）[2,3]，Cu-Zn-Al（DO$_3$-M18R）[123,124,142,143]，Cu-Al-Ni（DO$_3$-2H）[125]など多くの合金系で見出されており，熱弾性型変態に共通な現

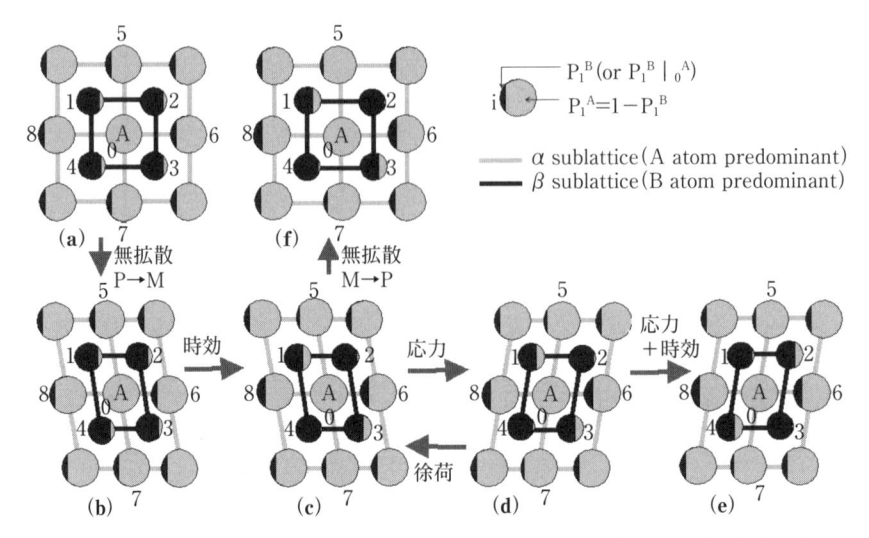

図 12-29 Symmetry Conforming Short Range Order (SC-SRO) 機構の説明図. 本文参照 (任と大塚[128]による).

象である. ただし Ti-Ni など熱弾性型でありながら RLB を示さない合金もある. それは RLB が空孔濃度と絡んでいるためである[141].

(4) 時効の際の構造変化に関しては, Au-Cd[126]と Au-Cu-Zn[127]で放射光による精密測定があるが, M 時効中平均構造や長範囲規則度 (LRO) には何の変化もないことが確認されている. 典型的な一例を図 12-28 に示す. 長時間にわたる時効によってもプロファイルはほとんど変わらず, 対称性がわずかに変わっているだけである.

(5) 時効効果は点欠陥濃度に敏感であり, このことは時効効果が点欠陥の再配列と密接に絡んでいることを示唆する.

以上述べたゴム弾性的挙動や M 安定化の機構に関しては多くのモデルが提唱されてきたが, ここではその中で最も一般性があり, 定性的には以上の特徴をすべて説明できる Symmetry Conforming Short Range Order (SC-SRO) Model を用いて説明する[128]. 他のモデルや他のモデルとの比較についても議論されているので詳しく知りたい方はこれらのレビューを参照されたい[119,129]. SC-SRO モデルは, 次の四つの基本的考え方に基づいている.

(1) RLB は不完全に規則化した合金で起こる現象である. つまりこの現象が起

12 形状記憶効果，超弾性とマルテンサイトからマルテンサイトへの変態

こるためには，空孔や ASD（anti-site defect）のような点欠陥が必要である．
(2) 時効中平均構造は変化しないのであるから，規則化過程における変化は短範囲規則度（short range order ; SRO）でなければならない．
(3) 平衡状態で点欠陥の分布は相の対称性（SC-SRO）に従う．
(4) マルテンサイト状態での短範囲拡散の際，拡散は同じ sublattice の間で起こる．なぜなら任意の短範囲拡散は長範囲の規則度に変化をもたらすからである．以下2次元的に表した図12-29を使って述べる．

具体的には，組成がストイキオメトリーから少しずれた A-B 合金を考える．したがって，それらに対応して α-sublattice と β-sublattice が考えられ，図ではそれらを大きい丸と小さい丸で区別する．続いて P_i^B や P_i^A で表される確率を定義する．P_i^B は A 原子を 0-site に置いたとき，B 原子が i-site にくる条件付き確率である．同様に P_i^A は A 原子を 0-site に置いたとき，A 原子が i-site にくる条件付き確率である．この図の(a)では，母相の平衡状態で，B 原子のくる確率を黒色，A 原子のくる確率を灰色で表している．まず，1,2,3,4 の site を見るとこれらは正方晶の母相の等価な位置なので，各原子の存在確率は同じである．同様に 5,6,7,8 の site についても同様である．次に結晶を冷却し，(b)のように正方晶から単斜晶にマルテンサイト変態を起こしたとしよう．マルテンサイト変態は無拡散だから原子の配置に変化はない．しかし平衡状態になるまでこの温度で長く放置したら，SC-SRO 原理に従って(c)に示すよう単斜晶の対称性に従った原子配置を取らなければならない．すなわち 1,3 の site と 2,4 の site はもはや等価ではなくなる．5,7 と 6,8 の site についても同様である．このようにしてマルテンサイトの状態で十分時効し，(c)のような原子配列になった試料に応力をかけて双晶変形を起こし，格子対応バリアントが(d)のように変わったとする．双晶変形も無拡散過程であるからこの過程によって原子配置が変わることはない（すなわち(c)と(d)で 1,2,3,4-site の A 原子や B 原子の存在確率は変わらない）．マルテンサイトの原子配置がこの格子対応バリアントの変換によって変わっているので，(d)の状態はエネルギーの高い状態である．このため応力負荷後直ちに除荷すれば逆の双晶界面の移動によって(c)の状態にもどる．これがゴム弾性的挙動の機構である．しかし，もし応力負荷後(d)の状態にずっと保持したとすれば，SRO 拡散によりその状態で安定な(e)の状態へと移行する．この場合にはゴム弾性的挙動のように除荷によって歪が回復することはないが，これも実験的に確認されている．

今度は(c)のような M 時効した後加熱して逆変態させたらどうなるかを述べる．

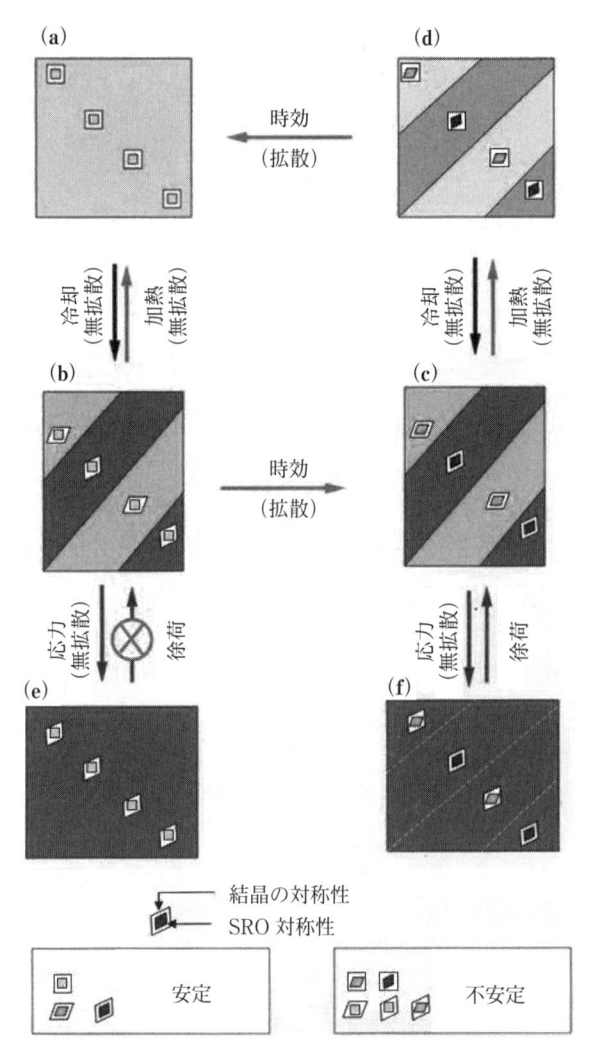

図 12-30 SC-SRO 原理によって与えられた条件で何が起こるかを説明する便利な図．結晶の対称性（外側の記号）と SRO の対称性（内側の記号）の両方を考え，両者が一致すれば安定であるが，両者が不一致であれば不安定であるという考えに基づく（任と大塚[139]による）．

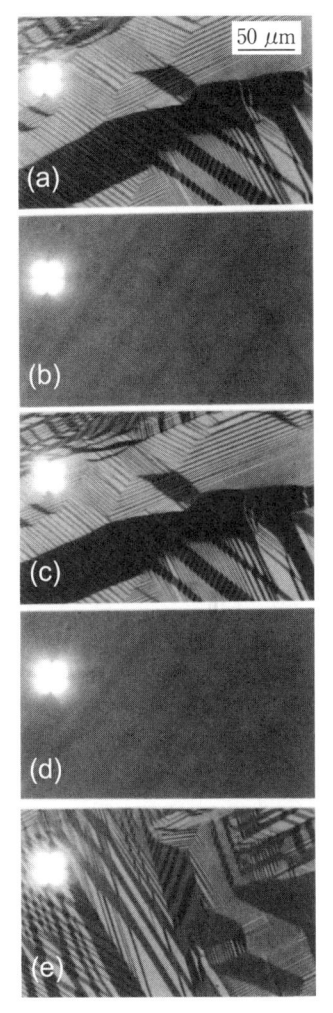

図 12-31 Au-49.0Cd 合金のマルテンサイト時効によるマイクロストラクチャー記憶効果．(a)室温で十分マルテンサイト時効した状態，(b)60℃に加熱して逆変態させた母相状態，(c)加熱後直ちに（<1 min）冷却して室温に戻した状態，(d)その後再度60℃に加熱して逆変態させ，その温度に 30 min 保持した状態，(e)その後再度室温に冷却しマルテンサイトにした状態．(c)では元のマイクロストラクチャーは記憶されているが，(e)ではもはや記憶されていない．本文参照（任と大塚[130]による）．

逆変態も無拡散過程であるから，このときの原子配列は(f)のようになる．格子は正方晶になっているが，1, 2, 3, 4-site の原子配列を比べると(a)と(f)では明らかに異なっている．言い換えれば(f)の状態はエネルギーの高い状態である．このエネルギーの高い状態に逆変態させるには，より高い温度まで加熱する必要がある．これがマルテンサイト安定化の原因である．以上のように，SC-SRO 原理はゴム弾性的挙動もマルテンサイトの安定化も同じ機構で矛盾なく説明できる．

新しい原理の価値はその予測能力にあると期待されるが，その例を以下に示す．それには以下の模式図が大変便利なので紹介する．以上述べてきた問題では結晶の対称性と SRO の対称性が問題であった．そこで図 12-30 の下部に示したように両者を表す記号を導入する．外側の記号が結晶対称性を表し，内側の記号が SRO 対称性を表す．この図を用いると先に述べた現象が簡単に理解できる．例えば，マルテンサイト状態で十分時効した(c)の状態を考える．このときは結晶の対称性と SRO の対称性も一致した安定な状態である．この状態から応力を負荷し，双晶境界を移動し，(f)のように単一バリアントになった状態を考えよう．このとき双晶変形によってバリアント変換を起こした領域では，結晶の対称性と SRO の対称性は一致しないのでエネルギーの高い状態である．したがって応力負荷後直ちに除荷すれば，安定な(c)の状態に戻る．これがゴム弾性的挙動であった．今度はやはり(c)の状態から加熱によって逆変態させ(d)の状態に持ってきたとすると，図に示されているように結晶の対称性と SRO は一致しない．このためエネルギーの高い状態になり，A_f 点は上昇する．これがマルテンサイトの安定化現象であった．

以上は先に説明したものをこの図を用いれば容易に理解できることを示したのであるが，この図を用いればさらに新しい現象も予測できる．再び(c)の状態からスタートし，(d)のような加熱による逆変態を考える．この場合図に示したように結晶の対称性と SRO の対称性は一致しないので不安定である．そこで加熱後直ちに冷却に移ったとすると，もし，各格子対応バリアントが(c)のような元の格子対応バリアントにもどったとすれば結晶の対称性と SRO の対称性が一致してエネルギーの最も低い状態になるので，マルテンサイトは元のモーフォロジーを取ると期待される．つまり microstructure memory の生ずることが期待される．実際この microstructure memory は図 12-31 に示すように Au-49.0Cd 合金の B2-ζ_2' 変態で確認された．この図で(a)はマルテンサイト状態（22℃）で十分時効したときの組織を示している．この試料を 60℃ まで加熱して逆変態させると母相に戻り表面起伏は消滅する(b)．この後すぐ 22℃ まで冷却すると(c)，(a)と同じ格子対応バリアントが生成しているの

がよくわかる．すなわち microstructure memory が確認された．この後再び 60℃ まで加熱して 30 min 時効（d）した後冷却すると（e），今度は（a）や（c）とは全く異なるモーフォロジーとなった．これは 60℃ での時効の結果，試料状態は図 12-30 の（a）に対応する状態に戻ったからである．マルテンサイト時効によって microstructure memory が生じれば，それに基づく 2 方向形状記憶効果が期待されるが，それも実際に観察されている[130]．さらに図 12-30 の（c）から（d）の過程，すなわち，十分マルテンサイト時効した後加熱すると，（d）に示したように，結晶の対称性は立方であるが，SRO は斜方のままの状態になるが，この状態も電子顕微鏡で確認されている[130]．

　以上述べたように，SC-SRO 原理によって，ゴム弾性的挙動を始めマルテンサイト時効に関係する現象はすべて説明でき，さらに microstructure memory やそれに起因する 2 方向形状記憶効果の出現も確認できることを示したが，さらに興味深いのは，この原理が合金だけでなく，強誘電体にも適用でき，非鉛のアクチュエータ開発に役立つことが明らかになったことである[131]．すなわち圧電アクチュエータの代表として君臨してきた PZT（lead zirconate titanate）が有害な Pb のために規制されるようになったが，SC-SRO 原理を利用することによって鉛フリーのアクチュエータの開発が可能になった[131, 132]．

　以上の他マルテンサイト変態と点欠陥の相互作用としては strain glass と呼ばれる問題がある．これは点欠陥を今まで述べたよりももっと大量に導入したら何が起こるかという問題である．欠陥濃度を増やすと，変態温度が下がることはこれまでも経験的にわかっていたことであるが，もっと欠陥濃度を増やしていくと，変態が起こらなくなる．従来はここで研究は止まっていたのだが，なぜ M 変態が起こらなくなるのかさらに詳しい研究が行われるようになり，これらの点欠陥濃度の高い領域では母相状態が凍結していることがわかり，磁性材のスピングラス（spin glass）や誘電体のリラクサー（relaxor）に対応する現象であること，さらにこれらの材料に応力を負荷すると形状記憶効果や超弾性も現れることがわかっているが，基本的に非平衡の問題なので，これ以上立ち入らないこととする[133]．

12 参考書・参考文献

[1]　L. C. Chang and T. A. Read, Trans. AIME, **189**（1951）47.
[2]　M. W. Burkart and T. A. Read, Trans. AIME, **197**（1953）1516.

[3] Z. S. Basinski and J. W. Christian, Acta Metall., **2** (1954) 101.
[4] E. Hornbogen and G. Wasserman, Z. Metallkd., **47** (1956) 427.
[5] C. W. Chen, J. Metals (1957, Oct.) 1202.
[6] J. E. Reynolds, Jr. and M. Bever, J. Metals (1952, Oct.) 106.
[7] W. A. Rachinger, Brit. J. Appl. Phys., **9** (1958) 250.
[8] W. J. Buehler, J. W. Gilfrich and R. C. Wiley, J. Appl. Phys., **34** (1963) 1473.
[9] 小岩昌宏, 金属, **81** (2011) 595.
[10] C. M. Wayman and J. D. Harrison, J. Metals (1989, Sept.) 26.
[11] K. Otsuka, C. M. Wayman, K. Nakai, H. Sakamoto and K. Shimizu, Acta Metall., **24** (1976) 207.
[12] K. Otsuka and C. M. Wayman, Review on the Deformation Behavior of Materials (P. Feltham, ed.) II, No. 2, Freund Publishing House (1977) p. 81.
[13] E. Schmid and W. Boas, *Plasticity of Crystals*, Hudges (1950).
[14] J. W. Christian, Met. Trans., **13A** (1982) 509.
[15] H. Horikawa, S. Ichinose, K. Morii, S. Miyazaki and K. Otsuka, Met. Trans., **19A** (1988) 915.
[16] K. Okamoto, S. Ichinose, K. Morii, K. Otsuka and K. Shimizu, Acta Metall., **34** (1986) 2065.
[17] O. Matsumoto, S. Miyazaki, K. Otsuka and H. Tamura, Acta Metall., **35** (1987) 2137.
[18] M. Kato and T. Mori, Acta Metall., **24** (1976) 853.
[19] K. Sumino, Acta Metall., **14** (1966) 1607.
[20] K. Otsuka, H. Sakamoto and K. Shimizu, Acta Metall., **27** (1979) 585.
[21] H. Sakamoto, M. Tanigawa, K. Otsuka and K. Shimizu, Proc. ICOMAT-79, Cambridge (1979) p. 633.
[22] N. Nakanishi, T. Mori, S. Miura, Y. Murakami and S. Kachi, Phil. Mag., **28** (1973) 277.
[23] K. Otsuka, M. Tokonami, K. Shimizu, Y. Iwata and I. Shibuya, Acta Metall., **27** (1979) 965.
[24] K. Otsuka and K. Shimizu, Proc. Int. Conf. on Solid-Solid Phase Transformations, TMS (1983) p. 1267.
[25] T. A. Schroeder and C. M. Wayman, Acta Metall., **25** (1977) 1375.
[26] T. Saburi and C. M. Wayman, Acta Metall., **27** (1979) 979.

[27] T. Saburi and S. Nenno, Proc. Int. Conf. on Solid-Solid Phase Transformations, Pittsburg, AIME (1983) p. 1455.
[28] T. Saburi, C. M. Wayman, K. Takata and S. Nenno, Acta Metall., **28** (1980) 15.
[29] W. Arneodo and M. Ahlers, Scripta Metall., **7** (1973) 1287.
[30] K. Takezawa, H. Sato, Y. Abe and S. Sato, J. Jpn. Inst. Metals, **43** (1979) 235.
[31] S. Miura, F. Hori and N. Nakanishi, Phil. Mag., **40** (1979) 611.
[32] H. Sakamoto and K. Shimizu, J de Phys., **43**, Suppl. No. 122 (1982) C4-623.
[33] S. Miura, T. Mori, N. Nakanishi, Y. Murakami and S. Kachi, Phil. Mag., **34** (1976) 337.
[34] Y. Murakami, K. Morii, K. Otsuka and T. Ohba, J de Phys. **IV** (1995) C8-1077.
[35] S. Miyazaki and K. Otsuka, Phil. Mag., **A48** (1984) 393.
[36] K. Otsuka and K. Shimizu, Scripta Metall., **4** (1970) 469.
[37] K. Otsuka, Jpn. J. Appl. Phys., **10** (1971) 571.
[38] C. M. Wayman and K. Shimizu, Met. Sci. J., **6** (1972) 175.
[39] K. Bhattacharya, S. Conti, G. Zanzotto and J. Zimmer, Nature, **428** (2004) 55.
[40] K. Otsuka and K. Shimizu, Scripta Metall., **11** (1977) 757.
[41] H. Otsuka, M. Murakami and S. Masuda, Proc. MRS Int. Mtg. on Adv. Mats., **9** (1989) 451.
[42] S. Kajiwara, D. Liu, T. Kikuchi and N. Shinya, Scripta Mater., **44** (2001) 2809.
[43] 牧正志，田村今男，日本金属学会報，**23** (1984) 229.
[44] C. M. Wayman, Scripta Metall., **5** (1971) 489.
[45] M. Foos, C. Frantz and M. Gantois, Shape Memory Effects in Alloys (J. Perkins, ed.), Plenum Press, NY (1975) p. 407
[46] T. Maki, S. Furutani, M. Minato and I. Tamura, Scripta Metall., **18** (1984) 1105.
[47] K. Otsuka, A. Saxena, Junkai Deng and X. Ren, Phil. Mag., **91** (2011), 4514.
[48] K. Otsuka, T. Sawamura and K. Shimizu, Phys. Stat. Sol. (a), **5** (1971) 457.
[49] S. Ii, K. Yamauchi, Y. Maruhashi and M. Nishida, Scripta Mater., **49** (2003) 723.
[50] K. Otsuka and X. Ren, Prog. Mater. Sci., Vol. **50**, Issue 5 (2005) p. 544.
[51] G. I. Taylor, J. Inst. Metals, **62** (1938) 307.
[52] J. W. Christian and S. Mahajan, Prog. Mater. Sci., Vol. **39**, No. 1/2 (1995) p. 18.
[53] Y. Sutou, T. Ohmori, R. Kainuma and K. Ishida, Mater. Sci. Eng., **24** (2008) 896.
[54] S. Miyazaki, Y. Ohmi, K. Otsuka and Y. Suzuki, Proc. ICOMAT-82 at Leuven, (1982) 255.

[55] A. Ölander, Z. Kristallogr., **83A** (1932) 145.
[56] T. Ohba, Y. Emura, S. Miyaaki and K. Otsuka, Mater. Trans. JIM, **31** (1990) 12.
[57] D. S. Lieberman, M. S. Wechsler and T. A. Read, J. Appl. Phys., **26** (1955) 473.
[58] K. Morii, T. Ohba, K. Otsuka, H. Sakamoto and K. Shimizu, Acta Metall., **33** (1992) 29.
[59] D. V. Masson and C. S. Barrett, Trans. AIME, **212** (1985) 260.
[60] R. V. Krishnan and L. C. Brown, Metall. Trans., **4** (1973) 423.
[61] T. Saburi and C. M. Wayman, Acta Metall., **28** (1980) 1.
[62] Y. Shugo, F. Hasegawa and T. Honma, Bull. Res. Inst. Mineral Dressing and Metallurgy (Tohoku Univ.), **37** (1981) 79.
[63] T. H. Nam, T. Saburi and K. Shimizu, Mater. Trans. JIM, **31** (1990) 959.
[64] K. Enami, Y. Kitano and K. Horii, Proc. MRS Int. Mtg on Adv. Mater., 9 (Tokyo, 1989) 117.
[65] P. G. Lindquist and C. M. Wayman, Proc. MRS Int. Mtg. on Adv. Mater., **9** (Tokyo, 1988) 123.
[66] V. N. Khachin, N. M. Matveeva, V. I. Sivokha and D. B. Chernov, Dokl. Akd. Nauk USSSR, **257** (1981) 1676.
[67] K. M. Knowles and D. A. Smith, Acta Metall., **29** (1981) 101.
[68] D. Golberg, Ya Xu, Y. Murakami, S. Morito, K. Otsuka, T. Ueki and H. Horikawa, Scripta Met. et Mater., **30** (1994) 1349.
[69] M. J. Duggin, Acta Metall., **14** (1966) 123.
[70] J. Ye, M. Tokonami and K. Otsuka, Met. Trans., **21A** (1990) 2669.
[71] K. Oishi and L. C. Brown, Met. Trans., **2** (1971) 1971.
[72] H. Tas, L. Delaey and A. Deruyttere, Met. Trans., **4** (1973) 2833.
[73] V. V. Martynov and L. G. Khandros, Dokkl. Akad. Nauk USSR, **233** (1977) 245.
[74] Z. Nishiyama, K. Shimizu and H. Morikawa, Trans. JIM, **9** (1968) 307.
[75] K. Shimizu, H. Sakamoto and K. Otsuka, Trans. JIM, **16** (1975) 581.
[76] S. Miura, Y. Morita and N. Nakanishi, *Shape Memory Effect in Alloys* (J. Perkins, ed.), Plenum Press, NY (1975) p. 389.
[77] S. Rosen and J. A. Goebel, Trans. AIME, **242** (1968) 722.
[78] S. Chakravorty and C. M. Wayman, Met. Trans., **7A** (1976) 555.
[79] T. Tadaki, M. Tokoro and K. Shimizu, Trans. JIM, **16** (1975) 285.
[80] T. Tadaki, H. Okazaki, Y. Nakata and K. Shimizu, Mater. Trans. JIM, **31** (1990)

941.
- [81] S. Miura, S. Maeda and N. Nakanishi, Phil. Mag., **30**（1974）565.
- [82] V. V. Martynov, K. Enami, L. G. Khandros, S. Nenno and A. V. Tkachenko, Phys. Met. Metallogr., **55**（1983）136.
- [83] Y. Murakami, K. Otsuka, S. Hanada and S. Watanabe, Mater. Sci. Eng., **A189**（1994）191.
- [84] L. E. Tanner, D. Schryvers and S. M. Shapiro, Mater. Sci. Eng., **A127**（1990）205.
- [85] K. Enami, V. V. Martynov, T. Tomie, L. G. Khandros and S. Nenno, Trans. JIM, **22**（1981）357.
- [86] Y. Kudoh, M. Tokonami, S. Miyazaki and K. Otsuka, Acta Metall., **33**（1985）2049.
- [87] S. Miyazaki, S. Kimura, K. Otsuka and Y. Suzuki, Scripta Met., **18**（1984）883.
- [88] T. Saburi, M. Yoshida and S. Nenno, Scripta Met., **18**（1984）363.
- [89] T. Ohba, Y. Emura and K. Otsuka, Mater. Trans. JIM, **33**（1992）29.
- [90] T. Tadaki, Y. Katano and K. Shimizu, Acta Metall., **26**（1978）883.
- [91] K. Morii, S. Miyazaki and K. Otsuka, Proc. Int. Conf. on Martensitic Transformations（ICOMAT-92）,（Monterey, 1992）1125.
- [92] D. Schryvers and P. L. Potapov, Mater. Trans., **43**（2002）774.
- [93] H. Sitepu, Textures Microstruct., **35**（2003）185.
- [94] T. Hara, T. Ohba and K. Otsuka, Mater. Trans. JIM, **38**（1997）11.
- [95] S. Miyazaki, S. Kimura and K. Otsuka, Phil. Mag., **57A**（1988）467.
- [96] T. Saburi, K. Doi and S. Nenno, Mater. Sci. Forum,（Proc. ICOMAT-89）, **56-58**（1990）611.
- [97] C. M. Hwang, M. Meicle, M. Salamon and C. M. Wayman, Phil Mag., **47A**（1983）9, 31.
- [98] L. Guttman, Trans. AIME, **188**（1950）1472.
- [99] S. Miura, M. Ito, K. Endo and N. Nakanishi, Memoirs Faculty Eng., Kyoto Univ., **18**（1981）287.
- [100] 入戸野修，小山泰正，日本金属学会報，**21**（1982）160.
- [101] F. T. Worrell, J. Appl. Phys., **19**（1948）929.
- [102] E. Z. Vintaikin, D. F. Litvin, V. A. Udovenko and G. V. Scherbedinskij, Proc. Int. Conf. on MartensiticTransformations（ICOMAT-79）, Cambridge（1979）673.

[103] R. Oshima, S. Sugimoto, M. Sugiyama, T. Hamada and F. E. Fujita, Trans. JIM, **26** (1985) 523.
[104] T. Sohmura, R. Oshima and F. E. Fujita, Scripta Metall., **14** (1980) 855.
[105] T. Tadaki and K. Shimizu, Trans. JIM, **11** (1970) 44.
[106] T. Maki, Proc. MRS Int. Mtg. on Adv. Mats., Vol. 9 (Tokyo, 1989) p. 415.
[107] Y. Tanaka, Y. Himuro, R. Kainuma, Y. Sutou, T. Ohmori and K. Ishida, Science, **327** (2010) 1488.
[108] T. Ohmori, K. Ando, M. Okano, X. Xu, Y. Tanaka, I. Ohnuma, R. Kainuma and K. Ishida, Science, **333** (2011) 68.
[109] H. Y. Kim, Y. Ikehara, J. I. Kim, H. Hosoda and S. Miyazaki, Acta Mater., **54** (2006) 2419.
[110] K. A. Bywater and J. W. Christian, Phil. Mag., **25** (1972) 1249.
[111] P. J. Buenconsejo, H. Y. Kim, H. Hosoda and S. Miyazaki, Acta Mater., **57** (2009) 1068.
[112] A. Sato, E. Chishima, K. Soma and T. Mori, Acta Metall., **30** (1982) 1183.
[113] M. Murakami, H. Otsuka, H. G. Suzuki and S. Masuda, Proc. ICOMAT-86 (1986) p. 985.
[114] T. Maruyama, T. Kurita, S. Kozaki, K. Andou, S. Farjami and H. Kubo, Mater. Sci. Tecchnol., **24** (2008) 908.
[115] M. Nishida and T. Honma, Scripta Metall., **18** (1984) 1293.
[116] R. Kainuma, M. Matsumoto and T. Honma, Proc. ICOMAT-86, Nara, (Jpn. Inst. Met., 1987) p. 717.
[117] H. Sato, K. Takezawa and S. Sato, Trans. JIM, **25** (1984) 332.
[118] T. A. Schroeder and C. M. Wayman, Scripta Metall., **11** (1977) 225.
[119] K. Otsuka and X. Ren, Scripta Metall., **50** (2004) 207.
[120] A. Ölander, J. Am. Chem. Soc., **56** (1932) 3819.
[121] Y. Nakajima, S. Aoki, K. Otsuka and T. Ohba, Mater. Lett., **21** (1994) 271.
[122] S. Miura, S. Maeda and N. Nakanishi, Phil. Mag., **30** (1974) 565.
[123] G. Barcelo, R. Rapacioli and M. Ahlers, Scripta Metall., **12** (1978) 1069.
[124] R. Rapacioli, M. Chandrasekaran, M. Ahlers and L. Delaey, *Shape Memory Effects in Alloys* (J. Perkins, ed.), Plenum Press (1975) p. 385.
[125] H. Sakamoto, K. Otsuka and K. Shimizu, Scripta Metall., **11** (1977) 607.
[126] T. Ohba, K. Otsuka and S. Sasaki, Mater. Sci. Eng., **56-58** (1990) 317.

- [127] T. Ohba, T. Finlayson and K. Otsuka, J. Phys., Ⅲ-5 (C8) (1995) 1083.
- [128] X. Ren and K. Otsuka, Nature, **389** (1997) 579.
- [129] X. Ren and K. Otsuka, Phase Transitions, **69** (1999) 329.
- [130] X. Ren and K. Otsuka, Phys. Rev. Lett., **85** (2000) 1016.
- [131] X. Ren, Nature Mater., **3** (2004) 94.
- [132] L. X. Zhang and X. Ren, Phys. Rev., **73B** (2006) 094121.
- [133] X. Ren et al., Phil. Mag., Vol. **90**, No. 1-4 (2010) p. 141.
- [134] K. Otsuka and K. Shimizu, Int. Metals Rev., Vol. **31**, No. 3 (1986) p. 93.
- [135] K. Otsuka and C. M. Wayman (ed), *Shape Memory Materials*, Cambridge University Press, Cambridge (1998) p. 42.
- [136] K. Otsuka and T. Kakeshita (ed.), "Science and Technology of Shape Memory Alloys : New Developments", MRS Bull., Vol. **27**, No. 2 (2002) p. 91.
- [137] 村上恭和, 大塚和弘 (未発表).
- [138] Y. Murakami, Y. Nakajima, K. Otsuka, T. Ohba, R. Matsuo and K. Ohshima, Mater. Sci. & Eng., **A237** (1997) 87.
- [139] X. Ren and K. Otsuka, MRS Bull., Vol. **27**, No. 2 (2002) p. 115.
- [140] 堀川宏, 一ノ瀬修一, 大塚和弘, ビデオ作製 (1984).
- [141] M. Kozuma, Y. Murakami and K. Otsuka, *Displacive Phase Transformation and Their Applications in Materials Engineering* (ed. K. Inoue et al.) TMS (1998) p. 233.
- [142] M. Ahlers, G. Barcelo and R. Rapacioli, Scripta Metall., **12** (1978) 1705.
- [143] K. Marukawa and K. Tsuchiya, Scripta Metall., **32** (1995) 77.

13
形状記憶合金の応用

　形状記憶合金は材料自体が新しい機能を持った材料なので，機能材料として注目を集めている．今後も種々な応用が開発されるであろうが，本書の目的はマルテンサイト変態や形状記憶効果の機構等に関する基礎に重点を置いているので，本節では主に応用に関するごく基本的な問題と過去に非常に成功した例について形状記憶効果の応用と超弾性の応用に分けて述べる．

13.1　形状記憶効果の応用
13.1.1　形の回復と変態応力の利用

　形の回復とその際の変態応力を利用した工業的な応用例としてRaychem社が開発したパイプ継ぎ手（pipe couplings）がある．図13-1に示すように原理は簡単で，接続したいパイプの外形よりも継ぎ手の内径を（母相状態で）少し小さく設計し，これ

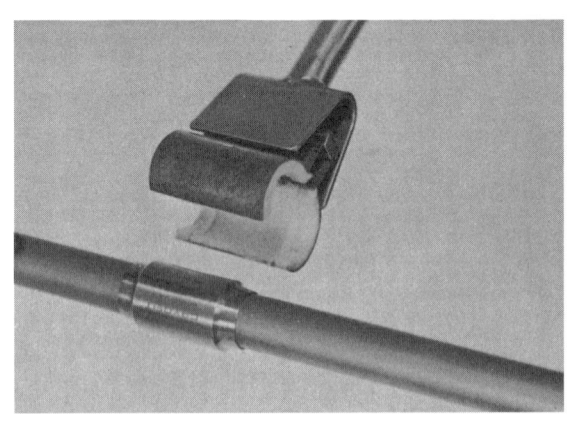

図 13-1　Ti-Ni合金のパイプ継ぎ手への応用（Harrison and Hodgson[1]による）．

をマルテンサイト状態で拡管してパイプに嵌め，A_f 点以上に加熱すれば元のサイズに収縮し，接合は完結する．この方法では，どんなパイプも（異種金属のパイプも）接合でき，その信頼性は極めて高いので，米軍の F14 戦闘機の油圧系統のパイプ継ぎ手として利用された．その成功の理由はもう一点ある．この応用が軍用だったので，価格は問題にならず，信頼性が一番重視されたという点である．これは形状記憶合金の応用が成功した第 1 号で，時期的には 1970 年代の初期であった．類似の応用としては民生用の電気コードのコネクターとしても利用された．大電流の流れるコードの場合接触不良があると問題が生じるが，この方法を用いれば，接触不良の問題も生じない．

13.1.2　サーマルアクチュエータへの応用

　形状記憶合金は逆変態に伴って伸びたり縮んだりし，材料自体がアクチュエータ機能を持っているので，小型軽量化に役立ち，新しい製品の開発に役立つと期待される．わかりやすい例を図 13-2 に紹介する．これは冬期ディーゼル車のスチームトラップに利用された例である．図のようにスチームは冷却すると水になり，パイプの内側に凝結すると熱伝導が悪くなるので，ところどころに図のようなスチームトラップを設けて，凝結した水を外に排除する機構が必要になる．このような応用では，センサーとアクチュエータを兼ねる SMA（shape memory alloy）バネとバイアスバネ（普通のバネ）を拮抗させた形で用いる．ドレインにたまった水の温度が下がった場

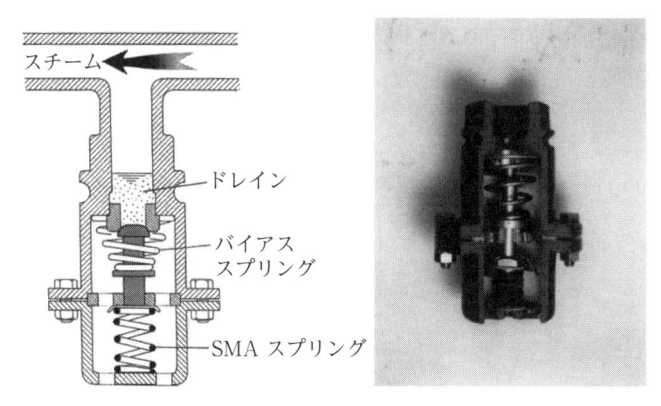

図 13-2　Ti-Ni コイルのアクチュエータとしての応用．汽車のスチーム用ドレインへの応用（PIOLAX 提供）．

合，デバイスの各部分は金属でできているので同様に冷却し，SMA バネも冷却し，マルテンサイトの状態になる．そうすると SMA バネは軟らかくなるので，バイアスバネの力が勝ってドレインの下の弁を押し下げ，ドレインの水は下に排除される．ここでの SMA バネはセンサーとアクチュエータの役を兼ね備えているので，図のような簡単な機構で目的を達している．右側に実際の写真を示す．このようなサーマルアクチュエータ（thermal actuator）の原理図を図 13-3 に示す．下図は母相とマルテンサイト相の荷重-変位曲線を表すとともに，バイアスバネの荷重-変位曲線も表している．ここで，SMA バネの荷重-変位曲線は温度の関数になる．それぞれの温度を決めれば，それぞれの温度での平衡位置は A 点および B 点となり，変位量 D も図より求まる．

次にこのようなサーマルアクチュエータで最も成功した例を図 13-4 に示す．これは松下電器産業(株)(現：Panasonic）で開発されたエアコン用のフラップと呼ばれる

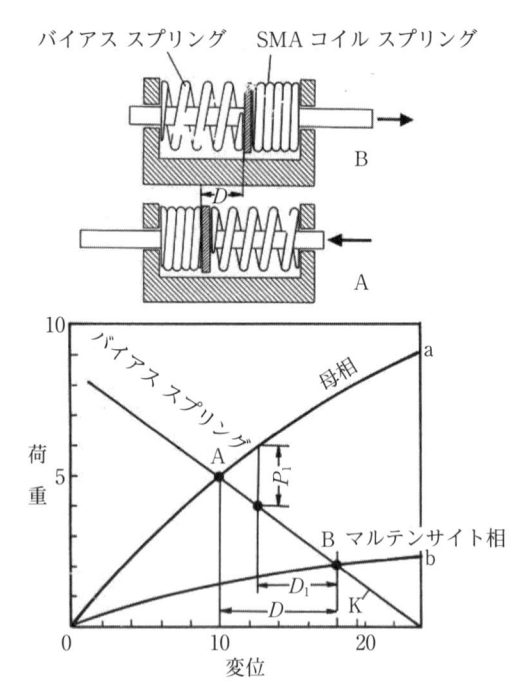

図 13-3 形状記憶合金コイルのアクチュエータへの応用の原理図（大方と加藤[2]による）．

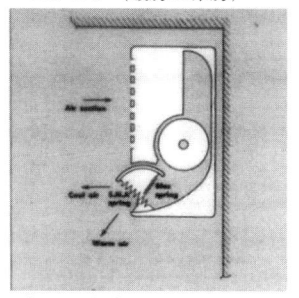

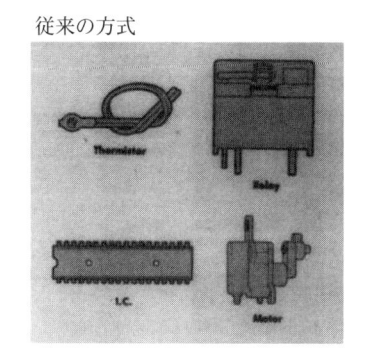

図 13-4 Ti-Ni コイルのアクチュエータとしての応用．エアコン用フラップとしての応用（Panasonic 提供）．

デバイスである．つまり，暖房用の温風なら下向きに，冷房用の冷気なら水平に吹き出させる装置で，これが図で示すように，SMA バネとバイアスバネの二つのバネだけで済むようになった．一方，右図に示したのは，従来の方法でフラップを作動させたとき必要な部品を示しており，それにはサーミスター，リレー，IC，モータが必要なことを示している．センサー兼アクチュエータの新素材を使うことで，デバイスがいかに簡単になるかを端的に示している．このフラップを積んだエアコンは 100 万台以上売れたよい製品であった．この成功の裏にはもう一つの理由がある．以上述べたことからわかるように，アクチュエータへの応用は形状記憶合金の応用としては非常に適した分野であるが，これには疲労の問題がある．アクチュエータは繰り返し使われるので疲労強度が問題になるが，形状記憶合金の疲労強度はあまりよくない[3]．しかし，上記フラップへの応用では，疲労に強い Ti-Ni 合金の R 相変態を利用したので，図 13-5[4]に示すように疲労特性が非常に優れていた．この図から明らかなように 50 万回の繰り返しに対し全く劣化を示していない．形状記憶合金の疲労の問題は依然として非常に難しい問題であるが，回復歪量の小さい R 相変態の疲労特性の

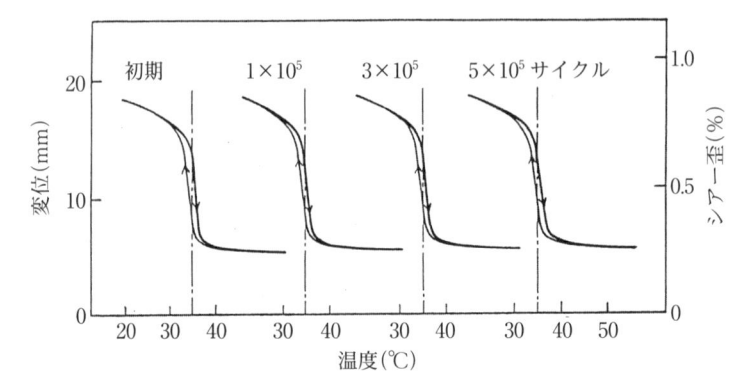

図 13-5 Ti-Ni 合金コイルの B2-R 変態に基づく超弾性のサイクル依存性（轟[4]による）.

良いことだけは一般に受け入れられている.

このようなサーマルアクチュエータへの応用には実用化されたものが多く，以上の他，コーヒーメーカー（Panasonic），炊飯器（タイガー），浄水器（Sanyo），混合水栓（PIOLAX），トイレ温水洗浄器（リンフォース）等もある.

13.1.3 エネルギー変換：熱エンジン

1970 年代から 1980 年代初頭にかけてであったが，形状記憶合金でできた装置を回転し，電気を得ようという研究が非常に興味を持たれた時期があった．いわゆる Banks engine である[5]．石油危機もあってクリーンなエネルギーが求められていたし，夢のある研究と思われた．しかし，実験的に得られた電力は小さく（665 W）[6]，理論的な効率の計算でも到達可能な効率は高々 4-5%[7]で，この分野の研究は行われなくなった.

13.1.4 ロボットへの応用

1980 年代から 1990 年代にかけてはロボットやマイクロアクチュエータへの形状記憶合金の利用が興味を持たれた時代であった．その理由の一つは，SMA を使ったアクチュエータは単位重量当たりの出力が他のアクチュエータと比べて大きいからである．またロボット等では基本的に位置制御であるが，形状記憶合金を使ったアクチュエータでは，力制御が可能になる可能性があり，ゴムボールのように軟らかいボール

は軟らかく，硬いボールは硬くつかめる可能性があるからである．高齢者問題との関係で最近は一口にロボットといっても介護ロボットに関心が集まっている．そのような観点から再度この問題が注目されるようになる可能性がある．

13.2 超弾性の応用

以上形状記憶効果の応用について述べてきたが，続いて超弾性の応用について述べる．超弾性の応用も古くから行われている．

13.2.1 歯列矯正用ワイヤー

従来，歯列矯正用ワイヤー（orthodontic wires）としてはステンレス線やCoCr合金線が用いられていたが，1970年代AndreasenとHilman[8]によって強加工型のTi-Ni合金線が用いられるようになった．しかしTi-Ni合金には応力-歪曲線が本来

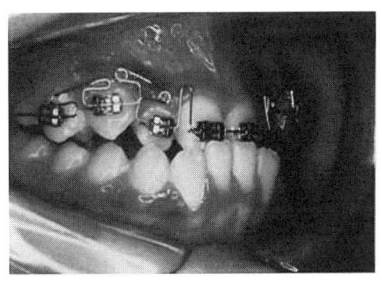

従来ワイヤー

Ti-Ni 超弾性ワイヤー

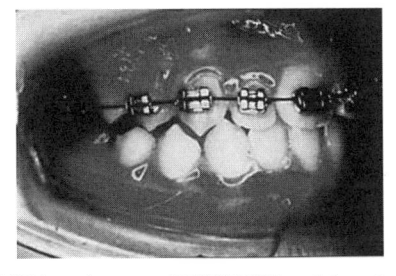

図 13-6　Ti-Ni 超弾性ワイヤーの歯列矯正用ワイヤーとしての応用（日本歯科医師会提供）．

のフラットなステージを持つ超弾性が備わっているから，低い応力で，しかも一定応力で作用する超弾性の方が優れている．このような観点から1980年代に入って本来の超弾性ワイヤーを用いた研究が主に日本で進み[9-11]，今日ではこの型の超弾性ワイヤーが広く実用化されている．図13-6には従来のワイヤーによる治療と新しい超弾性ワイヤーによる治療を比較して示しているが，従来の方法では治療で要求される低い弾性を持たせるためにワイヤーを複雑な形状に加工して使わなければならなかった．新しい超弾性ワイヤーでは直線で使用でき，治療作業もずっと簡単になっている．患者にとっても複雑形状の異物を口中で保持するのに比べ，直線形状では，その煩わしさが大いに軽減される．技術の進歩が医療の進歩に貢献した良い例の一つと言ってもよいであろう．

13.2.2　ブラジャーへの応用

1980年代になって市場に現れた超弾性材を利用したヒット商品は，女性用のブラ

図 13-7　Ti-Ni超弾性ワイヤーのブラジャーへの応用（古河テクノマテリアル提供）．

ジャーへの応用であった（図13-7）．形状記憶効果や超弾性の性質があれば，洗濯機で荒っぽい処理を受けても，元の形を保てる．着心地は女性でないとわからないが，着心地も良く，体型を保つのにも良いとされた．原理的には簡単な応用であるが，この商品は長く続き，海外にも輸出された．超弾性の応用としては非常に成功した例で，かつ，日本発の商品であった．

13.2.3　携帯電話のアンテナへの応用

1990年代に入ると超弾性を利用した携帯電話のアンテナへの応用が出現した（図13-8）．この時期はちょうど携帯電話が普及し始めた時期だから，携帯電話の普及に比例して超弾性アンテナの利用も増えていった．極めてタイムリーな応用で非常に成功した例でもあるが，携帯電話の受信方式も種々あり，最近はアンテナ内蔵型に変わりつつあり，超弾性アンテナの利用も減少してきているが，最近のスマートフォンでも超弾性アンテナを利用した機種もある．

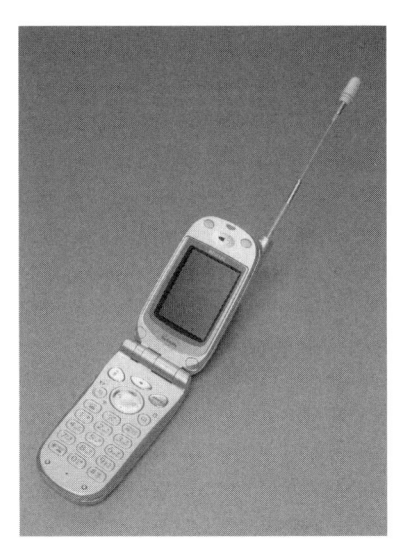

図13-8　Ti-Ni超弾性ワイヤーの携帯電話アンテナへの応用（DoCoMo提供）．

13.2.4　医療用ガイドワイヤーやステントへの応用

日本国民の高齢化に伴って，医療問題が国にとって重要な問題となりつつある．こ

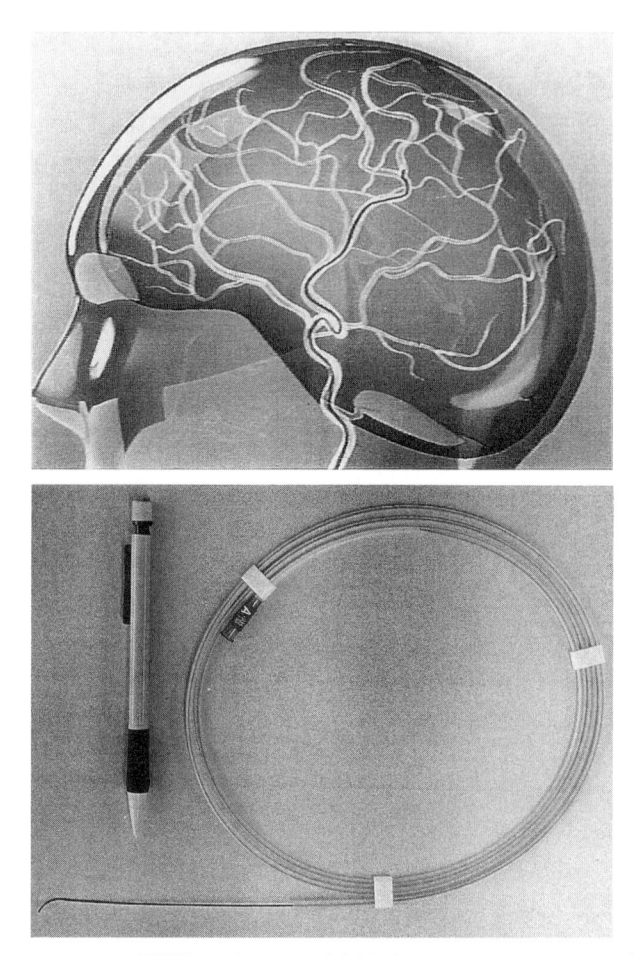

図 13-9 Ti-Ni 超弾性ワイヤーの医療用ガイドワイヤーとしての応用（TERUMO 提供）.

のような状況の中で超弾性材料が重要な働きをしつつあることを次に述べる．医学の進歩はめざましいが，その一つは手術の技術的進歩である．従来は手術といえばメスによる開腹手術であったが，最近の多くの手術では開腹はせず，カテーテルと呼ばれる器具を動脈の中を通して薬物や器具を患部に運び，手早く手術を行うという方法が取られている．この際カテーテルの先導をつとめるのがガイドワイヤー（guide

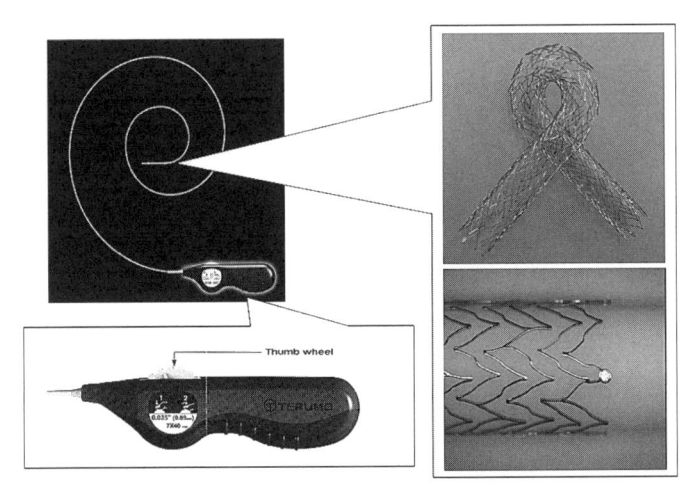

図 13-10 Ti-Ni 超弾性パイプのステントへの応用．左側はステントの挿入具を示し，右側はレーザー加工で作製したステントを示す．名称"Misago"（欧州で販売）（TERUMO 提供）．

wire）であり，一例を図 13-9 に模式的に示す．ガイドワイヤーとして要求される性質にはトルク伝達性，耐キンク性，挿入性等があるが，Ti-Ni 超弾性材はこれらの点で優れている．現在超弾性ワイヤーがガイドワイヤーとして最も大きなシェアで使われている．

　高齢者医療にとってガイドワイヤーとともに非常に重要なのがステント（stent）である（図 13-10）．人間は加齢と共に動脈や静脈の内部にコレステロールが溜まり，血流の流れを悪くして動脈硬化や静脈硬化を引き起こし，それらが極まると脳梗塞や心筋梗塞を引き起こす．それを防ぐため狭窄部を広げ，超弾性ワイヤーやパイプをレーザーカティングで作ったステントを血管内に残せばステントの超弾性によって血管を広げた状態で保持できる．近年，超弾性を利用したステントが非常に広く利用されるようになり，SMA の応用として大きな市場規模になりつつある．現在 SMA の応用として最も注目されている分野である．

　以上，形状記憶効果と超弾性の応用の成功例を概観してきたが，成功例としては超弾性の方が多い．我々理工分野の技術者にとって，現象としては形状記憶効果の方が面白いが，応用する側の人間にとっては超弾性の方が単純で扱いやすいからであろう．基礎研究とその応用は車の両輪であって，これらが手を携えてバランスよく発展

することでこの分野の発展がある．そういう意味で，上で見てきたように SMA の
ヒット商品が数年ごとに次々と生まれたのは誠に幸いであった．新素材といっても
10年もすれば終わりという話もあるが，研究の最初の1970年から数えてすでに40
年になるが，現在も活発な研究が行われているのは，上のような事情があったからで
ある．つまり，数年ごとに新しい応用が現れたのは幸運であった．なお，本書の性格
上形状記憶合金の応用についてはごく簡潔に述べるに止めたが，詳しく知りたい方は
形状記憶合金に関する以下の書物の応用に関する章を参照されたい[12-17]．

13 参考書・参考文献

[1] J. D. Harrison and D. E. Hodgson, *Shape Memory Effects in Alloys*（J. Perkins, ed.），Plenum Press, NY（1975）p. 517.

[2] 大方一三，加藤勉，KHK（加藤発条（株））Technical Rep.（1994）9401.

[3] S. Miyazaki, *Engineering Aspects of Shape Memory Alloys*（T. W. Duerig et al., ed.），Butterworth-Heinemann, London（1990）p. 394.

[4] 轟恒彦,「TiNi合金の形状記憶的変形挙動とその応用に関する研究」工学部博士論文，東北大学（1986）p. 199.

[5] R. Banks, *Shape Memory Effects in Alloys*（J. Perkins, ed.），Plenum Press（1975）p. 537.

[6] 田中宏,「形状記憶合金の応用と開発」(本間，清水，大塚，鈴木編)，エス・ディ・シー（1986）p. 293.

[7] P. Wollants, M. de Bonte, L. Delaey and J. R. Roos, Z. Metallkde., **70**（1979）298.

[8] G. F. Andreasen and T. B. Hilman, J. Am. Dent. Assoc., **182**（1971）1373.

[9] Y. Oura, J. Jpn. Orthod. Soc., **43**（1984）71.

[10] C. J. Burstone, B. Qin and J. Y. Morton, Am. J. Orthod., **187**（1985）445.

[11] F. Miura, M. Mogi, Y. Ohmura and H. Hamanaka, Am. J. Orthod. Demtofac. orthop. **190**（1986）1.

[12] 舟久保煕康（編），「形状記憶合金」，産業図書（1984）．

[13] 本間敏夫，清水謙一，大塚和弘，鈴木雄一（編），「形状記憶合金の応用と開発」，エス・ディ・シー（1986）．

[14] 清水謙一，入江正浩，唯木次男，「記憶と材料—入門形状記憶材料」，共立出版（1986）．

[15] 鈴木雄一,「形状記憶合金のはなし」，日刊工業新聞社（1988）．

[16] K. Otsuka and C. M. Wayman (ed.), *Shape Memory Materials*, Cambridge University Press, Cambridge (1998).
[17] K. Yamauchi, I. Ohkata, K. Tuchiya and S. Miyazaki (ed.), *Shape memory and superelastic alloys-technologies and applications*, Woodhead Publishing (2011).

14

実用形状記憶合金

　形状記憶効果や超弾性の現れる厳密な条件については12.3.2節ですでに述べ，形状記憶合金の一覧表を表12-4に示した．この表を見てすぐ気のつくことは形状記憶合金として規則合金の方が圧倒的に多いということである．G-subGの関係という点では，不規則合金であっても構わないが，G-subGの関係は変態が可逆的になるための必要条件ではあっても，十分条件ではない．もし，マルテンサイトが規則構造を取っていれば，逆変態を考えたとき元の格子対応バリアントに戻らなければ母相の構造は元の母相とは異なる構造になってエネルギーが高い状態になる．このため，規則合金では可逆的な変態をする可能性が高い[12:40]．さらに，規則化すると転位がsuperdislocationになり，すべりが入りにくくなるという効果もある．この表12-4に示すように，最近Fe-Ni-Co-Al-Ti-B[12:107]やFe-Mn-Al-Ni合金[12:108]で，不規則合金であるにも関わらず10%を超える超弾性歪を持った新しい超弾性合金が報告されている．これらの合金では規則構造をもった析出物が利用されている．さらに，集合組織を極度に発達させ，高角度粒界を排除すると共に，Bを添加し粒界の強化を図っている．つまり，材料設計によって最適条件をみつけ，高い超弾性特性を実現した．一方，Ti-NbやTi-Ta合金では不規則合金であるにも関わらず，応用への関心が高まっているが，これはTi-Niに発がん性の疑いがあるためである．

　表12-4を見ると，実に多くの合金系で形状記憶効果や超弾性が得られることがわかるが，実際に実用の形状記憶合金として利用されてきたのはほとんどTi-Ni系合金のみである（R，B19′，B19）．Ti-Ni系が用いられてきた理由は12.3.2節で述べたように，B19′マルテンサイトには双晶シアーが小さく，回復可能な双晶モードが多数存在するからである．もう一つの理由は，弾性異方性と関係している．上述のように，この表の大部分は規則構造を取っている．規則構造を取っている合金は概して弾性異方性が高く，弾性異方性が高いと粒界破壊を起こしやすい．しかるにTi-Ni合金は規則合金であるにも関わらず弾性異方性が$A=\sim2$と極めて低いので等方体に近く，粒界破壊を起こすことがない．一方，B2-R相変態が利用される理由は，変態歪が小さく，繰り返し特性すなわち疲労特性が優れているからである（図13-5参照）．

先に述べたように，繰り返し特性は安定していて，50万回を超えている．一般に形状記憶合金をアクチュエータとして利用する場合には繰り返し利用されるので疲労特性が問題であり，この問題は変態歪の小さなB2-R相変態を除いて解決されていない．上述のように，大部分の応用がTi-Ni系合金を用いてなされているが，他の形状記憶合金が不要ということではない．実際の応用に際してはどういう温度で利用するかが重要であり，これには変態温度が深く関わっているからである．応用の範囲を広げるためにも種々の形状記憶合金が必要なことはいうまでもない．

この節は実用合金に関わるので，実用合金の代表であるTi-Ni系形状記憶合金についてもう少し詳しく触れる．図14-1はTi-Ni系合金の状態図である．基本的にOkamoto[1]による状態図に従ったものだが，点線で囲まれた領域で現れるTi$_3$Ni$_4$準安定相の相平衡も併せて示している[2]．この図で重要なのはTiNiと記されたB2規則構造の温度域であるが，ごく最近まで1090℃に規則-不規則変態が存在すると信じ

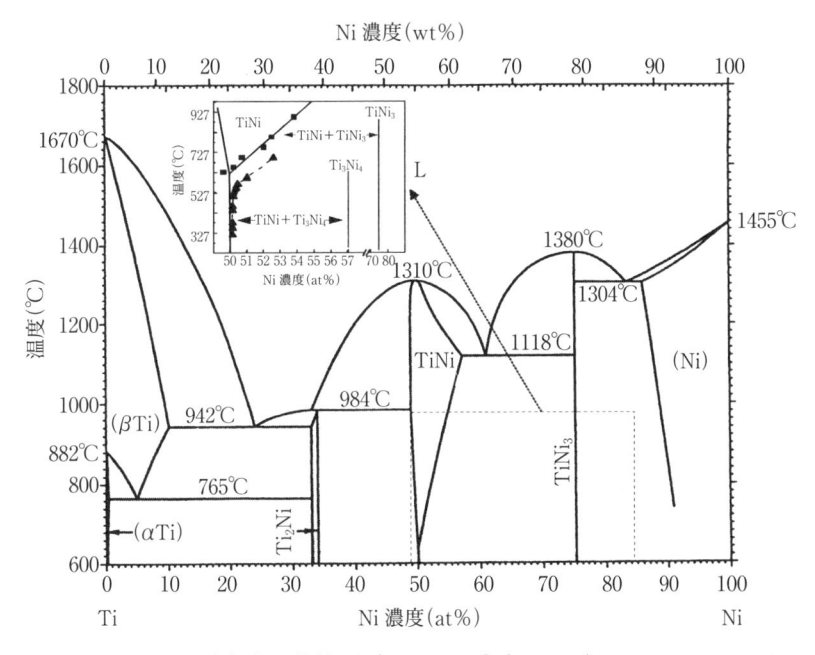

図14-1 Ti-Ni系合金の状態図（Okamoto[1]による）．これに，TiNiとTi$_3$Ni$_4$との準安定な平衡関係が追加されている（この部分は張[2]による）．

られていた[3].しかしこれは1118℃の共晶変態を見誤ったもので,この合金は融点直下までB2規則構造を取っている[4].この図では,規則-不規則変態の表示を削除してある.ここでの要点は,TiNiと表示された温度域から急冷するとB2母相からマルテンサイトの構造に変態することである.図14-2はTi-52Ni合金のTTT曲線である[5].この図に現れる相の内$TiNi_3$は平衡相であるが,それ以外のTi_3Ni_4とTi_2Ni_3相は準安定相であることを示している.これらの準安定相の内Ti_3Ni_4相は,重要な析出相で,後述する形状記憶特性改善や先に述べた2方向形状記憶効果と関係するのはこの析出相である.この析出相が有用なのは,その構造が母相B2相に近く,マルテンサイト変態阻止の害が少ないからである.なお,Ti_3Ni_4の析出が起こるのは,図14-1の状態図で部分拡大した図からわかるようにNi濃度が約50.5 at%以上で,時効温度がおおむね673 K以上のときである.この析出相の形状記憶特性に対する影響については後に触れる.

　Ti-Niの合金系では合金の組成や熱処理によって3種のマルテンサイト(B19',R,B19)が現れる.3種のマルテンサイトは競合関係にあり,条件によってどのマルテンサイト変態が起こるかは図7-14で示した.このうち熱力学的に最も安定なのはB19'構造,次はB19構造で,R相は母相からの変態歪が最も小さく,B2-R相の温度

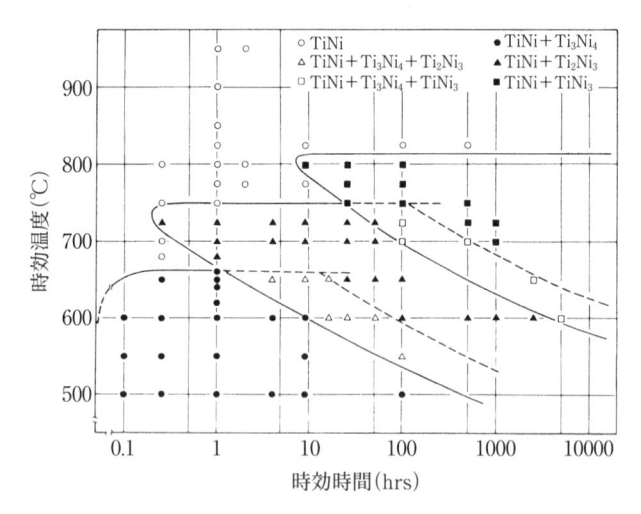

図14-2 Ti-52Ni合金の高温での時効効果を理解するためのTTT曲線(西田ら[5]による).

ヒステリシスは約 1 K と極めて小さい．したがって，いずれも最終的には B19′ 構造に向かう傾向があり，条件によっては B2-B19-B19′ や B2-R-B19′ のように 2 段階の変態を示すことがある．B19 と B19′ の構造は図 11-4 で，R 相の構造は図 7-15 で示した．この図で α 角は温度の関数であるが，その値を図 14-3 に示した．α 角は変態点で 90° から急激に減少し，その後も温度の低下に従って減少していくのがわかる．α 角の値は R 相の変態歪を計算する際に必要となる値である．

図 14-4 に三つの型の変態に伴う代表的な電気抵抗-温度曲線を示す．厳密に相の同定をするには X 線回折や電子線回折が必要であるが，大体の同定をする際には電気抵抗-温度曲線が敏感で便利である．B2-B19′ 変態では変態が始まると(a)のように電気抵抗は減少する．B2-R 相変態の際には電気抵抗は(b)のように急激に立ち上がり，格子歪が小さいので，非常に小さな温度ヒステリシスを示す．もっと低温側で大きな温度ヒステリシスが現れているのは，2 段目の R-B19′ 変態に対応するものである．(c)も 2 段の B2-B19-B19′ 変態に対応するものであるが，1 段目の B2-B19 変態はちょっと見づらい．M_s' と記したところで電気抵抗は立ち上がり，M_s と記したところが 2 段目の B19-B19′ 変態に対応する．これらのことを理解すると Ti-Ni 関係のデータも見やすくなる．

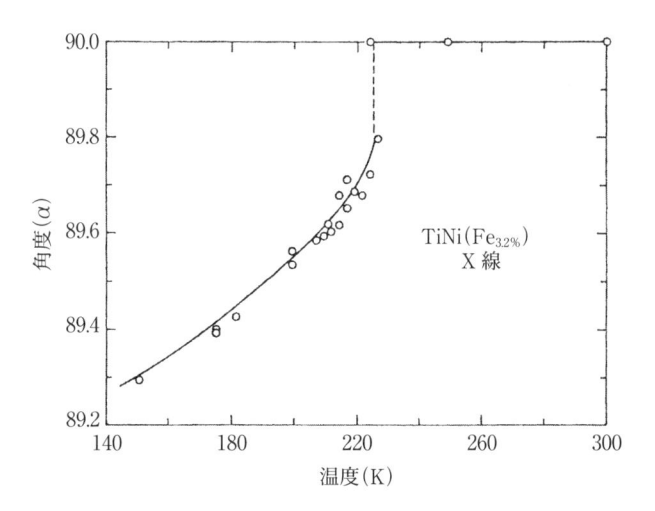

図 14-3 $Ti_{50}Ni_{46.8}Fe_{3.2}$ 合金における B2-R 相変態に際しての R 相の α 角の温度依存性．a 軸の長さは変わらず．α 角については図 7-15 参照（Salamon ら[6]による）．

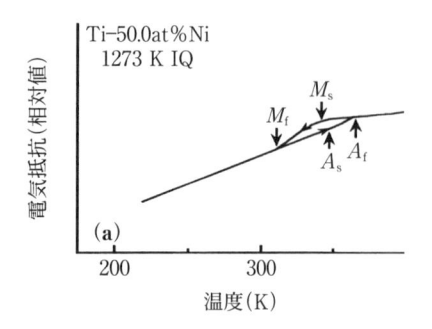

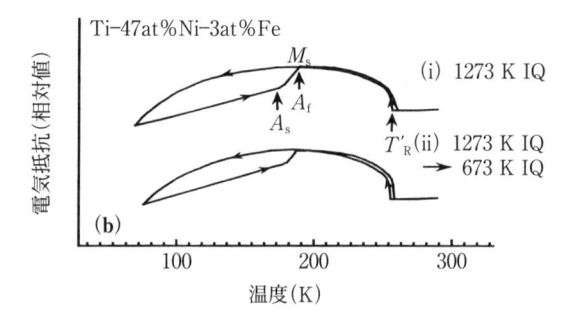

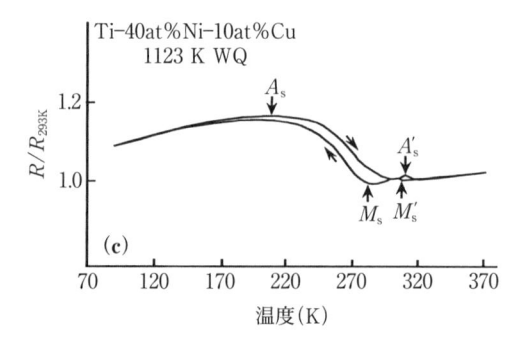

図 14-4 Ti-Ni 系における代表的な三つの変態を示す電気抵抗-温度曲線. (a) B2-B19′ 変態（宮崎と大塚[7]による），(b) B2-R-B19′ 変態（宮崎と大塚[8]による），(c) B2-B19-B19′ 変態（Nam ら[9]による）.

図14-5にTi-Ni 2元系におけるB2-B19′変態のM_s点の組成依存性を示す．50 Niを境にM_s点はNi濃度と共に急激に下がっていくが，51.3 Niを超えるとマルテンサイト変態そのものが起こらなくなる．これはマルテンサイト変態と点欠陥の相互作用の結果生じるstrain glassと呼ばれる現象（12.5節）である．Ni濃度が50 at%以下の低濃度側では状態図からも理解されるようにTi_2Niの析出が生ずるが，B2-B19′変態は起こり，その変態温度は48 Niまでほぼ一定である．

　以下にTi-Ni系合金の形状記憶効果や超弾性の代表的な例の一部を紹介する．図14-6はTi-49.8Ni合金の種々の温度における応力-歪曲線を表したもので，(A)は1273 Kで溶体化処理した材料である．(B)は溶体化処理はしないで，冷間加工後673 Kで時効した材料である．いずれの場合も低温から引張試験を始め，同じ試料が繰り返し使われている．各データで点線の矢印が示しているのは，変形後A_f点以上への加熱によって回復した形状記憶歪を表している．つまり，矢印が0まで戻らないのは，すべりが入り永久歪が残留したことを示すものである．さらに高温で残留歪が大きくなっているのはこの歪が積算されていくからである．すなわち図14-6(A)は，図12-18の(a)の場合に相当していて，変形の際すべりが容易に入るため加熱の際の

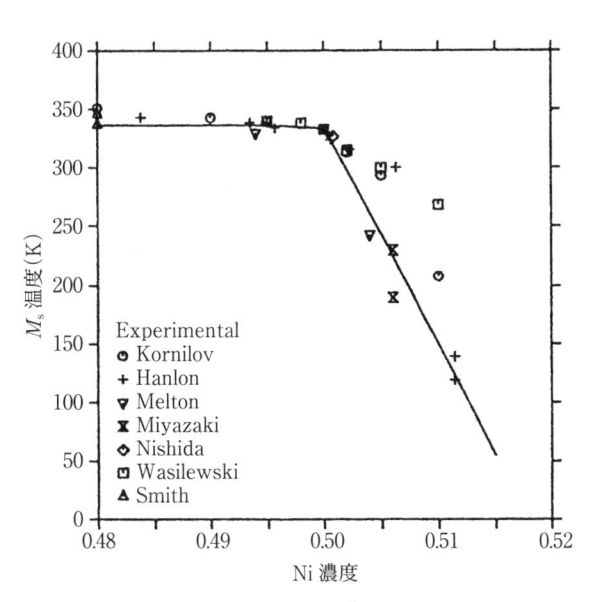

図 14-5　Ti-Ni 2元合金におけるM_s点の組成依存性（Tang[10]による）．

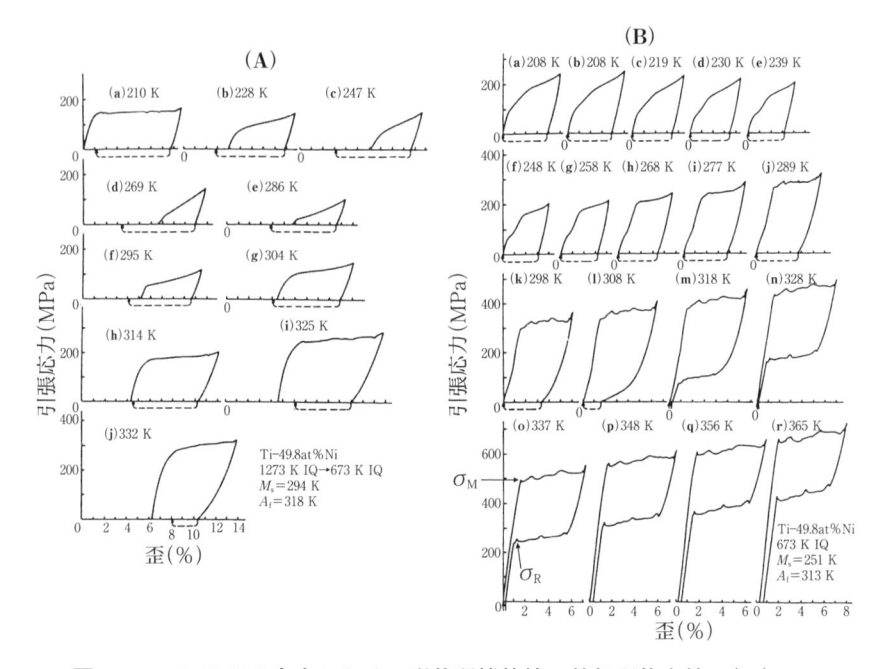

図 14-6 Ti-49.8Ni 合金における形状記憶特性の熱処理依存性．（A）1273 K×1h での溶体化処理材．実際には溶体化処理後 673 K で焼鈍しているが，この組成では時効効果は起こらないので実質上溶体化処理材と同じである．（B）この試料は冷間加工後 673 K×1h の焼鈍処理をしたもの．引張試験は同じ試料で，低温側から高温側に順次行っている．破線の矢印は A_f 点以上への加熱による形状回復を示す．以下同様（宮崎ら[11]による）．

形状回復も悪く，超弾性も全く現れていない．これに反し図 14-6（B）の場合は，冷間加工後 673 K で焼鈍しているが，この温度は再結晶温度より低く，再結晶は起こらず，回復だけが起きた状態なので，すべりの臨界応力は高く，ほとんど完全な形状記憶効果を示すと共にきれいな超弾性も現れている．（A）と（B）の比較は，加工熱処理によって形状記憶特性が格段に改善できることを端的に示している．

図 14-7 は前のケースより Ni 濃度の高い Ti-50.6Ni 合金を溶体化処理後 673 K で時効処理した試料の応力-歪曲線である．先に述べたように，Ti-50.6Ni の組成では 673 K 以上で時効すると Ti_3Ni_4 相が析出する．この組成では溶体化処理しただけでも固溶体硬化によりかなり優れた形状記憶特性を示すが，それをさらに 673 K で時効し

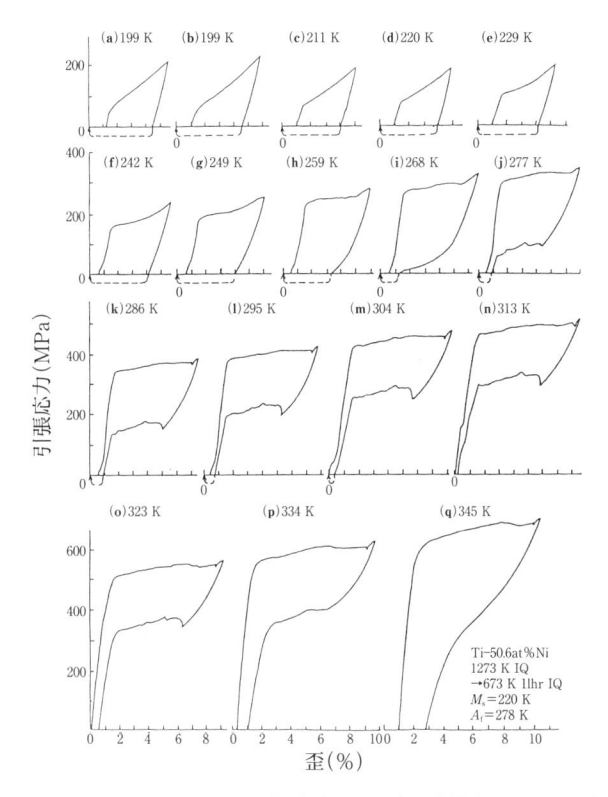

図 14-7 Ti-50.6Ni 合金の形状記憶特性に及ぼす時効効果を示す応力-歪曲線．試料は 1273 K×1h の溶体化処理後 673 K×1h の時効処理が施されている（宮崎と大塚[12]による）．

ているので形状記憶効果，超弾性共に安定した良い特性が認められる．つまり，この条件では固溶体硬化と時効析出効果の両方が働いている．(a)～(e)の温度域では応力負荷時の最初に応力ゼロの歪領域が観察される．同様の傾向はそれ以上の温度でも観察されるが，応力ゼロの歪域は小さくなっている．これは 2 方向形状記憶効果を示すものである．つまり，その前の試験サイクルで転位が導入され，その結果特定の格子対応バリアントが応力ゼロで生成するからである．

図 14-8 は Ti-50.6Ni 合金を溶体化処理しないで，冷間加工後 673 K で時効したものである．この条件で処理するとすべりの臨界応力が高められ，形状記憶効果並びに超弾性が優れていることが認められる．この例では固溶体硬化，加工効果，時効析出

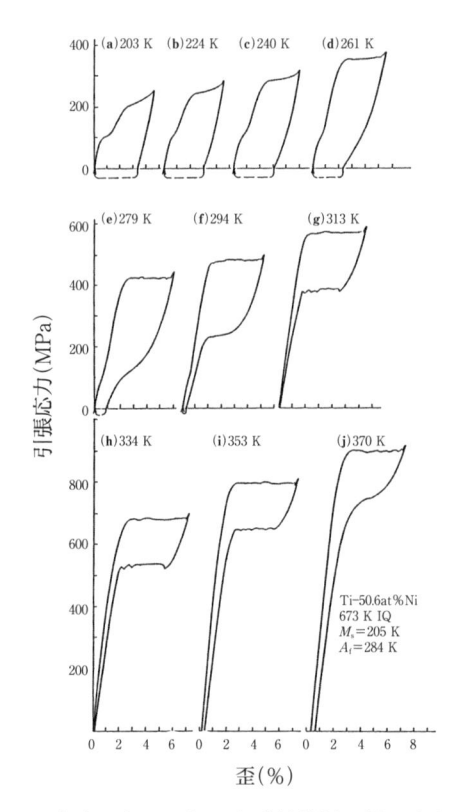

図 14-8 Ti-50.6Ni 合金における加工と時効効果の組み合わせによる形状記憶特性に及ぼす影響．この試料では溶体化処理することなく，冷間加工後直ちに 673 KX1h で時効されている（宮崎と大塚[12]による）．

効果が共同的に作用している．以上により金属学的な加工熱処理法を駆使することによって形状記憶特性を大きく改善できることを会得できたと思う．

Ti-Ni 系合金の形状記憶特性として B2-R 変態に関係する例を図 14-9 に紹介する．単結晶だと形状記憶歪を定量的に評価できるので，ここでは単結晶について述べる．具体的なデータを紹介する前に，この系の場合の計算の仕方を述べる[13,14]．先に述べたように，形状記憶歪の計算の仕方としては，shape strain を用いる方法と格子変形を用いる方法があるが，このケースの場合変態歪は小さいので，計算の簡単な格子変形を用いる．B2-R 相変態に伴う格子の変化は図 7-15 に示したが，B2 母相を

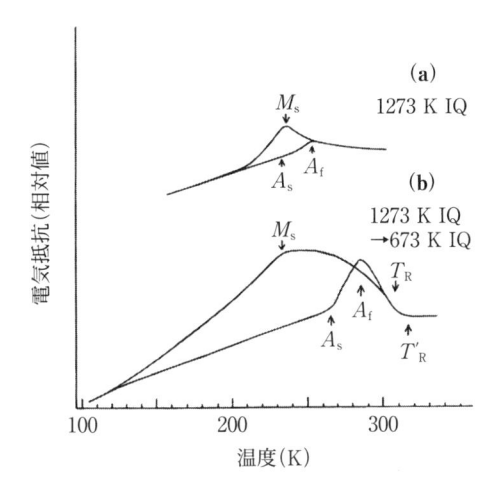

図 14-9 Ti-50.5Ni 合金単結晶の熱処理後の電気抵抗-温度曲線．（a）1273 KX1h 溶体化処理後焼き入れ材．（b）溶体化処理後 673 KX1h 時効処理．T_R' は電気抵抗の立ち上がる温度，T_R は inconnensurate 相が lock-in する温度で R_s と考えてよい（宮崎ら[13]による）．

$[\bar{1}11]_{B2}$ 方向に引張って立方体格子が菱面体格子になる変化をし，その歪量は α 角により決まる．この図(b)よりわかるように，この格子変形における主軸(添え字のdで表示)は

a' : $[100]_d // [110]_{B2}$

b' : $[010]_d // [\bar{1}1\bar{2}]_{B2}$

c' : $[001]_d // [\bar{1}11]_{B2}$

である．この図からわかるように，B2 格子と主軸（d）の間の座標変換は以下の式で表される．

$$\begin{pmatrix} x \\ y \\ z \end{pmatrix}_{B2} = \boldsymbol{R} \begin{pmatrix} X \\ Y \\ Z \end{pmatrix}_d = \begin{pmatrix} 1/\sqrt{2} & -1/\sqrt{6} & -1/\sqrt{3} \\ 1/\sqrt{2} & 1/\sqrt{6} & 1/\sqrt{3} \\ 0 & -2/\sqrt{6} & 1/\sqrt{3} \end{pmatrix} \begin{pmatrix} X \\ Y \\ Z \end{pmatrix}_d \tag{14.1}$$

一方，主軸座標で表した格子変形 $\boldsymbol{B}_d$ は以下の式で表される．

$$\boldsymbol{B}_d = \begin{pmatrix} \sqrt{2}\sin(\alpha/2) & 0 & 0 \\ 0 & \sqrt{2}\sin(\alpha/2) & 0 \\ 0 & 0 & [3-4\sin^2(\alpha/2)]^{1/2} \end{pmatrix} \tag{14.2}$$

ここに，立方晶の母相の格子定数 a は陽に含まれていないが，変態によっても a は変化せず α 角のみが変化するとして計算している．

したがって，母相から見た格子変形は相似変換により以下のようになる．

$$B = RB_d R^T$$

ここに，R^T は R の転置行列である．この式の計算を実行すると B は以下のようになり，任意のベクトル x は変態後 x' に変わる．

$$x' = Bx = \begin{pmatrix} m & n & n \\ n & m & -n \\ n & -n & m \end{pmatrix} x \tag{14.3}$$

ここで，m, n は以下の値をとる．

$$m = (2\sqrt{2}/3)\sin(\alpha/2) + [3 - 4\sin^2(\alpha/2)]^{1/2}/3 \tag{14.4}$$

$$n = (\sqrt{2}/3)\sin(\alpha/2) - [3 - 4\sin^2(\alpha/2)]^{1/2}/3 \tag{14.5}$$

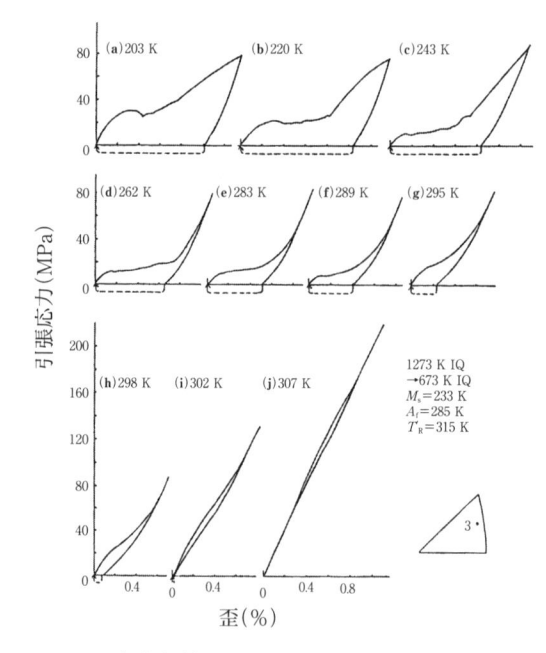

図 14-10 Ti-50.5Ni 合金単結晶を 1273 K で溶体化処理後 673 K×1h 時効した試料の B2-R 変態に伴う形状記憶効果と超弾性を示す．破線の矢印は母相への加熱による形状回復を示す（宮崎ら[13]による）．

したがって，式(14.3)から任意の x に対し変態後の x' が求まり，式(12.8)から変態に伴う歪 ε_c が計算できる．

この合金単結晶の電気抵抗-温度曲線を図 14-9 示す．組成は Ti-50.5Ni なので溶体化処理材は B2-B19′ 変態を示す．しかし，673 K で時効すると R 相変態が現れ，さらに冷却すると M_s 点で 2 段目の R-B19′ 変態が現れる．ここで興味のあるのは B2-R 変態である．この試料の引張試験結果を図 14-10 に示す．R 相の変態開始温度 R_s $=T_R'=315$ K なので，この図からほぼこの温度より上の温度では超弾性が，それより下の温度では形状記憶効果が現れている．ただし，電気抵抗-温度曲線から求めた T_R' と図 14-11(a)の結果には少しずれがある．なお，この試料の方位を右下のステ

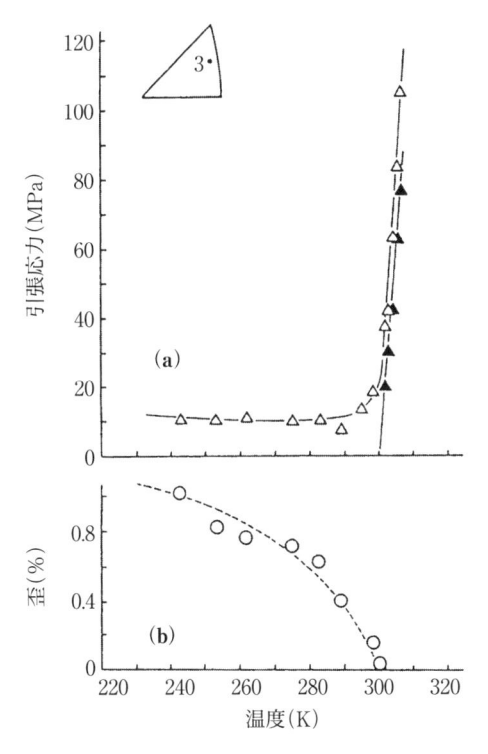

図 14-11 図 14-10 のデータから降伏応力((a)上側)と形状記憶歪((b)下側)を温度の関数として示した図．(b)の破線は形状記憶歪の計算値（宮崎ら[13]による）．

レオ三角形で示す．図 14-11(b)には形状記憶歪の実験値と計算値（点線）が示されているが，定量的にも非常によい一致が得られている．形状記憶歪の方位依存性も計算されており，$[\bar{1}11]_{B2}$ 方位で最大歪が得られることも確認されている（原論文参照）．もう一つ図 14-10 と図 14-11 で非常に興味深いのは形状記憶歪が温度の低下と共に顕著に大きくなることである．これは図 14-3 に示したように，R 相変態では温度の低下に伴って α 角が低下し，これによって変態歪が増大していくからである．

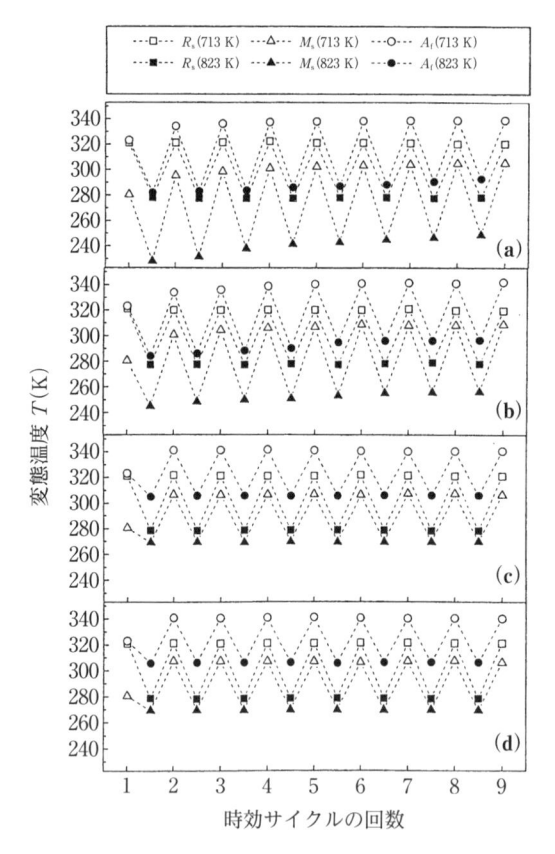

図 14-12 Ti-51Ni 合金に対し，時効温度を 713 K と 823 K の間でサイクリックに替えたときの各種変態温度の変化．713 K での時効時間は 86.4 ks と固定し，823 K での時効時間は以下のように変えている．(a) 0.6 ks, (b) 3.6 ks, (c) 86.4 ks, (d) 172 ks (Zhang ら[16]による)．

このようにマルテンサイトの格子定数の温度依存性の大きいのは R 相変態の特徴である．なお図 14-11(a) で超弾性領域における引張応力が急激に立ち上がっているが，これは Clausius-Clapeyron の式において分母の超弾性歪が非常に小さいためである．

　実用の形状記憶合金の生産にあたっては変態温度の調整は極めて重要な問題である．なぜなら形状記憶効果や超弾性の現れる温度範囲が，合金の組成によって大きく変わるからである．図 14-5 で見たように Ti-Ni 2 元合金の場合，Ni 濃度がわずか 1 at% 変わるだけで，変態温度は 200 K 近くも変わる．高 Ni 側の Ti-Ni 合金に対しては実は合金を製造してしまった後でも，合金の時効温度を変えることによって調整可能であることが堀川ら[15]によって実験的に見出され，その後，張(Zhang)ら[16]によってこの手法の原理が解明された．一言で述べると B2 相と Ti_3Ni_4 析出相の相平衡による．図 14-12 は Ti-51Ni 合金を 713 K と 823 K の間で時効温度を繰り返し変化

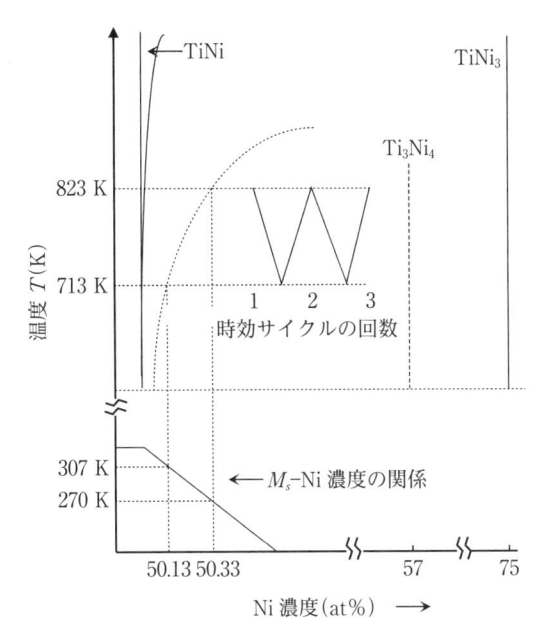

図 14-13　時効温度を変えたときの可逆的な変態温度の変化を TiNi 地と Ti_3Ni_4 析出物との平衡で説明する模式図．上側は状態図の一部で，下側は組成と M_s 点の関係を示す（Zhang ら[16]による）．

させたときの各種変態点（M_s, R_s など）の変化を示したものであるが，M_s 点や R_s 点などの変態温度が再現性よく繰り返されている．これらの変態温度は時効温度によって決まり，時効時間にはほとんど依存しない．厳密には，M_s 点は積算した時効時間の増加に伴い平衡値に近づく傾向にある．このように合金の変態温度が，合金の平均組成にはよらないで，合金の時効温度に依存している理由は図 14-1 の点線部分の拡大図に示した B2 相の固溶度と Ti_3Ni_4 析出相の相平衡によるものである．

この部分の状態図と Ni 濃度の関数としての M_s 点の関係を模式的に示したのが図 14-13 である．Ti_3Ni_4 は準安定相であるが，この図で問題にしている温度と組成範囲では B2 相と Ti_3Ni_4 相しか現れないので，ある温度に保持したとき，短時間で 2 相の平衡が成り立つ．例えば 823 K に保持したとすれば B2 相の Ni 濃度は 50.33% となり，時効温度を 713 K に変えたときの B2 相の Ni 濃度は 50.13% となり，これに応じて M_s 点も 270 K から 307 K に変化する．実際には Ti_3Ni_4 相の析出形態も M_s 点に影響する．析出物が細かいほどマルテンサイト変態に対する抵抗は大きく，変態点は下がる．時効時間が極端に長くならなければ，その分布形態はあまり変わらないので，変態点に対する影響も無視できる．

先にも述べたように，実用の形状記憶合金をアクチュエータとして利用する際には形状記憶効果や超弾性を繰り返し利用するので疲労特性が重要な問題になるが，これが一般にはあまりよくない．形状記憶合金の疲労の原因はまだよく解明されていないが，大まかには以下のように考えることができよう．12.3.2 節の形状記憶効果の起源/条件の項で，変態が G-subG 関係を満たすことが重要であることを述べたが，これは必ずしも十分条件ではないし，可逆的な双晶モードの条件を満たしていても，非常に大きな歪を与えた際には不可逆過程としての転位が導入され，これらの転位が集まってクラックの形成にいたるのではないかと予想される．疲労に絡んでこれまでにわかっていることの一つは，変態歪の小さな型の変態では優れた疲労特性が得られているということである．例えば，B2-R 変態の場合には 50 万回以上の繰り返しに対し安定で良好な超弾性が得られている（図 12-5）．疲労特性に関してさらに詳しくは，例えば文献[13:3]を参照されたい．

14 参考書・参考文献

[1] H. Okamoto (ed.), *Desk Handbook Phase Diagrams for Binary Alloys*, ASM Int. (2000) p. 624.

［2］ 張勁松，「Ti-Ni 系形状記憶合金のマルテンサイト変態と時効効果に関する研究」工学研究科博士論文，筑波大学（2000）．
［3］ T. Honma, M. Matsumoto, Y. Shugo and M. Nishida, Research Rep. of the laboratory of nuclear science, Vol. **12**, Berlin, Tohoku Univ.（1979）p. 183.
［4］ J. Zhang, G. Fan, Y. Zhou, X. Ding, K. Otsuka, K. Nakamura, J. Sun and X. Ren, Acta Mater., **55**（2007）2897.
［5］ M. Nishida, C. M. Wayman and T. Honma, Metall. Trans., **17A**（1986）1505.
［6］ M. B. Salamon, M. E. Meichle and C. M. Wayman, Phys. Rev., **31B**（1985）7306.
［7］ S. Miyazaki and K. Otsuka, Metall. Trans., **17A**（1986）53.
［8］ S. Miyazaki and K. Otsuka, Phil. Mag., **A50**（1984）393.
［9］ T. H. Nam, T. Saburi and K. Shimizu, Trans. JIM, **31**（1990）959.
［10］ W. Tang, Metall. Trans., **28A**（1997）537.
［11］ S. Miyazaki, Y. Ohmi, K. Otsuka and Y. Suzuki, J de Phys. Colloq. C4, Suppl. No. 12, Tome, **43**（1982）C4-255.
［12］ 宮崎修一，大塚和弘，「金属間化合物データハンドブック」（堂山昌男，矢部雅也編），サイエンスフォーラム（1989）p. 293, 294.
［13］ S. Miyazaki, S. Kimura and K. Otsuka, Phil. Mag., **A57**（1988）467.
［14］ 木村重夫，「Ti-Ni 合金単結晶におけるマルテンサイト変態と R 相変態の研究」理工学研究科修士論文，筑波大学（1984）．
［15］ H. Horikawa, H. Tamura, Y. Okamoto, H. Hamanaka and T. Miura, MRS Int. Mtg. Adv. Mater., **9**（Tokyo, 1989）p. 195.
［16］ J. Zhang, W. Cai, X. Ren, K. Otsuka and M. Asai, Mater. Trans. JIM, **40**（1999）1367.

15
マルテンサイト変態に関するその他の問題

　以上マルテンサイト変態と形状記憶効果/超弾性について基本的な考え方を述べてきた．しかし，協力現象の代表格であり，かつ無拡散で起こるマルテンサイト変態には，この他にも興味深い問題が多数あり今日でも日々進展しつつある．それら全般について述べるのは容易ではないが，以下にそれらのうちの興味深いものについて二，三ごく簡単に紹介する．

15.1　薄膜形状記憶合金

　形状記憶合金薄膜（thin film shape memory alloys）の研究は真空蒸着法を用いた研究が比較的古くからあったが，活発な研究が行われるようになったのは1990年頃Walkerら[1]やBuschら[2]によってスパッタ法（sputter deposition），特にマグネトロンスパッタ法と呼ばれる方法で形状記憶合金薄膜が作れることが明らかになってからである．しかも，極めて興味深いことは，条件を選べば（一般には低温でのスパッタリング）非平衡のアモルファス状態の膜が作れるようになったことである．非平衡状態では合金元素を過飽和に固溶させることができ，その後の結晶化過程で様々な組織も生み出すことができ，かつ，微細組織を得ることもできる．性質の良い薄膜ができれば，形状記憶合金アクチュエータのマイクロ化に役立ち，MEMS（Micro Electro Mechincal Systems）と呼ばれるシステムの開発に役立つと期待された．

　ここで，Ti-Ni合金がなぜアモルファスになり得るかは非常に興味深い問題であるが，井上の経験則によれば[3]，原子半径が12%以上異なる3種類の原子からなり，混合熱が負の合金がアモルファスになりやすいとされている．Ti-Ni合金の場合は合金は3元ではなく，2元であるが，原子サイズの差は19%と大きく，標準生成エンタルピーは-3.3 kJ/mol atomであり，井上の経験則に準ずる．

　Ti-Ni薄膜形状記憶合金を述べるに当たっては，1:1の等比組成を境に，高Ni側と低Ni側に分けて議論するのが便利である．高Ni側の薄膜の挙動はバルクの場合

15 マルテンサイト変態に関するその他の問題　209

とおおむね類似し，高 Ni 側に対しては機械的性質も良好な薄膜（〜μm 厚）が得られている．興味深いのは低 Ni 側である．図 14-1 の Ti-Ni 合金の状態図を見ると，TiNi 相との相境界はほぼ垂直に近く，もっと低 Ti 側には Ti$_2$Ni 相があり，この間は単純な 2 相共存領域なので，バルクでは 50 Ti から Ti 濃度を上げていっても粒界に Ti$_2$Ni 相が析出するだけで有用な組織は得られない．しかしこの組成領域でまずアモルファスな膜を作り，種々の温度で熱処理を施せば，バルク材では得られない種々の微細組織が得られる．このような実験結果の例を図 15-1, 15-2 に示した．これらの記号の意味は図の説明にあるので，要点を以下に述べる．図 15-1 で横軸は Ni 濃度，縦軸は熱処理温度である．この図の領域が a〜f まで六つの領域に区切られているのが理解できる．このことは Ni 濃度と熱処理温度を変えると六つの異なった組織が得られることを示していて（正確には 50 Ti の近傍に英文字記号の付いていない領域

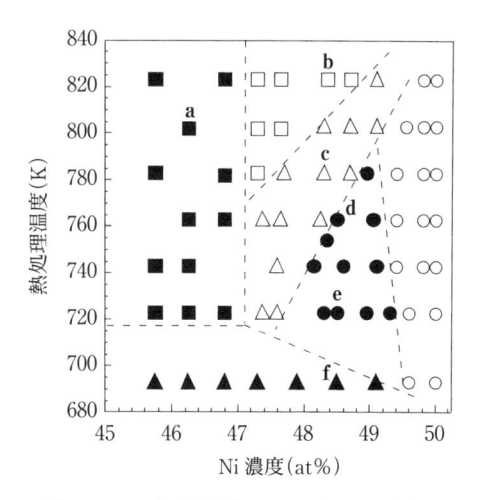

図 15-1　Ti-rich 側の Ti-Ni 合金薄膜で，スパッター法でアモルファス膜を作製したあと種々の温度で熱処理（処理時間は 1 h）し，得られた組織を Ni 濃度と熱処理温度の関数として表した図．a：中実四角（■）ランダム方位の Ti$_2$Ni の粒子を含む，b：中空き四角（□）地と同じ方位の Ti$_2$Ni 粒子を含む，c：中空き三角（△）板状析出物と方位関係を持つ Ti$_2$Ni を含む，d：中実丸（●）板状析出物（高温型）と，e：中実丸（●）板状析出物（低温型），f：中実三角（▲）アモルファス膜．なお，これらの a, b, c… は図 15-2 の同じ番号に対応する（Ishida and Martynov[5] による）．

（○）があり，これは析出物のない領域である）．それぞれの電子顕微鏡組織とその回折図形を図15-2に示す．もしこれがバルク試料だったら，析出物のない領域と2相共存の2種類だけになる．これらの特徴を簡単に述べると，低温の(f)の領域ではアモルファスになる．(a)と(b)の領域では球状のTi$_2$Ni相が現れるが，(a)では析出相とB2相は方位関係を持たないのに対し，(b)では方位関係を持っている．なぜ方位関係のあるなしが生ずるかというと，(a)では結晶化の前にTi$_2$Ni相が析出するのに対し，(b)では結晶化の後に析出が起こるからである．興味深いのは(d)と(e)のG.P. zoneが現れるケースである．(c)は(b)と(d)の2相共存領域である．先に述べたように，50 Ti近傍では析出物の現れない完全固溶の領域もある．このように単

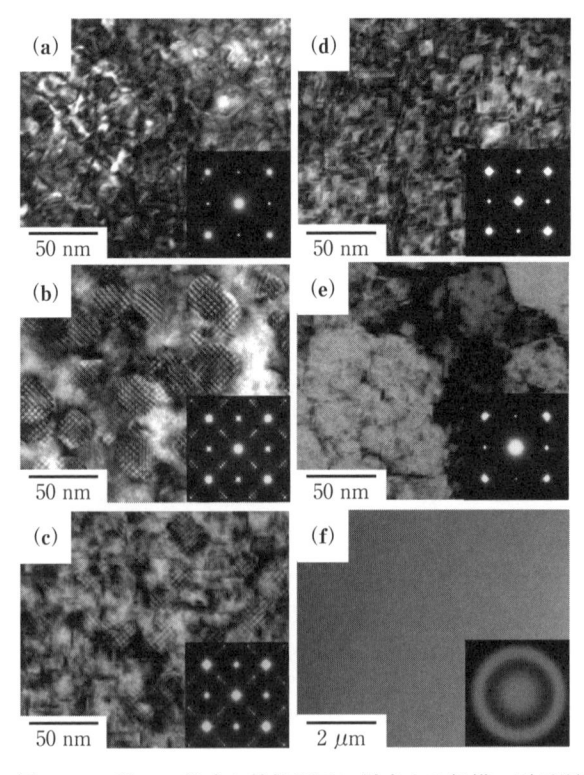

図15-2 図15-1の種々の組成と熱処理図に対応する組織の電子顕微鏡写真とそれに対応する電子回折図形．a, b, c…は図15-1に対応する（Ishida and Martynov[5]による）．

純な2元合金でありながら非平衡相を経ることによってミクロ組織を様々に変えられるのはこの合金の薄膜特有の興味深い点である．さらに，このような組織，例えば（d）のG.P. zoneを利用することにより優れた機械特性も得られる．詳細はこの分野の成書あるいはレビュー[4,5]を参照されたい．

15.2 磁性形状記憶合金

形状記憶合金に応力を印加すれば応力誘起変態やそれに付随する超弾性の現れることは詳しく述べた．同様に，磁性形状記憶合金（magnetic shape memory alloys）に外力として磁場を印加すれば磁場誘起マルテンサイト変態（magnetic field-induced martensitic transformation）や超弾性に対応する磁場効果の現れることが期待されよう．このようなマルテンサイト変態に対する磁場効果の研究は最初もっぱらマルテンサイト相が強磁性の合金に対して行われたが，最近はマルテンサイト相が弱磁性（母相に対して磁化が著しく小さい状態）[*1]の合金に対しても行われつつある．磁場誘起マルテンサイト変態はもちろんFe-Ni，Fe-Ni-C，Fe-Mn-C等でも観察されているが，超弾性に対応する磁場効果が観察された例は極めて少なく，Fe-Ni-Co-Ti[7]とFe-Mn-Ga[8]だけである．これ以外の合金で観察されない理由は明らかでないが，一つの理由は磁気的に蓄えられるエネルギーは機械的に蓄えられるエネルギーに比べ小さいため，この現象の発現には強い磁場が必要になるためである．

磁性形状記憶合金に関して現在もっとも関心を持たれているのは，強磁性形状記憶合金で現れるいわゆる「巨大磁場誘起歪（giant magnetic field-induced strain）」である．これはUllakkoら[9]によりNi$_2$MnGa合金で見出された現象であるが，その後Fe-Pd，Fe$_3$Pt，Ni-Mn-Al，Ni-Co-Al，Ni-Co-Ga，Ni-Fe-Ga[8]合金でも見出されている．ここではUllakkoらによる報告に基づいて説明する．一般に形状記憶合金をアクチュエータとして利用しようとした場合，形状記憶合金は熱で駆動することになるから応答が遅いという問題がある．もし，これを磁気的に駆動できれば応答速度を格段に速められることが期待される．従来磁場により歪を得る方法としては，磁歪材料やTerfenol-D [Fe$_2$Dy$_x$Tb$_{(1-x)}$]が知られているが，磁歪材料で得られる歪は$10^{-5} \sim 10^{-4}$乗であり，Terfenol-Dで得られる歪でも0.17％程度である．Ullakkoら

[*1] 本質的には反強磁性と考えられているが，まだ十分証拠が得られていないという意味で弱磁性という言葉が用いられているようである[6]．

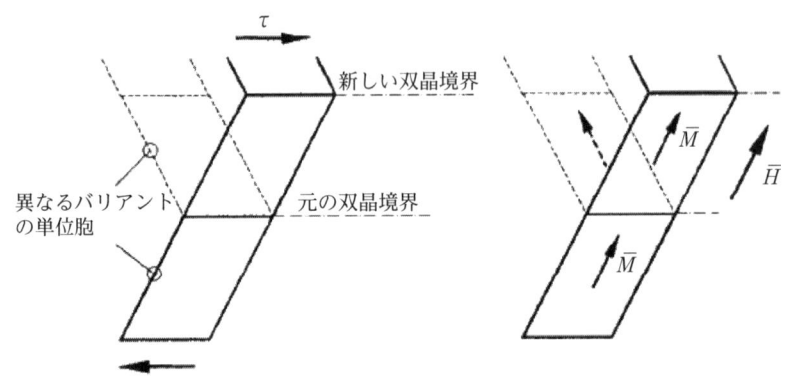

(a) 応力による双晶境界の移動　　(b) 磁場による双晶境界の移動

図 15-3　強磁性体の磁場によるバリアント変換（双晶変形）により歪を得る方法の説明図（超磁歪）（Ullakko ら[13]による）.

はこれをマルテンサイトのバリアント変換で達成できれば，格段に大きな歪を磁場で誘起できるのではないかと考えた（図 15-3）．先に説明したように，この図で左側は応力による双晶境界の移動によってバリアント変換のなされることを示している（点線で示したバリアントが実線のバリアントに変わっている）．一方，右側はこのようなバリアント変換が磁場によってなされ得ることを予測している．彼らは実際にこのようなバリアント変換の起こることを確認し，このような仕組みにより 1.5×10^{-3} の歪の得られることを明らかにした（図 15-4）．この図には磁場を[110]方向に印加した場合（上）と[001]方向に印加した場合が記されている（下）．またこの図には初回にだけ現れる歪（L_a, L_b で表されている）もあるが，可逆的な歪量は約 10^{-3} である．

その後磁場の印加によってなぜバリアント変換が起こるかについては他の合金系も含め詳しい研究がなされており，その起源は Ullakko が示唆したように結晶磁気異方性にある[10]．結晶磁気異方性とは，「強磁性体の自発磁化が，その磁性体を形成する結晶の特定の結晶軸方向（磁化容易軸）を向きたがる傾向」である[11]．つまり磁化が特定の方向に揃うことでエネルギーの下がる磁性体は結晶磁気異方性が高いということになる．マルテンサイトのバリアントと磁区の関係も詳しく研究されていて，結晶磁気異方性の高いマルテンサイトでは，バリアントと磁区の間に 1 対 1 の対応のあることも明らかにされているので[12]，マルテンサイトのバリアント変換がマルテンサイト中の格子不変変形としての双晶変形で理解できることもよくわかる．このよう

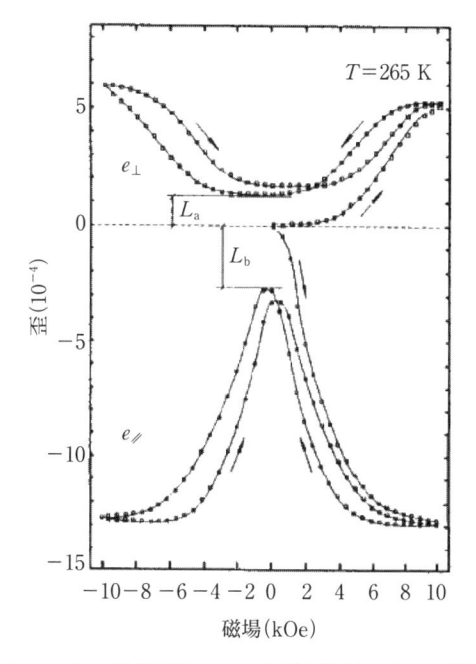

図 15-4 Ni$_2$MnGa 合金単結晶における磁場誘起歪．上側は磁場方向が[110]の場合，下側は磁場方向が[001]の場合（Ullakko ら[9]による）．

にマルテンサイトの双晶，バリアント，磁区が相互につながっているのは非常に興味深い．

ただ磁性が関係する問題は非常に複雑である．興味のある方は専門家による解説や原著論文を参照されたい[6, 10, 12]．

15.3 マルテンサイトのハイダンピング材料への応用

近代社会において自動車やビルの振動，ノイズを防止する材料の開発は極めて重要な問題である．こういった問題を考えるとき格子不変変形として多数の双晶を含むマルテンサイトの利用が大いに有効であることを示す一端を以下に紹介する．振動やノイズの減衰は一般に内部摩擦あるいは内耗（internal friction）という量で測られる．つまり振動やノイズの減衰は機械的エネルギーの熱エネルギーへの転化によって起こるので，外部から励振したエネルギー（w）が1サイクルの間に失われるエネルギー

(Δw) の割合（$1/2\pi \cdot \Delta w/w$）として表される[14]．この内耗の値は測定法や周波数によっても異なるが，以下では最近広く用いられるようになってきた DMA（Dynamical Mechanical Analyzer）による測定結果を用いて紹介する．この方法によると内耗は $\tan\delta$ という量で表され，そのときの弾性率に相当する量はストーリッジ係数（storage modulus）という量で表される．ここに $\tan\delta$ の δ は励振した応力と，その結果生ずる歪との間の位相遅れを表す量である．つまり，内耗は両者の間の位相遅れによって生ずる．

Ti-Ni 合金の B19′ マルテンサイトにおける緩和型内耗ピークは橋口-岩崎[15]によって 1968 年に見出されている．その後 1990 年代末頃から Mazzoilai ら[16]はこれが水素によって引き起こされることを報告した．その後 Fan らはマルテンサイト中の多量の動きやすい双晶界面の考察から詳しい研究を始めた．当初，水素による影響という考えは Fan らにとって考えにくいものであった．水素添加をしない溶体化処理後にも緩和型ピークが現れるからである．以下ではこの点も含めて実験結果が明快である Ti-30Ni-20Cu 合金についての Fan らの実験結果を基に紹介する[17]．この合金での変態は B2-B19 であり，M_s 点は 350 K 近辺にある．図 15-5（a）はこの合金の溶体化処理後の DMA の測定結果であり，$\tan\delta$ には二つのピークが現れている．一つは 350 K 付近に現れた周波数依存性のないピークで，もう一つは 250 K 付近に現れた周波数依存性を持ったピークである．前者は transient peak と呼ばれ，B2-B19 変態に伴って生ずる．一方，後者は明らかに B19 マルテンサイト状態で生じており，双晶境界の移動に関係して生ずる．このように周波数依存性を持って一つの相の中で現れる内耗は緩和型の内耗と呼ばれる．ここで水素との関わりについて調べた結果が（b）と（c）である．（b）は 1173 K で 1 h 脱水素処理をした後の結果であるが，明らかに 250 K 付近のピークは消滅している．そのあと（c）のように 873 K で 1 h 水素ドープをすると 250 K 付近のピークが復活する．このことからこの内耗に水素が関係していることは明らかである．一方，（a）で示したように水素処理をしないで，溶体化処理だけで 250 K 付近の内耗が現れるのは石英管の内側に残留した H_2O が高温で次のような反応を起こして生じた水素を試料が吸収して起こったものである．

$$TiNi + H_2O \rightarrow TiNi(O)_{soln} + H_2 \qquad (15.1)$$

または

$$TiNi + 2H_2O \rightarrow TiO_2 + Ni + 2H_2 \qquad (15.2)$$

この可能性を確かめるため，熱処理用に石英管を封入する前に真空引きで H_2O を取り除いた試料で DMA を測定した結果が（d）で，明らかに 250 K ピークは消滅し

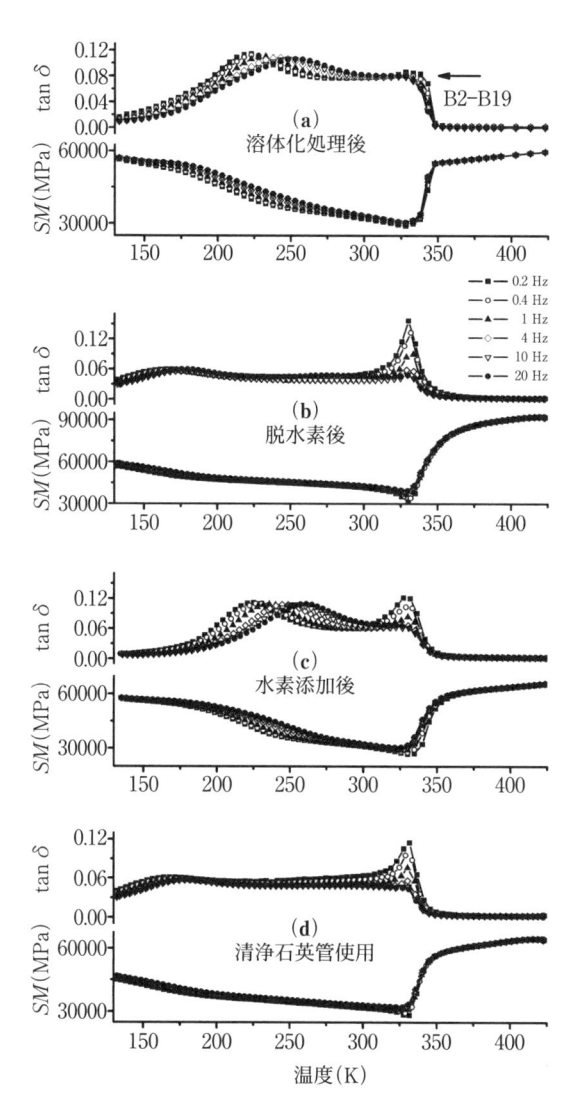

図 15-5 Ti$_{50}$Ni$_{30}$Cu$_{20}$ 合金における内耗（tan δ）とストーリッジ係数（*SM*）の測定結果．（a）1273 K×1h の溶体化処理後焼き入れ，（b）その後 1173 K×1h で脱水素処理，（c）その後 873 K×1h で水素チャージ，（d）以上とは別に脱水蒸気処理した清浄な石英管を使った場合（Fan ら[18]による）．

ている.このことから溶体化処理材でもピークが出た理由は残留した水の反応で発生した水素を試料が吸収したために生じたものであることが明らかになった.

同様にマルテンサイト中に双晶が存在しないと 250 K ピークは生じないことが図 15-6 の単結晶を使った実験で明らかになった.この図で中が詰まった記号は溶体化処理をしただけの試料,中空きの記号はその試料を 3.6% 引っ張ってマルテンサイトの単結晶にしたときの測定結果である.図(a)から明らかなように,単結晶化して双晶を除いた試料では 250 K ピークが消滅している.以上からマルテンサイトでの緩和型ピークが現れるためには,動きやすい双晶境界の存在と水素の存在が不可欠である.つまり,マルテンサイト中の緩和型ピークは双晶境界と水素との相互作用の結果生じたものである.

このような水素の存在の必要性がすべての合金系で成り立つかどうかはまだ明らかでないが,これまで調べられたところでは,Ti-Ni 系,Ti-Pd 系,Mn-Cu 系では成り立つようである[18].さらに細かい検討から高い内耗を得る条件(twinning shear の小さな系を選ぶ,水素濃度を適当に選ぶ等)も検討されている.

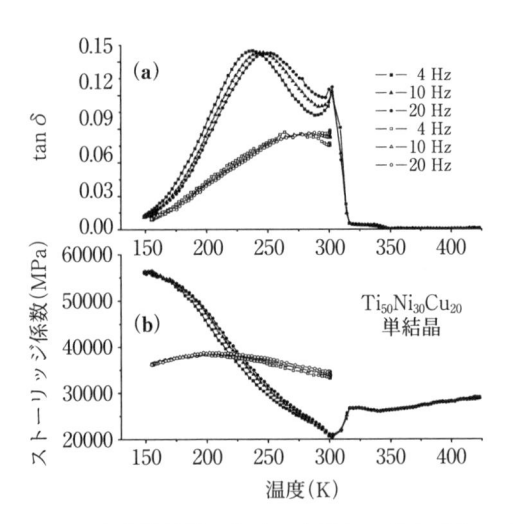

図 15-6 Ti$_{50}$Ni$_{30}$Cu$_{20}$ 合金単結晶における内耗(tan δ)(a)と,ストーリッジ係数(SM)(b)に対する双晶境界の影響.中実の記号で示したデータは溶体化処理材に対するデータ.一方中空の記号で示したデータは溶体化処理後 298 K で 3.6% 歪を与えて双晶を取り除いた後測定したデータ(Fan ら[18]による).

以上の他にもマルテンサイト変態に関係する興味深い問題は多数あり，特にマルテンサイト変態を利用した鉄鋼の強靱化として Dual Phase（DP）鋼や TRIP（transformation induced plasticity）鋼が開発され，軽くて強靱な自動車用鋼板として広く利用されている[19]．

15　参考書・参考文献

- [1]　J. A. Walker, K. J. Gabriel and M. Mehregany, Sensors and Actuators, **A21-23**（1990）243.
- [2]　J. D. Busch, A. D. Johnson, C. H. Lee and A. D. Stevenson, J. Appl. Phys., **68**（1990）6224.
- [3]　A. Inoue, Acta Mater., **48**（2000）279.
- [4]　S. Miyazaki, Y. Q. Fu and W. M. Huang (eds.), *Thin Film Shape Memory Alloys*, Cambridge University Press（2010）．
- [5]　A. Ishida and V. Martynov, MRS Bull., Vol. **27**, February（2002）p. 111.
- [6]　貝沼亮介，伊藤航，須藤祐司，及川勝成，石田清仁，鹿又武，まぐね，**2**（2007）241.
- [7]　T. Kakeshita, K. Shimizu, T. Maki, I. Tamura, S. Kijima and M. Date, Scripta Metall., **19**（1985）973.
- [8]　T. Omori, K. Watanabe, R. Y. Umetsu, R. Kainuma and K. Ishida, Appl. Phys. Lett., **95**（2009）082508.
- [9]　K. Ullakko, J. K. Huang, C. Kantner, R. C. O'Handley and V. V. Kokorin, Appl. Phys. Lett., **69**（1996）1966.
- [10]　福田隆，掛下知行，まぐね，**2**, No. 5（2007）226.
- [11]　近角聡信，「強磁性体の物理」，裳華房（1959）．
- [12]　村上恭和，進藤大輔，まぐね，**2**, No. 5（2007）232.
- [13]　K. Ullakko, J. K. Huang, V. V. Kokorin and R. C. O' Handley, Scripta Mater., **36**（1997）1133.
- [14]　橋口隆吉，国富信彦，「転位論」第 12 章，日本金属学会（1959）p. 265.
- [15]　R. Hasiguti and K. Iwasaki, J. Appl. Phys., **39**（1968）2182.
- [16]　A. Bisucarini, R. Campanella, B. Coluzzi, G. Mazzolai and F. Mazzolai, Acta Mater., **47**（1999）4525.
- [17]　G. Fan, Y. Zhou, K. Otsuka, X. Ren, K. Nakamura, T. Ohba, T. Suzuki, I. Yoshida

and F. Yin, Acta Mater., **54**（2006）5221.
[18] G. Fan, Y. Zhou, K. Otsuka, X. Ren, T. Suzuki and F. Yin, Proc. ICOMAT-08, (TMS, 2009) p. 435.
[19] 新日本製鉄編著,「カラー図解　鉄の薄板厚板のわかる本」, 日本実業出版社 (2009).

付録 A1

Bilby-Crocker 理論による双晶要素の導出

双晶要素には K_1, K_2, η_1, η_2 と,双晶シアー g[*1] があるが,このうち独立なのは二つだけである.したがって K_1, η_2 を与えれば他の双晶要素は Bilby-Crocker 理論から求められる.同様に K_2, η_1 を与えて他の双晶要素を求めることもできる.以下では K_1, η_2 を与えた場合(つまり Type I 双晶の場合)他の双晶要素がどのような式で与えられるかをテンソルの形で簡単に示しておく.

テンソル計算では普通の実格子ベクトルを contravariant vector,逆格子空間でのベクトルを covariant vector といい,contravariant vector の指数は上付,covariant vector の指数は下付で表される.また添え字が二度出てくる場合には Einstein の規約に従って,それについての和を取ることを断っておく.Type I 双晶では,

K_1: h_i (i=1, 2, 3)

η_2: v^i (i=1, 2, 3)

が整数の指数で与えられるが,このときの K_2, η_1, g (twinning shear)は以下の式で与えられることを Bilby-Crocker は示した.

K_2: $k_i = (c_{pq} v^p v^q) h_i - (v^j h_j) c_{ik} v^k$

η_1: $u^i = (v^j h_j) c^{ik} h_k - (c^{pq} h_p h_q) v^i$

$g^2 = 4\{(v^i h_i)^{-2} d^{-2} c_{pq} v^p v^q - 1\}$

ここに,h_i は K_1 面の面指数,v^i は η_2 方向を表すベクトルの指数,d は h_i 面の面間隔であり,c_{pq} 並びに c^{pq} はそれぞれ実格子および逆格子の基底ベクトルの内積で表される metric と呼ばれるテンソルである.上記の式をもう少しなじみのある行列を使って表すと以下のようになる.

K_2: $k_i = v^2 \begin{pmatrix} h_1 \\ h_2 \\ h_3 \end{pmatrix} - (v^1 h_1 + v^2 h_2 + v^3 h_3) \begin{pmatrix} \boldsymbol{a}_1 \cdot \boldsymbol{a}_1 & \boldsymbol{a}_1 \cdot \boldsymbol{a}_2 & \boldsymbol{a}_1 \cdot \boldsymbol{a}_3 \\ \boldsymbol{a}_2 \cdot \boldsymbol{a}_1 & \boldsymbol{a}_2 \cdot \boldsymbol{a}_2 & \boldsymbol{a}_2 \cdot \boldsymbol{a}_3 \\ \boldsymbol{a}_3 \cdot \boldsymbol{a}_1 & \boldsymbol{a}_3 \cdot \boldsymbol{a}_2 & \boldsymbol{a}_3 \cdot \boldsymbol{a}_3 \end{pmatrix} \begin{pmatrix} v^1 \\ v^2 \\ v^3 \end{pmatrix}$

[*1] 本書では双晶シアーは s で表しているが,この付録では Bilby-Crocker 理論の表示に従って g で表すこととする.

$$\eta_1: \quad u^i = (v^1 h_1 + v^2 h_2 + v^3 h_3) \begin{pmatrix} \boldsymbol{a}_1^* \cdot \boldsymbol{a}_1^* & \boldsymbol{a}_1^* \cdot \boldsymbol{a}_2^* & \boldsymbol{a}_1^* \cdot \boldsymbol{a}_3^* \\ \boldsymbol{a}_2^* \cdot \boldsymbol{a}_1^* & \boldsymbol{a}_2^* \cdot \boldsymbol{a}_2^* & \boldsymbol{a}_2^* \cdot \boldsymbol{a}_3^* \\ \boldsymbol{a}_3^* \cdot \boldsymbol{a}_1^* & \boldsymbol{a}_3^* \cdot \boldsymbol{a}_2^* & \boldsymbol{a}_3^* \cdot \boldsymbol{a}_3^* \end{pmatrix} \begin{pmatrix} h_1 \\ h_2 \\ h_3 \end{pmatrix} - \frac{1}{d^2} \begin{pmatrix} v^1 \\ v^2 \\ v^3 \end{pmatrix}$$

$$g^2 = 4 \left\{ \frac{v^2}{(v^1 h_1 + v^2 h_2 + v^3 h_3)^2 d^2} - 1 \right\}$$

ここに，$\boldsymbol{a}_1, \boldsymbol{a}_2, \boldsymbol{a}_3$ は実格子の基底ベクトル，$\boldsymbol{a}_1^*, \boldsymbol{a}_2^*, \boldsymbol{a}_3^*$ は逆格子の基底ベクトル，v は η_2 ベクトルの長さを表す．もし格子が直交系なら c_{pq}, c^{pq} の metric は対角行列となり，非常に簡単になることはいうまでもない．

Type II 双晶に対しても K_2, η_1 を与えたときに，K_1, η_2, g に対し類似の式が得られているが，それらについては原論文を参照されたい．

付録 **A2**

Au-47.5Cd 合金の B2-斜方晶変態に対する現象論の計算結果のアウトプット

入力：

格子定数： $a_0 = 3.3233$, $a = 4.8646$, $b = 3.1541$, $c = 4.7647$ （Å）

c.v.： 6-4

LIS： $(\bar{1}\bar{1}1)$。Type I 双晶

具体的な格子対応等は本文（9.2 節）で説明した通り．

Output：

$x = 0.28414$

$$\boldsymbol{F} = \begin{pmatrix} 1.02443 & -0.00482 & -0.00581 \\ -0.01063 & 1.00222 & 0.02220 \\ 0.00000 & -0.02052 & 0.96961 \end{pmatrix}$$

$$\boldsymbol{F}_\mathrm{d} = \begin{pmatrix} 1.02706 & 0.00000 & 0.00000 \\ 0.00000 & 0.96968 & 0.00000 \\ 0.00000 & 0.00000 & 1.00000 \end{pmatrix}$$

$$\boldsymbol{\Gamma} = \begin{pmatrix} 0.95223 & 0.05307 & -0.30074 \\ -0.29986 & -0.02408 & -0.95368 \\ -0.05785 & 0.99830 & -0.00702 \end{pmatrix}$$

$$\boldsymbol{\Psi} = \begin{pmatrix} 0.99999 & 0.00287 & -0.00280 \\ -0.00280 & 0.99976 & 0.02165 \\ 0.00286 & -0.02164 & 0.99976 \end{pmatrix}$$

Solution（＋）

$$\boldsymbol{n}_\mathrm{d} = \begin{pmatrix} 0.69188 \\ 0.72201 \\ 0.00000 \end{pmatrix}$$

$$\boldsymbol{n} = \begin{pmatrix} 0.69715 \\ -0.22486 \\ 0.68076 \end{pmatrix}$$

$$\boldsymbol{\Phi}_1 = \begin{pmatrix} 0.99954 & -0.00230 & 0.03019 \\ 0.00321 & 0.99954 & -0.03025 \\ -0.03011 & 0.03034 & 0.99909 \end{pmatrix}$$

$$\boldsymbol{P}_1 = \begin{pmatrix} 1.02398 & -0.00773 & 0.02342 \\ -0.00733 & 1.00237 & -0.00716 \\ -0.03116 & 0.01005 & 0.96957 \end{pmatrix}$$

$$m_1 = 0.05738 \qquad \boldsymbol{d}_1 = \begin{pmatrix} 0.59950 \\ -0.18332 \\ -0.77910 \end{pmatrix}$$

$$\boldsymbol{d}_\perp = \Delta V/V = -0.00409 \qquad \boldsymbol{d}_{//} = \begin{pmatrix} 0.65080 \\ -0.19984 \\ -0.73248 \end{pmatrix}$$

$$\theta = 3.28°$$

$$\boldsymbol{T}_1 = \begin{pmatrix} 1.02443 & -0.01063 & 0.00000 \\ -0.01063 & 1.02443 & 0.00000 \\ 0.00000 & 0.00000 & 0.94909 \end{pmatrix}$$

$$\boldsymbol{M}_1 = \begin{pmatrix} 1.02398 & -0.01297 & 0.02865 \\ -0.00733 & 1.02392 & -0.02871 \\ -0.03117 & 0.03140 & 0.94822 \end{pmatrix}$$

$$\boldsymbol{\Theta} = \begin{pmatrix} -0.70840 & 0.70451 & 0.04274 \\ -0.03019 & 0.03025 & -0.99909 \\ -0.70516 & -0.70905 & -0.00016 \end{pmatrix}$$

$$\boldsymbol{\Theta}^\mathrm{T} = \begin{pmatrix} -0.70840 & -0.03019 & -0.70516 \\ 0.70451 & 0.03025 & -0.70905 \\ 0.04274 & -0.99909 & -0.00016 \end{pmatrix}$$

$$\boldsymbol{T}_2 = \begin{pmatrix} 1.02443 & 0.00000 & -0.01063 \\ 0.00000 & 0.94909 & 0.00000 \\ -0.01063 & 0.00000 & 1.02443 \end{pmatrix}$$

$$\boldsymbol{M}_2 = \begin{pmatrix} 1.02398 & 0.00546 & 0.01022 \\ -0.00733 & 0.94807 & 0.04714 \\ -0.03116 & -0.04373 & 1.02334 \end{pmatrix}$$

$$\boldsymbol{\Omega} = \begin{pmatrix} 0.69256 & -0.03721 & -0.72040 \\ -0.00575 & -0.99892 & 0.04607 \\ -0.72134 & -0.02776 & -0.69203 \end{pmatrix}$$

付録 A2　Au-47.5Cd 合金の B2-斜方晶変態に対する現象論の計算結果のアウトプット

$$\boldsymbol{\Omega}^{\mathrm{T}} = \begin{pmatrix} 0.69256 & -0.00575 & -0.72134 \\ -0.03721 & -0.99892 & -0.02776 \\ -0.72040 & 0.04607 & -0.69203 \end{pmatrix}$$

Solution（−）

$$\boldsymbol{n}_\mathrm{d} = \begin{pmatrix} 0.69188 \\ -0.72201 \\ 0.00000 \end{pmatrix}$$

$$\boldsymbol{n} = \begin{pmatrix} 0.62051 \\ -0.19008 \\ -0.76081 \end{pmatrix}$$

$$\boldsymbol{\Phi}_1 = \begin{pmatrix} 0.99970 & -0.00308 & -0.02448 \\ 0.00276 & 0.99991 & -0.01302 \\ 0.02451 & 0.01295 & 0.99962 \end{pmatrix}$$

$$\boldsymbol{P}_1 = \begin{pmatrix} 1.02415 & -0.00740 & -0.02961 \\ -0.00780 & 1.00239 & 0.00956 \\ 0.02498 & -0.00765 & 0.96938 \end{pmatrix}$$

$$m_1 = 0.05738 \qquad \boldsymbol{d}_1 = \begin{pmatrix} 0.67820 \\ -0.21904 \\ 0.70147 \end{pmatrix}$$

$$\boldsymbol{d}_\perp = \Delta V / V = -0.00409 \qquad \boldsymbol{d}_{/\!/} = \begin{pmatrix} 0.72424 \\ -0.23317 \\ 0.64893 \end{pmatrix}$$

$$\theta = 3.28°$$

$$\boldsymbol{T}_1 = \begin{pmatrix} 1.02443 & -0.01063 & 0.00000 \\ -0.01063 & 1.02443 & 0.00000 \\ 0.00000 & 0.00000 & 0.94909 \end{pmatrix}$$

$$\boldsymbol{M}_1 = \begin{pmatrix} 1.02415 & -0.01377 & -0.02323 \\ -0.00780 & 1.02431 & -0.01236 \\ 0.02497 & 0.01300 & 0.94873 \end{pmatrix}$$

$$\boldsymbol{\Theta} = \begin{pmatrix} -0.70907 & 0.70509 & -0.00818 \\ 0.02448 & 0.01302 & -0.99962 \\ -0.70472 & -0.70900 & -0.02649 \end{pmatrix}$$

$$\boldsymbol{\Theta}^{\mathrm{T}} = \begin{pmatrix} -0.70907 & 0.02448 & -0.70472 \\ 0.70509 & 0.01302 & -0.70900 \\ -0.00818 & -0.99962 & -0.02649 \end{pmatrix}$$

$$\boldsymbol{T}_2 = \begin{pmatrix} 1.02443 & 0.00000 & -0.01063 \\ 0.00000 & 0.94909 & 0.00000 \\ -0.01063 & 0.00000 & 1.02443 \end{pmatrix}$$

$$\boldsymbol{M}_2 = \begin{pmatrix} 1.02415 & 0.00867 & -0.04567 \\ -0.00780 & 0.94717 & 0.06478 \\ 0.02498 & -0.05968 & 1.02141 \end{pmatrix}$$

$$\boldsymbol{\Omega} = \begin{pmatrix} 0.73086 & -0.04958 & -0.68072 \\ -0.00913 & -0.99798 & 0.06289 \\ -0.68247 & -0.03974 & -0.72984 \end{pmatrix}$$

$$\boldsymbol{\Omega}^{\mathrm{T}} = \begin{pmatrix} 0.73086 & -0.00913 & -0.68247 \\ -0.04958 & -0.99798 & -0.03974 \\ -0.68072 & 0.06289 & -0.72984 \end{pmatrix}$$

総合的な参考書

　参考書並びに参考文献についてはすでにこれまでの各章で挙げており，それで足りると思われるが，今後さらに研究を進めようとする若い人達にとっては総合的な参考書についても触れておくのは有益と思われる．

マルテンサイト変態に関するもの

（1）　B. A. Bilby and J. W. Christian, "*Martensitic Transformations*", Inst. Met. Monograph, No. 18 (1955) 121.

　出版されたのは古いが，現象論が現れた後に書かれたもので，小冊子にも関わらず非常に明晰に，簡潔に記述されており，今もって名著である．筆者がまだ大学で教えていた頃，研究室に入ってくる学生諸君にまず読ませたのはこのレビューであった．

（2）　西山善次,「マルテンサイト変態」（基本編），丸善 (1971).
　　　Z. Nishiyama, *Martensitic Transformation* (ed. M. Fine, M. Meshi, C. M. Wayman), Academic Press, New York (1978).

　西山によって書かれた著書で，マルテンサイト変態全般が論じられているが，各論的なデータにも詳しく，特定の文献を探すのにも便利である．データに関しては，日本語版では1971年まで，英語版では1978年までカバーされている．

（3）　J. W. Christian, *The Theory of Transformations in Metals and Alloys*, Part Ⅰ and Part Ⅱ, Pergamon, Oxford (2002).

　金属および合金における相変態全般についての大著である．マルテンサイト変態のみならず，双晶変形や拡散型変態についても詳しく論じられている．この本には上記以前の1965年版と1974年版（この版はPart Ⅰのみ）があり，内容は版によって少しずつ異なるところがある．

（4）　C. M. Wayman, *Introduction to the Crystallography of Martensitic Transformations*, Macmillan (1964); 清水謙一訳，「マルテンサイト変態の結晶学」，丸善 (1969).

　Waymanによって書かれた「マルテンサイト変態の現象論」の入門書である．現象論の原著論文にはない説明もあって便利であるが，多少ミスプリもあるので注意さ

れたい.

（5） A. G. Khachaturyan, *Theory of Structural Transformations in Solids*, John Wiley and Sons, New York (1983).

拡散型変態およびマルテンサイト変態を Landau 理論を用いて論じた本. 同じ著者による後の Phase Field 法発展の元になった本である.

（6） K. Bhattacharya, *Microstructure of Martensite*, Oxford University Press (2003).

応用数学者によって書かれたマルテンサイト変態の本.

（7） A. Planes and L. Manosa, "*Vibrational Properties of Shape Memory Alloys*", Solid State Physics, Vol. 55 (2001) 159.

固体物理的観点から形状記憶合金のマルテンサイト変態を論じている.

（8） H. Warlimot and L. Delaey, "*Martensitic Transformations in Copper-Silver- and Gold-Based Alloys*", Prog. Mater. Sci. Vol. 18 (1974).

Cu, Ag, Au などの β 相合金におけるマルテンサイト変態のレビュー. 長周期積層構造の表記が本書で述べた西山, 柿木らの表記と異なるので注意する必要がある.

（9） J. W. Christian and S. Mahajan, "*Deformation Twinning*", Prog. Mater. Sci., Vol. 39, No. 1/2 (1995).

これはマルテンサイト変態に関する本ではなく, 双晶変形に関する詳しいレビューであるが, 双晶変形の問題はマルテンサイト変態と深くかかわるので, 関連するレビューとしてここに挙げておく.

形状記憶合金に関するもの

（1） 舟久保熙康編, 「形状記憶合金」, 産業図書 (1984).
H. Funakubo (ed.), *Shape Memory Alloys*, Gordon and Breach Science Publishers (1987).

（2） K. Otsuka and C. M. Wayman (ed.), *Shape Memory Materials*, Cambridge University Press (1998).

（1）および（2）は形状記憶合金の基礎から応用までを全般にわたって解説している.

（3） 田中喜久昭, 戸伏寿昭, 宮崎修一編, 「形状記憶合金の機械的性質」, 養賢堂 (1994).

機械屋の立場で書かれた応用向けの本である.

(4) K. Otsuka and X. Ren, "*Physical Metallurgy of Ti-Ni-based Shape Memory Alloys*," Prog. Mater. Sci., Vol. 50, Issue 5 (2005) 511.

この詳細なレビューでは，代表的な形状記憶合金である Ti-Ni 系合金に限って 2005 年までの物理冶金的な観点からの研究がほぼ網羅されている．

(5) S. Miyazaki, Y. Q. Fu and W. M. Huang (ed.), *Thin Film Shape Memory Alloys*, Cambridge University Press (2010).

(6) K. Yamauchi, I. Ohkata, K. Tuchiya and S. Miyazaki (ed.), *Shape memory and superelastic alloys-technologies and applications*, Woodhead Publishing (2011).

その他

以上の他マルテンサイト変態や形状記憶合金に関してはこれまで数多くの国際会議が開催されており，その都度プロシーディングや本の形で出版されており，プロシーディングはその時々の流れや傾向を知るのに便利である．このような国際会議の代表的なものとしては「マルテンサイト変態国際会議」(International Conference on Martensitic Transformations；通称 ICOMAT) があり，1975 年わが国の神戸で第 1 回目が開催され，以後ほぼ 4 年おきに世界各地で開催されている．類似の国際会議としては，MRS があり，形状記憶合金はこれまで頻繁にトピカルなテーマとして取り上げられているし，単独な国際会議も少なくない．しかしこれらの出版物は極めて多数にわたるので，それらを取り上げるのは差し控えることにした．したがって必要が生じたら各章ごとの文献等を通して参照していただくこととしたい．

和文索引

A
A（弾性異方性）······················116
A15 構造·······························54
A_f 温度/A_f 点·······················14
A_s 温度/A_s 点·······················14
α 角······························195
Ag-Cd·······························160
Au-Cd·····················69, 117, 145, 165, 167
Au-Cu-Zn····························167

B
バイアススプリング····················182
Bain 変形······························26
　　——の機構·····················67
　　——の格子対応················27
バリアント··················28, 39, 91, 133
　　——の選択··················133
　　格子対応——················28, 39
　　晶癖面——···················28, 91
bcc-長周期積層構造への変態··········41
bct·································4, 26
β 相合金··························41
Bilby-Crocker 理論················36, 219
BM（Bowles-Mackenzie）理論········66, 83
母相·································3, 9, 27
ブラジャー····························186
B2-B19-B19′ 変態·····················196
B2-B19′ 変態·························196
B2 構造·······························43
B2-R-B19′ 変態·······················196
B2-R 変態··························61, 200

C
超弾性·························124, 127
　　——歪·······················131
　　——の方位依存性············131
　　——の応用···················185
　　多段階——··············138, 140

長範囲規則度·························168
長周期積層構造························47
c^* 軸································49
Clausius-Clapeyron の式············113, 130
c' のソフト化·························116
c_{44} のソフト化····················116, 120
Co-Ni································59
Cu-Al-Ni·················126, 132, 139, 141, 142
Cu_3Au 型構造·······················29
Cu-Zn·························42, 50, 145
Cu-Zn-Al·······················94, 145, 167
Cu-Zn-Ga····························150
直交行列······························20

D
弾性異方性··························116
弾性定数····························115
　　——のソフト化··············116
DO_3 型構造··························43
Dual Phase（DP）鋼·················217

E
Einstein の規約························74
エントロピー変化を起源とする
　　マルテンサイト変態···········44
演算子·································17
η_1 方向·····························32
η_2 方向·····························32
Euler の公式··························74
Euler の定理··························79

F
fcc································4, 26
fcc-bcc/bct 変態··················27, 52
fcc-fct 変態···························54
fcc-hcp 変態··························55
Fe-C··································53
Fe-Mn·································59

230

Fe-Mn-Ga	211
Fe-Mn-Si	59
Fe-Ni	53
Fe-Ni-C	53
Fe-Ni-Co-Ti	211
Fe-Pd	211
Fe$_3$Pt	29, 211
Fermi 面	42
フォノン	117, 118
——分散関係	118
——のソフト化	118
不変面	71
不変面歪（IPS）	80, 84
——となるための条件	75
複合双晶	34

G

外部応力	135
Gibbs の自由エネルギー	100
拡張した——	109
ゴム弾性的挙動	124, 165
Greninger-Troiano の実験	67
グループ-サブグループ（G-subG）の関係	153
逆行列	21
逆格子空間	17
行列	17
直交——	20
逆——	21
——式	21
対角——	75
対称——	75
転置——	21

H

ハイダンピング材料	213
背面反射 Laue 解析	64
薄膜形状記憶合金	208
変位型相変態	2
変形	5
変態	1
変態双晶	39

非拡散型変態	1
非熱弾性型	15, 104
——変態	15, 104
引張応力	137
非等温変態	102
非等温的	14
歪	151
超弾性——	131
不変面——	75, 80, 84
形状記憶——	131, 152
巨大磁場誘起——	211
表面起伏	9

I

1 方向形状記憶効果	145
1 次相変態	2
In-Tl	54, 167
医療用ガイドワイヤー	188

J

Jahn-Teller 効果	54
磁場誘起マルテンサイト変態	211
自己調整	91
——の基本形態	97
軸比（c/a）	26
磁性形状記憶合金	211
実空間	17
順列記号	74

K

K_1 面	32
K_2 面	32
化学的応力	135
可逆的形状記憶効果	162
可逆的な双晶モード	158
加工硬化	161
拡張した Gibbs の自由エネルギー	109
拡散型変態	1
干渉顕微鏡	11
緩和型内耗ピーク	214
形状歪（shape strain）	31
形状記憶	151

形状記憶合金·················192
　　　薄膜——·················208
　　　磁性——·················211
　　　——の応用·················180
形状記憶歪·················131, 152
形状記憶効果·················124, 145
　　　1方向——·················145
　　　可逆的——·················162
　　　2方向——·················162, 173
　　　——の起源/条件·················153
　　　——の機構·················145
　　　——の応用·················180
形状記憶特性の熱処理依存性·················198
携帯電話のアンテナ·················187
結晶方位関係·················64, 81
結晶構造·················41
基底ベクトル·················21
格子不変変形·················13, 30, 67
格子変形·················26
格子対応·················27
　　　Bain の——·················26
　　　——バリアント·················28, 38
固溶体硬化·················161
Kronecker の δ·················74
Kurdjumov-Sachs の方位関係/K-S 関係
·················30, 67
巨大磁場誘起歪·················211
協力現象·················2

L
L2$_1$ 構造·················43

M
マルテンサイト変態·················1
　　　B2-B19-B19′——·················196
　　　B2-B19′——·················196
　　　B2-R-B19′——·················196
　　　B2-R——·················61, 200
　　　bcc-長周期積層構造への——·················41
　　　エントロピーを起源とする——·················44
　　　fcc-bcc/bct——·················27, 52
　　　fcc-fct——·················54

fcc-hcp——·················55
　　　——温度の調整·················205
　　　——双晶·················39
　　　非拡散型——·················1
　　　非熱弾性型——·················15, 104
　　　非等温——·················102
　　　磁場誘起——·················211
　　　——に対する応力の影響·················107
　　　——の現象論·················66
　　　——の型·················41
　　　——の前駆現象·················115
　　　——と点欠陥の相互作用·················165
　　　熱弾性型——·················15, 104
　　　等温——·················102
マルテンサイト時効·················166
マルテンサイトからマルテンサイト
　　　への変態·················124, 138, 140
マルテンサイトの安定化·················167
マルテンサイトの核形成の古典論·················102
マルテンサイト相·················3, 27
M_f 温度/M_f 点·················14
Miller-Bravais の 4 軸表示·················56
Mn-Cu·················54
M_s 温度/M_s 点·················14

N
内部摩擦/内耗·················213
熱弾性型マルテンサイト変態·················15, 104
熱弾性的平衡·················105
熱エンジン·················184
Ni-Al·················92
Ni$_2$MnGa·················211
2方向形状記憶効果·················162, 173
2次相変態·················3
2面解析·················64
Nishiyama の関係/N 関係·················30, 67

O
温度-応力空間での状態図·················142
温度履歴·················3
応力-歪（S-S）曲線·················127

P

パイプ継ぎ手 ……………………………… 180
Patel-Cohen の理論 ……………………… 108

R

リラクサー ………………………………… 173
ロボット …………………………………… 184
領域 ………………………………………… 70
菱面体晶 …………………………………… 61

S

サーマルアクチュエータ ………………… 181
三方晶 ……………………………………… 61
Schmid 因子 ……………………………… 133
scratch displacement 法 …………… 10, 65
SC-SRO モデル …………………………… 168
析出相 ……………………………………… 194
積層欠陥 ………………………………… 13, 49
線型 ……………………………………… 12, 17
シャッフル ………………………………… 36
斜方晶 ……………………………………… 46
歯列矯正用ワイヤー ……………………… 185
晶癖面 …………………………………… 13, 63, 77
　　──バリアント ……………………… 28, 91
庄司-西山の関係 …………………………… 58
主軸 ………………………………………… 75
　　──変換 …………………………………… 75
シアー機構 ………………………………… 6
相 …………………………………………… 1
相変態 ……………………………………… 1
　　変位型── …………………………… 2
　　1 次── ……………………………… 2
　　2 次── ……………………………… 2
相似変換 …………………………………… 25
双晶
　　Type Ⅰ── ………………………… 34
　　Type Ⅱ── ………………………… 34
　　複合── ……………………………… 34
双晶変形 …………………………………… 5
　　──理論 ……………………………… 32
双晶要素 …………………………………… 34
相転移 ……………………………………… 3

S-S 曲線 …………………………………… 127
すべり ……………………………………… 5
スピングラス ……………………………… 173
ステント …………………………………… 187
ステレオ投影 ……………………………… 64

T

T_0 問題 …………………………………… 106
TA_2 モード ……………………………… 122
多段階超弾性 ………………………… 138, 140
対角行列 …………………………………… 75
対称行列 …………………………………… 75
短範囲規則度 ……………………………… 169
転置行列 …………………………………… 21
転位 ………………………………………… 5
テンソル …………………………………… 115
Ti-Nb ……………………………………… 192
Ti_3Ni_4 相 ……………………………… 194
Ti-Ni ………………… 59, 119, 120, 155, 180, 209
Ti-Ni 系合金 ……………………………… 192
　　──の状態図 ……………………… 193
Ti-Ni-Cu ……………………………… 59, 160
Ti-Ni-Fe ……………………………… 59, 145, 160
Ti-Ni-Pd ……………………………… 160
Ti-Ta ……………………………………… 192
等温変態 ……………………………… 15, 102
TRIP 鋼 …………………………………… 217
TTT 曲線 ……………………………… 102, 194
Type Ⅰ 双晶 ……………………………… 34
Type Ⅱ 双晶 ……………………… 34, 88, 89

W

WLR（Wechsler-Lieberman-Read）理論
……………………………………………… 66, 68
Wollants らの理論 ……………………… 109

Y

有効応力 …………………………………… 135

Z

座標変換 …………………………………… 21

欧文索引

A

A : elastic anisotropy ･････････････････ 116
A15 type ････････････････････････････････ 54
A_f temperature/A_f point ････････････････ 14
A_s temperature/A_s point ････････････････ 14
ASD : anti-site defect ･････････････････ 169
aspect ratio ･････････････････････････ 103
athermal ･････････････････････････ 14, 102
atomic site correspondence ･････････････ 11
Ag-Cd ･･･････････････････････････････ 160
Au-Cd ･･････････････････ 69, 117, 145, 165, 167
Au-Cu-Zn ･･･････････････････････････ 167
austenite ････････････････････････････ 14

B

Bain ･････････････････････････････ 26, 27, 67
Banks engine ････････････････････････ 184
base vector ･･････････････････････････ 21
bcc : body-centered cubic ･･････････････ 41
bct : body-centered tetragonal ･･･････ 4, 26
Bilby-Crocker theory ･････････････ 36, 219
BM theory : Bowles-Mackenzie theory
････････････････････････････････････ 66, 83
Brillouin zone ･･･････････････････････ 42
B2 ･･･････････････････････････････････ 43
B2-B19′ ････････････････････････････ 196
B2-B19-B19′ ･･････････････････････ 196
B2-R ･･･････････････････････････ 61, 200
B2-R-B19′ ･･････････････････････････ 196

C

c^* ･･･････････････････････････････････ 49
c' ･････････････････････････････････ 116
c_{11} ･････････････････････････････ 116
c_{12} ･････････････････････････････ 116
c_{44} ･･･････････････････････････ 116, 120
c/a ････････････････････････････････ 26
chemical stress ･･････････････････････ 135

Clausius-Clapeyron equation ･･････ 113, 130
Cohen ･･････････････････････････ 102, 108
Co-Ni ･･･････････････････････････････ 59
cold-work hardening ･････････････････ 161
compound twin ･･････････････････････ 34
conjugate twin ･･････････････････････ 34
contravariant vector ････････････････ 219
cooperative phenomena ･･････････････ 2
coordinate transformation ･･････････ 21
covariant vector ･････････････････････ 219
c/r : aspect ratio ････････････････････ 103
Cu-Al-Ni ･･･････････････ 126, 132, 139, 141, 142
Cu_3Au type ･･･････････････････････ 29
Cu-Zn ･････････････････････････ 42, 50, 145
Cu-Zn-Al ･････････････････････ 94, 145, 167
Cu-Zn-Ga ･･････････････････････････ 150
c. v. : correspondence variant ･･･････ 28, 39

D

deformation twinning ･･････････････ 5
delatation parameter δ ･･････････････ 84
determinant ････････････････････････ 21
diagonal matrix ････････････････････ 75
diffusional transformation ･･････････ 1
diffusionless transformation ･･････････ 1
dislocation ･･････････････････････ 5
displacive transformation ･･････････ 2
DMA : dynamical mechanical analyzer ･･ 214
DO_3 type ･･･････････････････････････ 43
double lattice ･･････････････････････ 36
DP : dual phase ･････････････････････ 217
driving force ･･･････････････････････ 135

E

e/a ････････････････････････････････ 41
effective stress ･･････････････････････ 133
Einstein's convention ･･････････････ 74
elastic anisotropy ･･･････････････････ 116

η_1 direction 32
η_2 direction 32
Euler's theorem 74, 79
external stress 135

F
fcc : face-centered cubic 4, 26
fcc–bcc/bct 27, 52
fcc–fct 54
fcc–hcp 55
Fe–C 53
Fe–Mn 59
Fe–Mn–Ga 211
Fe–Mn–Si 59
Fe–Ni 53
Fe–Ni–C 53
Fe–Ni–Co–Ti 211
Fe–Pd 211
Fe$_3$Pt 29, 211
Fermi surface 42

G
G^* 111
G–subG : group–subgroup 153
giant magnetic field–induced strain 211
Gibbs free energy 100, 109
Greninger 67
Greninger–Troiano's experiment 67
guide wire 188

H
H^* 110
habit plane 13
hexagonal 46
h. p. variant : habit plane variant
.... 28, 91
HRTEM : high resolution transmission
  electron microscopy 35

I
In–Tl 54, 167
internal friction 213

invariant line strain 84
invariant plane 71
inverse matrix 21
IPS : invariant plane strain 80, 84
isothermal 14, 102
isothermal transformation 15, 102

J
Jahn–Teller effect 54

K
K_1 plane 32
K_2 plane 32
Kronecker δ 74
K–S relation/Kurdjumov–Sachs orientation
.... 30, 67
Kurdjumov 67, 105

L
lattice correspondence 27
lattice deformation 26
linear 12
LIS : lattice invariant shear 13, 31, 67
LPSO structure : long period stacking
  order structure 47
LRO : long range order 168
L2$_1$ type 43

M
M_f temperature/M_f point 14
M_s temperature/M_s point 14
M9R (modified 9R) 49
magnetic field–induced martensitic
  transformation 211
magnetic shape memory alloys 211
martensite 2, 27
martensite aging 166
martensite stabilization 167
martensite-to-martensite (M-to-M)
  transformation 124, 138, 140
martensitic transformation 1
matrix 17

MEMS: micro electro mechincal systems
　　　　　　　　　　　　　　　　 208
metric 219
microstructure memory 173
Miller-Bravais's 4-axes notation 56
Mn-Cu 54
multiple lattice 36

N
N9R (normal 9R) 49
Ni-Al 92
Ni_2MnGa 211
Nishiyama 30, 67
non-thermoelastic transformation 15, 104

O
1-way shape memory effect 145
operator 17
order-disorder transformation 41
orthodontic wires 185
orthogonal matrix 20
orthonormal 70
orthorhombic 46, 68

P
parent/parent phase 9, 27
Patel-Cohen theory 108
phase 1
phase transformation 1
phase transition 3
phenomenological crystallographic theory
　of martensitic transformation 66
P_i^A 169
P_i^B 169
pipe couplings 180
plane of shear 32
precipitation hardening 161
precursor phenomena 115
principal axes 75
pure distortion 18
PZT: lead zirconate titanate 173

R
radial growth 105
Ramsdel notation 45
random walk 1
real space 17
reciprocal space 17
reciprocal twin 34
relaxor 173
renucleation 16
reversible shape memory effect 162
rhombohedral 46, 61
RLB: rubber-like behavior 124, 167

S
s: twinning shear 32
Schmid factor 133
scratch displacement method 10, 65
SC-SRO model: symmetry conforming
　short range order model 168
self-accommodation 92
shape memory effect 124
shape strain 31, 73, 78, 80, 131
shear 5
Shockley partial 57
shuffle 36, 70
similarity transformation 25
single interface transformation 12
SMA: shape memory alloy 161, 181
solid solution hardening 161
spin glass 173
sputter deposition 208
SRO: short range order 169
S-S curve: stress-strain curve 127
stacking fault 13, 49
stent 189
sublattice 169
superdislocation 161
superelastic strain 131
superelasticity 124
surface relief 9
symmetric matrix 75

T

T_0 ···················· 106
TA$_1$ ···················· 122
TA$_2$ ···················· 122
tan δ ···················· 214
τ_{chem} ···················· 136
τ_{eff} ···················· 136
TEM ···················· 126
temperature hysteresis ···················· 14
Terfenol-D ···················· 211
tetragonality ···················· 26, 53
thermal actuator ···················· 182
thermoelastic equilibrium ···················· 105
thermoelastic transformation ···················· 15, 104
thickening ···················· 105
thin film shape memory alloys ···················· 208
Ti-Nb ···················· 192
Ti-Ni ······ 59, 119, 120, 155, 180, 192, 193, 209
Ti$_3$Ni$_4$ phase ···················· 194
Ti-Ni-Cu ···················· 59, 160
Ti-Ni-Fe ···················· 59, 145, 160
Ti-Ni-Pd ···················· 160
Ti-Ta ···················· 192
transformation twin ···················· 39
transient peak ···················· 214
transposed matrix ···················· 21
trigonal ···················· 61
TRIP : transformation induced plasticity ···················· 217
TTT diagram : temperature time transformation diagram ···················· 102, 194
twinning elements ···················· 34
two-surface analysis ···················· 64
2-way shape memory effect ···················· 162
Type I twin ···················· 34
Type II twin ···················· 34, 88, 89

V

variant ···················· 28, 39, 91, 133

W

WLR theory : Wechsler-Lieberman-Read theory ···················· 66, 68

Z

Zdanov symbol ···················· 46
Zener ···················· 44

材料学シリーズ　監修者

堂山昌男	小川恵一	北田正弘
東京大学名誉教授	元横浜市立大学学長	東京芸術大学名誉教授
帝京科学大学名誉教授	Ph. D.	工学博士
Ph. D., 工学博士		

著者略歴　大塚　和弘（おおつか　かずひろ）

1937 年　浜松市に生まれる
1961 年　東京大学工学部冶金学科卒
1961 年　古河電気工業(株)入社，日光研究所並びに中央研究所勤務
1964 年　イリノイ大学大学院金属工学科に留学（修士修了）
1966 年　大阪大学産業科学研究所助手
1973 年　大阪大学産業科学研究所助教授
1974-76 年　イリノイ大学金属工学科客員準教授
1979 年　筑波大学物質工学系教授
2000 年　筑波大学定年退官
2000 年　通産省工業技術院産業技術融合領域研究所特別研究員
2003 年　(財)国際科学振興財団専任研究員
2003 年　(独)物質・材料研究機構特別研究員，2005 年以降外来研究員
　　　　　工学博士，筑波大学名誉教授
専攻：マルテンサイト変態，形状記憶合金，材料物性学
著書：K. Otsuka and C. M. Wayman (ed.): Shape Memory Materials (Cambridge University Press, 1998).
K. Otsuka and X. Ren: Physical Metallurgy of Ti-Ni-based Shape Memory Alloys, Prog. Mater. Sci., Vol. 50, Issue 5 (2005) 511-678.

2012 年 11 月 25 日　第 1 版発行

検印省略

材料学シリーズ

合金のマルテンサイト変態と形状記憶効果

著　者 © 　大　塚　和　弘
発行者　　内　田　　　学
印刷者　　山　岡　景　仁

発行所　株式会社　内田老鶴圃　〒112-0012 東京都文京区大塚 3 丁目 34 番 3 号
　　　　　電話（03）3945-6781（代）・FAX（03）3945-6782
http://www.rokakuho.co.jp
印刷・製本／三美印刷 K.K.

Published by UCHIDA ROKAKUHO PUBLISHING CO., LTD.
3-34-3 Otsuka, Bunkyo-ku, Tokyo, Japan

U. R. No. 596-1

ISBN 978-4-7536-5641-7 C3042

材料学シリーズ

監修 堂山昌男　小川恵一　北田正弘 （既刊41冊，以後続刊）

金属電子論　上・下
水谷宇一郎 著　　　　　上：276頁・本体3000円　下：272頁・本体3500円

結晶・準結晶・アモルファス　改訂新版
竹内 伸・枝川圭一 著　　　　　　　　　　　　　　　192頁・本体3600円

オプトエレクトロニクス　光デバイス入門
水野博之 著　　　　　　　　　　　　　　　　　　　264頁・本体3500円

結晶電子顕微鏡学　―材料研究者のための―
坂 公恭 著　　　　　　　　　　　　　　　　　　　244頁・本体3600円

X線構造解析　原子の配列を決める
早稲田嘉夫・松原英一郎 著　　　　　　　　　　　　308頁・本体3800円

セラミックスの物理
上垣外修己・神谷信雄 著　　　　　　　　　　　　　256頁・本体3600円

水素と金属　次世代への材料学
深井 有・田中一英・内田裕久 著　　　　　　　　　272頁・本体3800円

バンド理論　物質科学の基礎として
小口多美夫 著　　　　　　　　　　　　　　　　　144頁・本体2800円

高温超伝導の材料科学　―応用への礎として―
村上雅人 著　　　　　　　　　　　　　　　　　　264頁・本体3800円

金属物性学の基礎　はじめて学ぶ人のために
沖 憲典・江口鐵男 著　　　　　　　　　　　　　144頁・本体2300円

入門　材料電磁プロセッシング
浅井滋生 著　　　　　　　　　　　　　　　　　　136頁・本体3000円

金属の相変態　材料組織の科学 入門
榎本正人 著　　　　　　　　　　　　　　　　　　304頁・本体3800円

再結晶と材料組織　金属の機能性を引きだす
古林英一 著　　　　　　　　　　　　　　　　　　212頁・本体3500円

鉄鋼材料の科学　鉄に凝縮されたテクノロジー
谷野 満・鈴木 茂 著　　　　　　　　　　　　　　304頁・本体3800円

人工格子入門　新材料創製のための
新庄輝也 著　　　　　　　　　　　　　　　　　　160頁・本体2800円

入門 結晶化学　増補改訂版
庄野安彦・床次正安 著　　　　　　　　　　　　　228頁・本体3800円

入門 表面分析　固体表面を理解するための
吉原一紘 著　　　　　　　　　　　　　　　　　　224頁・本体3600円

結晶成長
後藤芳彦 著　　　　　　　　　　　　　　　　　　208頁・本体3200円

金属電子論の基礎　初学者のための
沖 憲典・江口鐵男 著　　　　　　　　　　　　　160頁・本体2500円

金属間化合物入門
山口正治・乾 晴行・伊藤和博 著　　　　　　　　　164頁・本体2800円

（A5判ソフトカバー，表示の価格は税別の本体価格です）

———————————————————————————————— 材料学シリーズ

液晶の物理
折原　宏 著　　　　　　　　　　　　　　　264 頁・本体 3600 円

半導体材料工学　—材料とデバイスをつなぐ—
大貫　仁 著　　　　　　　　　　　　　　　280 頁・本体 3800 円

強相関物質の基礎　原子，分子から固体へ
藤森　淳 著　　　　　　　　　　　　　　　268 頁・本体 3800 円

燃料電池　熱力学から学ぶ基礎と開発の実際技術
工藤徹一・山本　治・岩原弘育 著　　　　　256 頁・本体 3800 円

タンパク質入門　その化学構造とライフサイエンスへの招待
高山光男 著　　　　　　　　　　　　　　　232 頁・本体 2800 円

マテリアルの力学的信頼性　安全設計のための弾性力学
榎　　学 著　　　　　　　　　　　　　　　144 頁・本体 2800 円

材料物性と波動　コヒーレント波の数理と現象
石黒　孝・小野浩司・濱崎勝義 著　　　　　148 頁・本体 2600 円

最適材料の選択と活用　材料データ・知識からリスクを考える
八木晃一 著　　　　　　　　　　　　　　　228 頁・本体 3600 円

磁性入門　スピンから磁石まで
志賀正幸 著　　　　　　　　　　　　　　　236 頁・本体 3600 円

固体表面の濡れ制御
中島　章 著　　　　　　　　　　　　　　　224 頁・本体 3800 円

演習 X 線構造解析の基礎　必修例題とその解き方
早稲田嘉夫・松原英一郎・篠田弘造 著　　　276 頁・本体 3800 円

バイオマテリアル　材料と生体の相互作用
田中順三・角田方衛・立石哲也 編　　　　　264 頁・本体 3800 円

高分子材料の基礎と応用　重合・複合・加工で用途につなぐ
伊澤槇一 著　　　　　　　　　　　　　　　312 頁・本体 3800 円

金属腐食工学
杉本克久 著　　　　　　　　　　　　　　　260 頁・本体 3800 円

電子線ナノイメージング　高分解能 TEM と STEM による可視化
田中信夫 著　　　　　　　　　　　　　　　264 頁・本体 4000 円

材料における拡散　格子上のランダム・ウォーク
小岩昌宏・中嶋英雄 著　　　　　　　　　　328 頁・本体 4000 円

リチウムイオン電池の科学　ホスト・ゲスト系電極の物理化学からナノテク材料まで
工藤徹一・日比野光宏・本間　格 著　　　　252 頁・本体 3800 円

材料設計計算工学　計算熱力学編　CALPHAD 法による熱力学計算および解析
阿部太一 著　　　　　　　　　　　　　　　208 頁・本体 3200 円

材料設計計算工学　計算組織学編　フェーズフィールド法による組織形成解析
小山敏幸 著　　　　　　　　　　　　　　　156 頁・本体 2800 円

合金のマルテンサイト変態と形状記憶効果
大塚和弘 著　　　　　　　　　　　　　　　256 頁・本体 4000 円

（A5 判ソフトカバー，表示の価格は税別の本体価格です）

鉄鋼材料の科学　鉄に凝縮されたテクノロジー

谷野　満・鈴木　茂　著　　　　　　　　　　　　A5 判・304 頁・本体 3800 円

第 1 章　金属結晶と格子欠陥／第 2 章　鉄鋼材料の基礎知識／第 3 章　鉄ができるまで／第 4 章　鋼の基本的性質／第 5 章　鉄鋼材料を強くする手段／第 6 章　鉄鋼材料の破壊現象／第 7 章　構造用鉄鋼材料の材質設計／第 8 章　種々の鉄鋼材料の材質制御／第 9 章　表面反応と表面改質／第 10 章　錆とのたたかい／第 11 章　多様な機能をもつ鉄鋼製品／第 12 章　鉄の未来

材料組織弾性学と組織形成　フェーズフィールド微視的弾性論の基礎と応用

小山敏幸・塚田祐貴　著　　　　　　　　　　　　A5 判・136 頁・本体 3000 円

第 1 章　はじめに／第 2 章　フェーズフィールド微視的弾性論の基礎／第 3 章　非等方弾性体における楕円体析出相問題／第 4 章　任意形態の組織における弾性場問題—純膨張—／第 5 章　任意形態の組織における弾性場問題—せん断変形—／第 6 章　弾性率がフィールド変数の関数である場合—弾性不均質問題—／第 7 章　弾性拘束下における組織形成—Ni 基超合金における γ'析出組織—

金属の疲労と破壊　破面観察と破損解析

Brooks 他　著　　加納　誠・菊池正紀・町田賢司　訳　　A5 判・360 頁・本体 6000 円

1　序章／2　力学的側面とマクロな破面方向／3　破壊機構と微視的な破面の様相／4　破壊モードと巨視的な破面の様相／5　事例解析　例 A：き裂の入った真空用ベローズ／例 B：大型空調機のファンブレード／例 C：き裂の入った自動車のフライホイール可撓板／例 D：破損した溶接された鉄道用レール／例 E：静電沈殿器の破断したステンレスワイヤ／例 F：壊れたニッパ／例 G：壊れた鋼製ポンチ／例 H：壊れた逆止め弁のステンレスヒンジ

稠密六方晶金属の変形双晶　マグネシウムを中心として

吉永日出男　著　　　　　　　　　　　　　　　　A5 判・164 頁・本体 3800 円

1　はじめに／2　双晶変形の幾何学／3　格子対応／4　シャッフル，双晶要素の推定／5　観察結果／6　結晶の対称性と多様な回転関係／7　双晶の界面転位／8　変形双晶の核形成と生長機構

高温強度の材料科学　クリープ理論と実用材料への適用

丸山公一　編著　　中島英治　著　　　　　　　　A5 判・352 頁・本体 6200 円

1　序論／2　変形機構領域図／3　転位の運動様式と純金属の高温変形／4　固溶体の高温変形／5　粒子分散強化合金の高温変形／6　高温変形における結晶粒界の役割／7　非定常クリープとクリープ構成式／8　高温破壊と破壊機構領域図／9　強化法／10　合金設計概念／11　変形機構の遷移／12　クリープ変形の予測／13　クリープ破断時間の推定／14　高温用実用金属材料

材料強度解析学　基礎から複合材料の強度解析まで

東郷敬一郎　著　　　　　　　　　　　　　　　　A5 判・336 頁・本体 6000 円

第 1 章　序論／第 2 章　固体力学の基礎／第 3 章　弾性体および弾塑性体の構成式／第 4 章　脆性破壊と延性破壊／第 5 章　線形破壊力学／第 6 章　弾塑性破壊力学／第 7 章　破壊力学の応用／第 8 章　混合モードき裂からの破壊／第 9 章　複合材料の力学モデル／第 10 章　分散形複合材料／第 11 章　連続繊維強化複合材料と積層複合材料

表示価格は税別の本体価格です．　　　　　　　　http://www.rokakuho.co.jp/

再結晶と材料組織　金属の機能性を引きだす

古林英一　著　　　　　　　　　　　　　　　　A5判・212頁・本体3500円

第Ⅰ部　再結晶とは何か
1. 再結晶の領域　再結晶の語源は結晶化／用語と概念　**2. 再結晶と材料工学**　再結晶の材料学的効用／車のボディー外板用薄鋼板と成形加工性／方向性電磁鋼板／面心立方金属の再結晶／高温変形中に起きる再結晶　**3. 再結晶に及ぼす材料因子とプロセス因子の影響**　再結晶の経験則／塑性変形の条件／焼なましの温度, 時間, 昇温速度／変形前の結晶方位／変形前の初期結晶粒径／溶質原子および不純物　**4. 回復および再結晶過程の測定法**　顕微鏡組織観察／比熱／電気抵抗率／硬度／比重／X線回折　**5. 1次再結晶の定式化**　再結晶を相変態の一種と見る／1次再結晶過程の現象論的記述／実験データとの比較とJMAK理論の改良
第Ⅱ部　再結晶をより深く知るために
6. 集合組織と再結晶　結晶方位と集合組織／変形と再結晶で形成する集合組織　**7. 再結晶優先方位の形成機構**　配向核形成説と配向成長説／核形成に関する学説／変形帯／α鉄の筋状変形帯とブロック説　**8. 金属組織と再結晶**　再結晶機構と金属組織の意義／光学顕微鏡などによる表面組織の観察／透過電子顕微鏡組織／結晶方位から見た亜結晶粒と再結晶粒

材料設計計算工学 計算組織学編　フェーズフィールド法による組織形成解析

小山敏幸　著　　　　　　　　　　　　　　　　A5判・156頁・本体2800円

第1章　フェーズフィールド法　1.1 秩序変数について／1.2 全自由エネルギーの定式化／1.3 発展方程式／1.4 保存場と非保存場の発展方程式の物理的意味
第2章　多変系の熱力学　2.1 熱力学関係式／2.2 変数の拡張／2.3 一般的な多変数系への熱力学の拡張
第3章　不均一場における自由エネルギー（1）—勾配エネルギー—　3.1 濃度勾配エネルギー／3.2 平衡プロファイル形状と勾配エネルギー係数について／3.3 まとめ
第4章　不均一場における自由エネルギー（2）—弾性歪エネルギー—　4.1 弾性歪エネルギーの定式化／4.2 エシェルビーサイクル／4.3 スピノーダル分解理論における弾性歪エネルギー／4.4 ハチャトリアンの弾性歪エネルギー評価／4.5 まとめ
第5章　エネルギー論と速度論の関係　5.1 拡散方程式と熱力学／5.2 非線形拡散方程式（カーン-ヒリアードの非線形拡散方程式）／5.3 まとめ
第6章　拡散相分離のシミュレーション　6.1 A-B二元系におけるα相の相分離の計算／6.2 Fe-Cr二元系におけるα（bcc）相の相分離の計算／6.3 まとめ
第7章　変位型変態のシミュレーション　7.1 計算手法／7.2 計算結果／7.3 まとめ
第8章　おわりに　8.1 組織形成のモデル化法としてのフェーズフィールド法／8.2 材料特性を最適化する組織形態の探索法としてのフェーズフィールド法／8.3 フェーズフィールド法とマルチスケールシミュレーション／8.4 まとめ

材料設計計算工学 計算熱力学編　CALPHAD法による熱力学計算および解析

阿部太一　著　　　　　　　　　　　　　　　　A5判・208頁・本体3200円

第1章　熱力学基礎　1.1 CALPHAD法／1.2 熱力学基礎／1.3 相平衡／1.4 まとめ
第2章　熱力学モデル　2.1 純物質のギブスエネルギー／2.2 ギブスエネルギーの圧力依存性／2.3 磁性過剰ギブスエネルギー／2.4 ガス相のギブスエネルギー／2.5 溶体相のギブスエネルギー／2.6 ラティススタビリティ／2.7 副格子モデル／2.8 化学量論化合物のギブスエネルギー／2.9 副格子への分け方／2.10 不定比化合物のギブスエネルギー／2.11 平衡副格子濃度／2.12 規則-不規則変態をする化合物のギブスエネルギー／2.13 短範囲規則度／2.14 液相中の短範囲規則度／2.15 まとめ
第3章　計算状態図　3.1 ギブスエネルギーと状態図の関係／3.2 三元系状態図／3.3 状態図の相境界のルール／3.4 実際の計算状態図／3.5 アモルファス相の取り扱い／3.6 まとめ
第4章　熱力学アセスメント　4.1 実験データ／4.2 第一原理計算／4.3 熱力学アセスメントの手続き／4.4 熱力学アセスメント例（Ir-Pt二元系状態図）／4.5 熱力学アセスメントのキーポイント／4.6 まとめ

材料における拡散　格子上のランダム・ウォーク

小岩昌宏・中嶋英雄 著　　　　　　　　　　　　A5判・328頁・本体4000円

第1章 拡散の現象論　フィックの第1，第2法則／拡散方程式の解／3次元座標における拡散方程式／種々の結晶系における拡散係数／拡散研究の歩み　第2章 拡散の原子論I—ランダム・ウォークと拡散　ランダム・ウォークと拡散／フィックの式の適用限界／平均二乗変位／3次元結晶の拡散係数　第3章 拡散の原子論II—拡散の機構　いろいろな拡散機構／熱活性化過程と活性化エネルギー／駆動力がある場合の原子の移動／トラッピング効果／ブロッキング効果／パーコレーション　第4章 純金属および合金における拡散　空孔機構による拡散／格子間機構による拡散／金属中での不純物原子の高速拡散／高水素圧雰囲気での超多量空孔の生成と拡散の促進　第5章 拡散による擬弾性—侵入型原子の拡散—　侵入型不純物原子の拡散係数の表式／音叉の振動持続時間／炭素原子を含む鉄の変形挙動／固体のモデル表現／固体の力学的振動と減衰／「内部摩擦」という用語とその意味／標準擬弾性固体の周期的応力下での変形挙動／炭素原子を含む鉄の緩和現象／ねじり振り子法　第6章 拡散における相関効果　完全にランダムなウォークと相関のあるウォーク／相関係数／空孔機構による拡散の相関係数／希薄合金—2次元六方格子／希薄合金—面心立方格子／同位体効果と相関係数　第7章 ランダム・ウォーク理論の基礎　格子におけるランダム・ウォーク／相関効果に関する応用／ランダム・ウォーク理論の化学反応速度論への応用　第8章 濃度勾配下での拡散　ボルツマン-マタノの方法／相互拡散係数と固有拡散係数／カーケンドール効果／拡散現象の一般的な定式化／流れの駆動力とフィックの第1法則／相互拡散と熱力学的因子／「拡散流は化学ポテンシャル勾配に比例する」　第9章 高速拡散路—粒界・転位・表面—に沿った拡散　粒界拡散／転位拡散／表面拡散　第10章 さまざまな物質における拡散　イオン結晶／酸化物／超イオン伝導体／半導体／金属間化合物　第11章 電場および温度勾配下での拡散　静電場による力と伝導電子による摩擦力／純金属中のエレクトロマイグレーション／侵入型原子のエレクトロマイグレーション／集積回路におけるエレクトロマイグレーション／精製法としての応用／サーモマイグレーション　第12章 多相系における拡散　拡散領域に形成される相と相界面／拡散対の試料形態と出現する相／層成長の速度論／シリコンと金属薄膜の拡散対における化合物形成過程／核形成に関連する現象　第13章 析出と粗大化の速度論　無限媒体中の拡散方程式の解／析出粒子の成長／マトリックス中の溶質濃度の低下／Wert-Zenerの解析／粗大化の理論

金属の相変態　材料組織の科学 入門

榎本正人 著　　　　　　　　　　　　　　　　A5判・304頁・本体3800円

1. 序論　相変態研究の歴史／金属のミクロ組織／相変態の分類　2. 自由エネルギーと相平衡　熱力学関数と平衡条件／固体の比熱／自由エネルギーの温度と圧力に対する変化／化学ポテンシャルと部分モル量／置換型固溶体の自由エネルギー／侵入型固溶体の自由エネルギー／非ランダム分布を考慮した固溶体の熱力学モデル／自由エネルギーダイアグラム／相平衡に及ぼす界面張力の効果　3. 変態核の生成　核生成速度の式／潜伏時間／核生成の駆動力／臨界核の形／カーン-ヒリアドの核生成理論／核の歪エネルギー／結晶粒界における核生成／転位上の核生成／実験との比較　4. 拡散変態界面の移動　フィックの法則と拡散係数／拡散の原子機構／界面における流束釣合いの条件と局所平衡／2元合金における拡散律速成長／2元合金における析出物の溶解／プレート析出物の成長／コレクタープレートメカニズム／ソリュートドラッグ効果　5. 3成分系における拡散律速成長と溶解　流束釣合いの式と局所平衡／界面組成線と界面速度線／分配モードと不分配モード／パラ平衡による成長／合金炭化物の成長と溶解　6. 異相界面の構造とエネルギー　整合界面のエネルギー／半整合界面の構造とエネルギー／非整合界面／遷移相／レッジによる析出物の成長　7. マッシブ変態　マッシブ変態の特徴／界面の易動度／マッシブ変態の駆動力／実験との比較／コルモゴロフ-ジョンソン-メール-アブラミの変態速度式／タイムコーン法　8. セル状析出と共析変態　セルの形成／セルの成長／パーライトの生成挙動／パーライト変態の律速過程と層間隔／パーライトの成長に対する合金元素の効果　9. マルテンサイトとベイナイト　マルテンサイト変態の結晶学的特徴／マルテンサイトの変態温度と生成挙動／マルテンサイト変態の核発生／ベイナイト組織と変態挙動／ベイナイト変態のメカニズム

表示価格は税別の本体価格です．　　　　　　　　　　http://www.rokakuho.co.jp/